Livre de ansiedade

FBTC
Federação Brasileira de Terapias Cognitivas

artmed

A Artmed é a editora oficial da Federação Brasileira de Terapias Cognitivas

AUTOR

Robert L. Leahy é um dos mais respeitados terapeutas cognitivos do mundo. O autor traz para este livro o conhecimento acumulado de 25 anos de trabalho, durante os quais ajudou as pessoas a superarem a ansiedade. Leahy é diretor do American Institute of Cognitive Therapies e presidente da International Association for Behavioral and Cognitive Therapies e da Academy of Cognitive Therapy.

L434l Leahy, Robert L.
Livre de ansiedade / Robert L. Leahy ; tradução: Vinicius Figueira; revisão técnica: Edwiges Ferreira de Mattos Silvares, Rodrigo Fernando Pereira. – Porto Alegre : Artmed, 2011.
248 p. ; 25 cm.

ISBN 978-85-363-2429-6

1. Terapia cognitivo-comportamental – Ansiedade. I. Título.

CDU 616.89-008-441

Catalogação na publicação: Ana Paula M. Magnus – CRB-10/Prov-009/10

Livre de ansiedade

Robert L. Leahy

Tradução:
Vinicius Figueira

Consultoria, supervisão e revisão técnica desta edição:
Edwiges Ferreira de Mattos Silvares
Professora titular de Psicologia Clínica do Instituto de Psicologia da USP
Rodrigo Fernando Pereira
Mestre e doutor em Psicologia Clínica pela USP

artmed

2011

Obra originalmente publicada sob o título *Anxiety Free: Unravel Your Fears Before They Unravel You*

ISBN 9781401921637

This translation published by arrangement with D4EO Literary Agency.

Capa
Paola Manica

Preparação do original
Lara Frichenbruder Kengeriski

Leitura final
Ingrid Frank de Ramos

Editora Sênior – Ciências Humanas
Mônica Ballejo Canto

Editora responsável por esta obra
Amanda Munari

Projeto e editoração
Armazém Digital® Editoração Eletrônica – Roberto Carlos Moreira Vieira

Reservados todos os direitos de publicação, em língua portuguesa, à
ARTMED® EDITORA S.A.
Av. Jerônimo de Ornelas, 670 – Santana
90040-340 – Porto Alegre, RS
Fone: (51) 3027-7000 Fax: (51) 3027-7070

SÃO PAULO
Av. Embaixador Macedo de Soares, 10.735 – Pavilhão 5
Cond. Espace Center – Vila Anastácio
05095-035 São Paulo SP
Fone: (11) 3665-1100 Fax: (11) 3667-1333

SAC 0800 703-3444
IMPRESSO NO BRASIL
PRINTED IN BRAZIL

Para Helen

Agradecimentos

Mais uma vez, gostaria de agradecer a meu agente, Bob Diforio, por seu constante apoio e incentivo. Também quero agradecer à Patty Gift, da Hay House, por sua abordagem eficaz e positiva ao tornar este projeto possível, e a Dan Breslaw, meu editor na Hay House, por tornar o livro mais objetivo e claro.

Meus agradecimentos aos muitos pacientes que atendi ao longo dos anos. Aprendi com eles como a vida é a partir da perspectiva do medo e do desespero. Obrigado por confiar em mim e por tudo que aprendi com vocês. Em geral, fico impressionado com a sabedoria das pessoas ao encontrarem seu próprio caminho para resolver um problema – quase sempre me mostram o modo como ajudar os outros. Os terapeutas deveriam sempre considerar seus pacientes como professores.

Este livro deve muito às magníficas contribuições de terapeutas cognitivo-comportamentais do mundo todo. Gostaria de agradecer às seguintes pessoas, cujo trabalho me foi muito útil: Anke Ehlers, Thomas Borkovec, David Barlow, Chris Brewin, Gillian Butler, David A. Clark, David M. Clark, Michel Dugas, Christopher Fairburn, Melanie Fennell, Edna Foa, Mark Fresston, Paul Gilbert, Leslie Greeberg, Ann Hackman, Allison Harvey, Steven Hayes, Richard Heimberg, John Kabat-Zinn, Robert Ladouceur, Marsha Linehan, Warren Mansell, Isaac Marks, Douglas Mennin, Susan Nolen-Hoeksema, Lars Ost, Costas Papageorgiou, Christine Purdon, Jack Rachman, Steven Reiss, John Riskind, Paul Salkovskis, Roz Shafran, Debbie Sookman, Gail Steketee, Steven Taylor e Adrian Wells. Sou muito feliz por poder considerar muitas dessas pessoas como amigos. Muito obrigado.

É claro que um agradecimento especial vai para meu orientador, colega e amigo dos últimos 27 anos, Aaron T. Beck, fundador da terapia cognitiva e um verdadeiro gigante de nossa época.

Também desejo agradecer a meus colegas do American Institute for Cognitive Therapy (AICT), que foram gentis a ponto de permitir que eu compartilhasse essas ideias com eles e as testasse com seus pacientes. Entre meus colegas do AICT, Lisa Napolitano e Dennis Tirch ampliaram minha compreensão e apreciação de *mindfulness*, aceitação e terapia comportamental dialética – frequentemente em nossos debates calorosos sobre estudos de casos. Laura Oliff sempre atuou como uma espécie de teste de conhecimento clínico no que diz respeito ao que de fato tem sentido para os pacientes. Além disso, minha assistente editorial e de pesquisa, Poonam Melwani, foi indispensável durante este projeto.

Meu amigo Philip Tata, de Londres, tem sido de muita ajuda para mim, há muitos anos, e facilitado minha participação em conferências britânicas e mundiais, além de me ajudar a aprender com nossos excelentes colegas britânicos. Obrigado, Philip!

Finalmente, agradeço à minha esposa, Helen, por sua paciência enquanto eu escrevia este livro e outros. Todo este livro foi escrito nos finais de semana em nossa casa de Connecticut, onde constantemente percebemos que a natureza – e o que é natural – é a maior fonte de calma e de perspectiva. É difícil se sentir ansioso quando se está admirado com as cores das folhas no outono ou quando usamos nossos caiaques para navegar pelas águas locais. Muitas vezes, descobrimos que a serenidade está à nossa volta – basta olhar.

Sumário

CAPÍTULO

1

Entendendo a ansiedade

A mulher entrou em meu consultório e parecia exausta. Estava bem vestida e suas feições eram graciosas, mas havia uma certa tensão em seus olhos e em sua boca que a impedia de ser realmente atraente. Ela não sorria e me olhava nervosamente, sem de fato encarar meu olhar ao entrar em minha sala. Sentou-se de um modo esquisito na ponta do assento da cadeira, mudando constantemente de posição enquanto falava, e seus olhos investigavam o ambiente. Tive a impressão de que ela estava esperando que algo péssimo estivesse por acontecer.

– Então, Carolyn – disse eu, quando terminamos de nos apresentar –, como posso ajudá-la?

Ela fez uma longa pausa.

– Acho que estou enlouquecendo.

– É mesmo? O que faz você pensar que está? – perguntei.

– Sempre tenho ataques de ansiedade. Eu... Na verdade, os tenho há anos. Não sei o que tenho de errado. Não há razão para esses ataques.

Ela continuou a descrever seus ataques: terror repentino de estar fora de casa, em um *shopping* ou olhar pela janela de um edifício alto. Um pânico total, sem motivo nenhum e sufocante, acompanhado por fortes batidas do coração e respiração ofegante. Os ataques ocorriam sem aviso prévio e, quando ocorriam, ela voltava correndo para casa e não saía durante vários dias.

– Acho que sei o que está acontecendo com você – disse. – Mas, primeiro, por que não me conta um pouco sobre sua vida?

Ela hesitou em falar, como se estivesse assustada com o que eu pudesse vir a dizer sobre isso. Mas depois de um pouco de incentivo, começou a me contar sua história. Seu relacionamento com o namorado havia acabado, ele decidira que não conseguia mais viver com ela. A questão não dizia respeito tanto a seus ataques de ansiedade, mas sim a seus outros medos e fobias. E ela possuía muitos medos e fobias, algo que eu, que já identificara em diversos pacientes, tinha de admitir. Ela não só tinha medo de voar, mas também mal conseguia andar de carro sem ficar tensa em todo cruzamento. Evitava usar elevadores. Detestava multidões, mas também áreas livres, sem ninguém. Ficava muito pouco à vontade quando tinha de jantar com outras pessoas ou ir a uma festa, o que de fato atrapalhou sua vida social. No trabalho, as reuniões eram um martírio, especialmente se tivesse de falar – tinha problemas até para fazer ligações telefônicas. E se preocupava de maneira crônica; durante anos, sofreu de insônia porque não conseguia desligar sua mente completamente ao ir dormir.

Em um certo momento de sua narrativa, ela começou a chorar. "Estou muito triste. Acho que gostaria de morrer." Depois de usar alguns lenços de papel, ela se recompôs para me dizer o que a havia trazido até o consultório: incrivelmente, *não* foram suas ansiedades! Ela sempre aceitou que as ansiedades fossem parte da vida! O que a trouxera ao consultório fora sua crescente depressão. Desde a ruptura com o namorado, havia começado a beber com maior frequência. Ela se afastou dos amigos, convencida de que todos a desprezavam. Não estava indo muito bem no trabalho e corria o risco de perder o emprego. Quanto mais solitária e isolada, mais deprimida ficava. Disse-me que vinha pensando em suicídio.

– Carolyn, você já buscou ajuda para esse tipo de problema antes? – perguntei.

– Não. – respondeu ela.

– Por alguma razão em especial? Quero dizer, estou um pouco surpreso, alguém que tem passado por momentos difíceis como você...

– Bem – disse ela –, acho que nunca pensei que alguém pudesse me ajudar. Sempre fui assim. – Então me olhou nos olhos pela primeira vez. – Acho que você também não pode me ajudar.

Felizmente, Carolyn estava errada em ambas as avaliações. Há ajuda disponível – e não sou o único que pode ajudar. É verdade que a ansiedade pode ser uma doença incapacitadora. Pode limitar as pessoas em qualquer área de sua vida. Pode levá-las à depressão e até mesmo ao suicídio. Trata-se da condição psicológica mais comum por que passamos. E pode durar anos se não for tratada. Porém, a boa notícia é que os transtornos de ansiedade podem, sim, ser tratados – em geral, de modo muito eficaz. Foi possível tratar Carolyn; e seu caso era extremo. Se você sofre de sintomas como os dela, há uma boa chance de que possa superá-los, passando a viver de modo perfeitamente normal, satisfatório e completo. Você pode sair daquele território triste e dominado pelo medo e passar a outro, onde sua ansiedade não mais o controla, não mais destrói sua sensação de prazer e não mais causa problemas à sua saúde e ao seu bem-estar. O modo como começar essa jornada é o tema deste livro. E começaremos analisando alguns dos fatores – históricos, biológicos, psicológicos – que estão por trás da condição de Carolyn e que são fundamentais para entender nosso tema.

UMA DOENÇA MODERNA

Vivemos na Era da Ansiedade.

Dentro de poucos anos, cerca de 18% dos norte-americanos sofrerão de um transtorno de ansiedade. Esse número é duas vezes maior do que o índice de depressão – que, apesar disso, recebe mais atenção. Ao longo da vida, o número de pessoas que sofrerá de ansiedade sobe para 30%. Essas estatísticas são notáveis. Da mesma forma que a depressão clínica é muito mais grave do que o fato de algumas pessoas às vezes se sentirem "para baixo", a ansiedade clínica é muito mais grave do que estar sujeito às preocupações do cotidiano. A verdade é que a ansiedade é algo sério. Se você sofre de ansiedade, a chance é de que isso tenha um grande impacto sobre sua vida. As pessoas com transtornos de ansiedade frequentemente se descobrem incapazes de trabalhar de modo eficaz, de ter uma vida social, de viajar ou de ter relações estáveis. Elas podem passar deliberadamente por todo tipo de estratagemas, somente para evitar encontrar certas pessoas, locais ou atividades, inclusive dirigir um carro, viajar de avião e entrar em elevadores. Podem não conseguir enfrentar multidões, participar de reuniões sociais, estar em espaços abertos ou se deparar com mínimas quantidades de sujeira. Em geral, não conseguem dormir bem. Algumas delas se tornam socialmente reclusas ou caseiras. Em casos extremos, um transtorno de ansiedade precisará de hospitalização. Para quem realmente sofre de ansiedade, a condição vai bem além de se atormentar com o imposto de renda ou de ter medo de aranhas. Trata-se de uma doença real e duradoura, que tem consequências impactantes sobre a vida.

Mas o problema não termina aí. Quem sofre de um transtorno de ansiedade tem maior tendência a se tornar clinicamente deprimido, dando a impressão de sofrer de duas condições debilitantes ao mesmo tempo. Também tem maior tendência a fazer uso de substâncias, como o álcool. E restam poucas dúvidas de que ter um transtorno da ansiedade faça mal para a saúde. O transtorno tem sido associado a problemas cardíacos, hipertensão, desconforto gastrointestinal, doenças respiratórias, diabete, asma, artrite, problemas de pele, fadiga e uma série de outras condições. A ansiedade afeta cerca de 16% das crianças, causando impacto significativo sobre seu desenvolvimento. As crianças com transtorno de ansiedade têm mais problemas na escola (tanto acadêmicos quanto sociais) e muito mais chances de se tornarem adultos com problemas psicológicos. A ansiedade, diferentemente de outras doenças mais modestas, é uma condição que causa impactos graves sobre a saúde e o bem-estar, em termos gerais.

Isso tudo tem um custo, para a sociedade e para os indivíduos. O custo do tratamento dos transtornos de ansiedade chega a milhões de dólares; cerca de um terço dos custos médicos de *todos* os problemas psiquiátricos é para o tratamento da ansiedade. As pessoas com transtornos de ansiedade são menos produtivas no trabalho e têm maior propensão a usar os serviços médicos e as emergências. As pessoas com transtorno de pânico recebem *cinco vezes* mais pagamentos por incapacidade física do que a média. Ainda que bastante fora das estatísticas oficiais, milhões de pessoas que sofrem de sintomas de ansiedade – sejam estes diagnosticados como "transtornos" ou não – consultam os profissionais da medicina das mais diversas áreas, com reclamações relativas à ansiedade. Ninguém consegue definir ao certo o peso que isso tem sobre o sistema de saúde. Mas não há dúvida de que o estresse que sentimos como indivíduos é percebido como um estresse coletivo da sociedade como um todo.

A ANSIEDADE ESTÁ AUMENTANDO?

Algo sobre tudo isso, que tem sido difícil de ignorar, é que as coisas têm piorado. Os índices de ansiedade geral aumentaram vertiginosamente nos últimos 50 anos. O aumento mais significativo ocorreu entre 1952 e 1967, mas os números continuaram a crescer desde então. Na verdade, a *criança* média hoje exibe o mesmo nível de ansiedade do *paciente psiquiátrico* da década de 1950.

Por que esse aumento? Não estamos melhor do que no passado? As pessoas não vivem mais tempo e recebem mais tratamentos médicos do que antes? Muitos dos riscos comuns da vida não foram eliminados ou drasticamente reduzidos, como a mortalidade infantil, a desnutrição e a varíola? Não estamos mais bem preparados contra os problemas causados pela temperatura e pelo clima? Nossas casas não são maiores e mais confortáveis, repletas de aparelhos que facilitam nossas vidas e nos livram de trabalhos mais duros e perigosos? Não é verdade que um número maior de pessoas se aposenta mais cedo, pratica esportes, passa férias em países tropicais? Não temos seguros contra desemprego, capacetes para andar de bicicleta, forças policiais confiáveis, melhores dentes? Poucas pessoas precisam de fato sair durante uma tempestade de neve, atravessar um rio tempestuoso ou ir à floresta para buscar comida ou madeira para usar como combustível. Qualquer pessoa pensaria que, pelo fato de nossa sociedade nos manter, no geral, hoje, mais protegidos das catástrofes, que nosso nível geral de ansiedade teria diminuído. Na verdade, esse nível aumentou. Transformamo-nos em uma sociedade de pessoas muito nervosas. O que explica isso?

Aparentemente, há outros fatores, além do conforto material e da segurança. Um deles parece ser o nível de "conexão social" que experimentamos em nossas vidas. Ao longo do último século, nossos laços com outras pessoas passaram a ser menos estáveis e previsíveis. O divórcio é muito mais comum, e as famílias estão divididas e espalhadas. As chamadas famílias estendidas, em que as pessoas de um mesmo grupo familiar vivem juntas ou perto umas das outras, hoje é algo raro. As comunidades locais se tornaram muito menos coesas, dispersas pela mobilidade econômica, pelas estradas e pelos automóveis, além de os locais de compras e de entretenimento estarem cada vez mais distantes. A participação nas atividades da comunidade é só um pálido reflexo do que foi um dia. As cidades e os subúrbios substituíram as cidades pequenas; as pessoas estão mais isoladas de seus vizinhos. Cada vez mais pessoas vivem sozinhas. Em muitos lugares, o crime aumentou; as ruas não são mais locais seguros. O terrorismo parece ser uma ameaça real. Como a globalização e a competição econômica se intensificaram, a segurança no emprego diminuiu; pessoas são dispensadas de seus trabalhos de maneiras que pareceriam impensáveis há uma geração. Muitas pessoas não podem mais contar com pensões ou aposentadorias adequadas na velhice. Todos esses fatores contribuem para o sentimento de que a vida não é mais tão segura quanto já foi. O apoio da "tribo", de que a evolução nos acostumou a ser dependente, não está disponível como antes.

Essas mudanças também têm estado acompanhadas de mudanças no modo como pensamos sobre nossas vidas. Nosso senso de autoconfiança deu espaço ao sentimento de que somos controlados por forças maiores distantes, cujos mecanismos são apenas obscuramente conhecidos. Ao mesmo tempo, nossas expectativas em relação ao conforto material aumentou por causa da riqueza, em função de nossas novas identidades como consumidores, e não como cidadãos ou membros de uma comunidade. Estamos em melhor condição material do que nossos pais e avós, mas sempre queremos mais. Esse sentimento é reforçado por uma infinidade de anúncios na TV e em revistas que demonstram o quanto nossas vidas seriam prazerosas se comprássemos os produtos certos, as comidas certas, as roupas certas. Quanto mais ligados estivermos em uma vasta rede de consumo, mais solitários nos sentiremos. Como a economia nos oferece um número cada vez maior de opções, tornamo-nos cada vez menos contentes, perguntando a nós mesmos se nossas escolhas foram corretas. Nossos padrões de beleza, nossas expectativas de sucesso e nossa demanda por uma felicidade contínua e incansável nos deixam insatisfeitos com um mundo no qual ficamos cada vez mais gordos por comermos comida rápida de má qualidade e por usarmos instrumentos que nos poupam da movimentação física, um mundo em que nosso tempo para lazer é cada vez mais esvaziado e em que compramos, desesperadamente, um livro de autoajuda atrás do outro em busca de um sentido e de felicidade.

HÁ ESPERANÇA?

Há algo que possamos fazer?

Como indivíduos, temos de fazer opções quanto ao modo como vamos lidar com essa situação. Também temos oportunidades que não costumávamos ter. A psicologia moderna aprendeu muito sobre a ansiedade nas últimas décadas. Sabemos muito mais do que sabíamos sobre a origem da ansiedade, o modo como ela opera no cérebro e a natureza dos padrões comportamentais que ela gera. Tudo isso pode ajudá-lo a entender o papel que a ansiedade desempenha em sua vida. E *compreender* esse papel é fundamental para *superar* a ansiedade – e não eliminá-la completamente, pois, como veremos, tal meta não é realista. Mas todos nós aprendemos a neutralizá-la, controlá-la e impedi-la de ser uma força debilitante que restringe nossa saúde e liberdade. Compreender a ansiedade, em poucas palavras, é a maneira de escapar de sua tirania.

A primeira coisa a entender acerca da ansiedade é que ela é parte de nossa herança biológica. Muito antes de qualquer registro da história humana, nossos ancestrais viviam em um mundo repleto de perigos que ameaçavam suas vidas: predadores, fome, plantas tóxicas, vizinhos hostis, alturas, doenças, afogamentos. Foi em face desses perigos que a psique humana evoluiu. As qualidades necessárias para evitar o perigo foram as qualidades desenvolvidas em nós pela evolução. Uma boa quantidade dessas qualidades dizia simplesmente respeito a formas diferentes de precaução. O medo tinha a função de proteger; tínhamos de estar atentos a muitas coisas para sobreviver. Essa cautela persiste em nossa formação psicológica sob a forma de nossas mais profundas aversões e fobias. Esses medos eram *adaptativos* – de fato, instintos de sobrevivência, provenientes de tempos primitivos. Em nosso próximo capítulo, falaremos mais detalhadamente sobre como esses medos passaram a ser programados em nós e sobre algumas de suas implicações.

O próximo ponto a entender é que, por não mais vivermos naquele mundo primitivo, os medos que trouxemos dele não são mais adaptativos. Graças, em grande parte, aos efeitos da linguagem e da civilização, os desafios que encontramos em nossas vidas são bastante diferentes daqueles que nossos ancestrais encontravam nas savanas ou nas florestas. Ainda assim, nossos cérebros continuam a funcionar como se nada tivesse mudado. Somos dominados pelo instinto de correr de um jaguar faminto quando o que temos diante de nós pode ser apenas um cachorro latindo. Temos medo de tocar no prato que alguém usou porque nossos ancestrais tinham uma saudável aversão à comida contaminada. Sentimo-nos patologicamente retraídos porque, em outra era, um estranho podia facilmente nos matar; até mesmo um membro de nossa própria tribo poderia nos causar algum mal se fosse ofendido. Quando se trata de nossos instintos mais profundos, agimos como se estivéssemos ainda na Idade da Pedra, enfrentando as mesmas condições de então.

Estamos, em poucas palavras, agindo de acordo com um conjunto de "regras" ultrapassadas. A evolução programou essas regras em nós como um meio de nos proteger de riscos. Tais regras são como uma espécie de *software* humano instalado em nossas cabeças – um *software* que tem milhões de anos. Todo instinto que temos nos diz que obedecer às regras nos manterá a salvo, quando talvez o contrário seja verdade. Nosso método de nos libertarmos da tirania da ansiedade será o de questionar tais regras – na verdade, reescrevê-las. Isso implicará o exame das crenças irracionais em que se baseiam tais regras, pois essas crenças, quando não questionadas, exercem uma influência oculta, mas enormemente poderosa, sobre nossos pensamentos e nossos comportamentos.

Depois de questionarmos essas crenças, poderemos começar a revisar as regras que controlam a ansiedade, muito embora estejam profundamente enraizadas em nossa mente. Como conseguiremos fazer isso? Ocorre que a natureza, além de nos dar alguns instintos, também nos dá a capacidade – localizada, em sua maioria, em uma parte diferente de nossos cérebros, a parte que chamaremos de racional – de modificar esses instintos com base em nossa experiência. Essa é a chave para tratar a ansiedade. Não é o mesmo que "ser racional" quanto a nossos medos. Isso *não* funciona: sabermos ou nos dizerem que um medo é irracional não o faz ir embora. Entretanto, se pudermos de fato *experimentar* uma situação aparentemente perigosa repetidas vezes, mas *sem* consequências danosas, nossos cérebros aprenderão a ser mais racionais e menos apreensivos. Acontece a todo momento na vida. Tudo o que é preciso é criar um programa em que possamos, regularmente, ter uma experiência que cause medo, mas *em um contexto que nos ensine que estamos seguros*. Assim, ao longo do tempo, aprenderemos a diminuir nossos medos. Nos capítulos a seguir, aplicaremos esse princípio a um número de diferentes transtornos de ansiedade, substituindo as regras que os governam por um conjunto mais novo de regras, e que funcione melhor. Faremos o que a evolução não teve tempo de fazer – adaptar as regras às nossas circunstâncias atuais.

VOCÊ TEM UM TRANSTORNO DE ANSIEDADE?

Há seis transtornos de ansiedade conhecidos, cada um com seu grupo particular de sintomas. Todos vêm do mesmo tipo de instinto de sobrevivência fundamental. Apesar dos nomes dados a eles, não são apenas transtornos isolados; são, simplesmente, nossa ansiedade humana fundamental se manifestando de maneira diferente, de acordo com estímulos e situações diferentes. As pessoas que têm um desses transtornos em geral têm outro – às vezes, um indivíduo terá a maioria deles, senão todos. Mas cada transtorno tem suas próprias características e desafios, o que significa que as técnicas que usamos para tratá-los serão de certa forma adequadas ao transtorno. Os tratamentos mais eficazes são feitos sob medida, de acordo com o transtorno de ansiedade específico.

Isso não deve dissuadi-lo de usar este livro como um todo ou de elaborar uma compreensão geral do tema. Mesmo que você sofra de um determinado transtorno, poderá aprender algo útil lendo sobre os demais. O tratamento hábil da ansiedade em todas as suas formas é, em certa medida, uma arte, que pode ser aprendida e praticada de muitas maneiras por conta própria.

Os seis transtornos de ansiedade reconhecidos são:

1. **Fobia específica.** É o medo de um estímulo ou situação específica: aviões, elevadores, água, certos animais, etc. Sua crença subjacente é a de que a coisa é de fato perigosa em si mesma (o avião pode cair, o cachorro pode morder). Cerca de 12% das pessoas têm fobia específica, embora um número muito maior possa ter medos determinados em torno de um ou mais estímulos.
2. **Transtorno de pânico.** É o medo de suas próprias reações fisiológicas e psicológicas a um estímulo – em essência, medo de um ataque de pânico. Quaisquer anormalidades, tais como respiração alterada ou batimentos cardíacos acelerados, vertigens, suores ou tremores são vistos como sinais de colapso iminente, insanidade ou morte. A evitação que acompanha as situações que podem acionar essas reações é conhecida como *agorafobia*, e com frequência limita de maneira grave a mobilidade. Cerca de 3% das pessoas têm esse transtorno, em geral ligado à depressão.
3. **Transtorno obsessivo-compulsivo (TOC).** A pessoa tem pensamentos recorrentes ou imagens (obsessões) que considera estressantes – por exemplo, pensar que está sendo contaminada, perdendo o controle, cometendo um erro ou se comportando de maneira inadequada. Há uma necessidade urgente de realizar certas ações (compulsões) que neutralizarão essas imagens: lavar-se, realizar rituais arbitrários, fazer verificações constantes, etc. O transtorno, em geral, leva à depressão e afeta cerca de 3% da população.
4. **Transtorno de ansiedade generalizada (TAG).** Essa é, essencialmente, uma tendência em se preocupar continuamente com um monte de coisas. Os pensamentos se voltam para a imaginação de todas as possíveis consequências negativas e de maneiras de impedi-las. O transtorno muitas vezes é acompanhado por sintomas físicos de estresse: insônia, tensão muscular, problemas gastrintestinais, etc. Cerca de 9% das pessoas têm esse transtorno.
5. **Transtorno de ansiedade social (TAS) ou Fobia social.** Medo de ser julgado pelos outros, especialmente nas situações sociais. Essas situações incluem apresentações, festas, encontros, comer em locais públicos, usar banheiros públicos ou simplesmente encontrar novas pessoas. Os sintomas incluem tensão extrema ou "paralisia", preocupação obsessiva com interações sociais e uma tendência ao isolamento e à solidão. O transtorno é frequentemente acompanhado pelo uso de drogas e álcool. Cerca de 14% das pessoas têm esse transtorno, de alguma forma.
6. **Transtorno de estresse pós-traumático (TEPT).** Esse transtorno envolve o medo excessivo causado por exposição anterior a uma ameaça ou dano. Traumas comuns são o estupro, a violência física,

acidentes graves e exposição a guerras. As pessoas que sofrem desse transtorno frequentemente reexperimentam seus traumas sob a forma de pesadelos ou *flashbacks* e evitam situações que tragam lembranças perturbadoras. Elas podem exibir irritabilidade, tensão e hipervigilância. O álcool e o abuso de drogas entre as pessoas que sofrem são endêmicos, assim como o são os sentimentos de depressão e falta de esperança. Cerca de 14% das pessoas sofrem desse transtorno.

Fica óbvio, a partir de um exame rápido dessa lista, que é difícil conviver com um transtorno de ansiedade maior. Qualquer das condições acima pode afetar drasticamente a qualidade de vida. Todas elas podem incentivar a depressão, desequilibrar sua saúde física, reduzir sua efetividade no mundo e prejudicar suas relações. Além disso, cada uma delas pode limitar ou romper sua vida de maneira própria. A *fobia específica* pode impedi-lo de viajar, de estar perto da natureza, de sair do térreo ou de fazer qualquer coisa que lhe cause medo. O *transtorno de pânico* pode mantê-lo assustado com o ritmo de sua própria respiração ou de seu coração e impedi-lo de sair de casa. O *transtorno obsessivo-compulsivo* pode consumi-lo com precauções sem sentido e rituais que o oprimem com a sensação de que as coisas estão fora do lugar ou são defeituosas. O *transtorno de ansiedade generalizada* pode manter sua mente agitada de maneira constante por causa de preocupações e impedi-lo de relaxar. O *transtorno de ansiedade social* pode paralisá-lo diante dos outros, limitar suas atividades e condená-lo à solidão. O *transtorno de estresse pós-traumático* pode transformar sua vida em um pesadelo recorrente, aumentar o uso de álcool e de drogas e desequilibrar sua capacidade de agir. O custo dos transtornos de ansiedade, sejam quais forem os termos, é considerável. Libertar-se deles seria uma das melhores e mais compensadoras coisas que você poderia fazer a si mesmo.

A ANSIEDADE PODE SER TRATADA?

O que pode ser feito para tratar os transtornos de ansiedade? Infelizmente, muitas pessoas presumem que a resposta é "pouco" ou "nada". Elas acreditam que seu transtorno é a expressão de alguma falha fundamental em seu caráter, ou viveram tanto tempo com o problema que se acostumaram a ele. Ou, ainda, tentaram certos tipos de terapia (normalmente do tipo que tenta livrá-lo de suas "questões" pessoais mais profundas) e constataram que elas eram ineficazes. Ou – e isto é, pelo menos, parte do problema – o pensamento de enfrentar a ansiedade já é em si muito assustador. Estudos têm demonstrado que cerca de 70% das pessoas que sofrem de ansiedade não fazem tratamento ou recebem um tratamento inadequado. Como resultado, muitas delas tendem a ter problemas constantes durante anos, senão durante a vida inteira. Esses problemas podem se tornar sensivelmente debilitantes, levando ao alcoolismo ou ao abuso de drogas, à depressão e à incapacidade funcional. Se não tratado, um transtorno de ansiedade pode ser uma das mais devastadoras condições de que um indivíduo pode sofrer.

Isso é realmente uma infelicidade, porque as indicações são as de que a ansiedade é agora altamente tratável. Formas mais novas de terapia cognitivo-comportamental provaram ser eficazes no tratamento de transtornos de ansiedade maior. Esses tratamentos não fazem uso de medicação. Não levam anos e anos para funcionar; os pacientes com frequência demonstram uma melhora significativa já no começo; e muitos deles conseguem manter seu transtorno sob controle depois de alguns meses ou, até mesmo, semanas, de tratamento. A maior parte é capaz de manter a melhora indefinidamente por meio de uma maior conscientização e prática da capacidade de ajudar a si mesmo. As técnicas de autoajuda oferecidas neste livro baseiam-se em pesquisas atualizadas e, também, na experiência pessoal que tive ao trabalhar com centenas de pessoas que sofriam de ansiedade. Não há dúvida, para mim, de que a maior parte das pessoas pode ser ajudada de maneira significativa. É necessária apenas a consciência de quais são os recursos, uma abertura a novas abordagens e a determinação de mudar a vida para melhor.

O QUE ESTE LIVRO OFERECE

Este livro pode servir como guia ao processo. Ele delineará os passos básicos de tratamento e mostrará a você o que estará à sua espera. No Capítulo 2 ("A ansiedade como adaptação"), examinaremos a base evolutiva da ansiedade, a fim de entender como ela passa a fazer parte de nossa conformação humana. Veremos qual função sua ansiedade exerceu em um ambiente primitivo – isto é, como ela foi adaptativa – e como esses mecanismos adaptativos sobrevivem em sua conformação psicológica atual. O Capítulo 3 ("O 'livro' de regras da ansiedade") examinará as "regras" básicas que a evolução escreveu em seu cérebro para ajudá-lo a lidar com o risco. Veremos como essas regras não mais se aplicam às condições da vida moderna – como elas tendem a enfocar perigos inexistentes, ao mesmo tempo em que ignoram assuntos mais prementes. Revelaremos algumas das crenças em que se baseiam as regras – e o modo como você pode começar a questioná-las. Isso permitirá que você comece a reescrever as regras, a rever suas avaliações sobre o que é seguro e o que não é, submetendo-as a uma experiência real, em vez de deixá-las à mercê de pensamentos irracionais e hábitos atávicos. Esta é a chave para superar a ansiedade: de fato *experimentá-la* em um contexto seguro. Independentemente de quanto seus medos estejam enraizados em sua mente, você terá a capacidade de *aprender* a lição da segurança.

Nos próximos seis capítulos – do Capítulo 4 ao 9 –, investigaremos maneiras pelas quais você poderá testar essas ideias. Examinaremos as seis formas conhecidas de transtornos de ansiedade, explicando o que eles são, como funcionam e que forma particular as regras da ansiedade assumem. Cada um desses seis capítulos oferece técnicas passo a passo para confrontar suas ansiedades – primeiramente em situações imaginadas e, depois, em situações reais.

No Apêndice deste livro, apresento uma série de testes diagnósticos, exemplos de como categorizar seus pensamentos ansiosos e sobre como mudá-los, sobre como garantir uma dieta balanceada e exercícios suficientes, informações sobre a depressão e riscos de suicídio, orientações médicas e informações sobre insônia, relaxamento e *mindfulness*.* Para aprender mais sobre técnicas e tratamentos específicos, recomenda-se um exame das partes mais relevantes do Apêndice. Praticar essas técnicas permitirá que você reverta suas ansiedades, mas não lutando contra elas ou tentando eliminá-las; a chave do sucesso, ao contrário, é se distanciar de seus medos – alterar sua perspectiva, de modo que não seja mais vítima de sua própria mente. Há um grande princípio orientador: seu nível de medo não é determinado pela situação em que se encontra, mas por sua *interpretação* dela. Quando a interpretação muda, muda também toda sua sensação sobre o que causa medo e sobre o que não causa. Uma vez que os monstros, demônios e fantasmas que sua mente cria finalmente desaparecerem, o caminho para um mundo melhor se abrirá para você.

Até agora, vimos como o caminho começa. Continuemos, então, a jornada.

---

* N. de R.T. Como esse termo se trata de um neologismo da língua inglesa, optou-se por mantê-lo no original – *mindfulness* – em vez de conscientização, plena atenção ou outros termos frequentes, de modo a prevenir confusões conceituais.

CAPÍTULO

2

A ansiedade como adaptação

O QUE A EVOLUÇÃO PODE NOS ENSINAR SOBRE A ANSIEDADE?

Por que somos tão ansiosos?

Somos ou gostamos de pensar que somos a espécie mais inteligente. Mais do que qualquer outro animal, temos a capacidade de pensar racionalmente – para avaliar uma situação de modo realista e decidir sobre a melhor linha de ação. Por que, então, somos tão controlados por ansiedades que são manifestamente irracionais? Por que não podemos usar nossa maravilhosa inteligência humana para simplesmente ver que as coisas, em grande parte, ficarão bem? Nossos amigos e parceiros conseguem, em geral, avaliar nossas ansiedades de maneira muito clara. Eles parecem saber quando estamos perdendo o controle da situação: "Não precisa ficar tão ansioso(a)", dizem eles para nos tranquilizar. "Não há com o que se preocupar". Isso quase nunca ajuda. Em alguma medida, sabemos que estão certos – que o quadro de que dispõem sobre a situação é mais realista do que o nosso, mas simplesmente não nos sentimos nem um pouco menos ansiosos. É como se nossos cérebros estivessem programados para sobrepujar a verdade racional ou lógica.

Na verdade, nossa inteligência sempre parece estar ocupada, inventando *novas* coisas com que fiquemos ansiosos. De maneira engenhosa criamos cenários de desastre: criamos situações embaraçosas para nós mesmos em público, não vivemos de acordo com nossos padrões, ficamos doentes, somos reprovados em exames, entramos em colapso, cometemos erros e toda e qualquer outra coisa em que possamos pensar. Continuamos a perscrutar o futuro, imaginando o que as pessoas poderiam pensar ou o que poderia dar errado – riscos em que só nós parecemos pensar. Levados adiante, tais riscos fazem com que nos perguntemos se estamos de fato loucos. "Será que estou ficando louco?" é um pensamento recorrente, às vezes seguido de "Será que eu perceberia se estivesse mesmo louco?".

Uma das características mais notáveis desse processo é que ele parece implacável. Quando somos dominados pela ansiedade, nossa mente parece funcionar 24 horas por dia, sete dias por semana, jamais descansando. Não conseguimos desligar o processo de pensamento. Ele simplesmente gera cada vez mais ansiedade, como uma máquina cujo botão liga/desliga está sempre ligado. A mente não para de tagarelar mesmo quando queremos dormir, relaxar ou simplesmente não fazer nada. Independentemente do quanto as coisas possam estar indo bem, independentemente das alegrias que a vida nos esteja oferecendo no momento, estamos preocupados demais com as ansiedades sobre o passado e o futuro para percebermos.

Em alguma medida, acreditamos que toda essa preocupação é importante, que nós *precisamos* dela. Damos a ela, então, toda nossa energia e um enfoque exclusivo. Pelo fato de podermos pensar em tantos problemas possíveis – e em possíveis soluções para eles – passamos a ter necessidade de descobrir quais sejam, de maneira bastante séria. Achamos que precisamos prestar atenção ao que nossas mentes estão nos dizendo, de modo que possamos evitar catástrofes e aproveitar melhor o lado bom da vida. Infelizmente, essa ideia parece ser, em grande parte, uma ilusão. Nossas ansiedades nunca parecem nos conduzir a uma existência melhor e mais compensadora. Nunca são o sistema de navegação confiável que queremos que seja. Ao contrário, tudo o que eles parecem fazer é tornar nosso comportamento menos adequado, interromper nosso sono, colocar-nos em conflito com os outros, limitar nossas opções de vida e continuamente obscurecer nossa perspectiva. Em poucas palavras, fazer-nos sofrer.

Como seria se tudo isso parasse? Como seria estar em condição serena, em paz e contente com o que a vida nos traz?

Para responder a essa questão, vou falar de meu gato.

Meu gato parece viver uma vida tranquila, livre de preocupações. Ele come, dorme, brinca e se deita ao sol sempre da mesma maneira. Não sofre de insônia. Não deita na cama e fica pensando sobre todo o trabalho que terá de fazer no dia seguinte ou se deixou o forno ligado. Não rumina sobre suas interações com os humanos ou com outros gatos, e nem se pergunta se seu comportamento do dia anterior foi adequado. Ele certamente não parece estar preocupado com minhas expectativas (ou de qualquer outra pessoa). Basta estar confortável no momento em que vive para que se sinta feliz. Às vezes, é difícil não invejar essa serenidade bem-aventurada.

É também óbvio que a evolução adequou o gato à vida que leva. Os gatos existem há cerca de 12 milhões de anos, sem qualquer mudança significativa em sua forma ou função (afinal de contas, como se poderia melhorar o *design* de um gato?). Eles estão bem adaptados à vida simples de caçar outros animais e de se reproduzirem. As instruções da evolução a um gato consistem em algumas indicações bastante simples – e nenhuma delas levaria à ansiedade: *isso é bom, isso não é bom, isso é meu, isso não é meu*. Os gatos usam uma fórmula simples: "Encontrar presa, matá-la e comê-la". Ou: "Encontrar outros gatos, verificar se são amistosos; depois, brigar ou brincar com eles e, talvez, fazer sexo com eles". Ou então: "Encontrar seres humanos, esfregar-se neles e ronronar até que ofereçam alimento". A vida é bastante simples. Se você simplesmente agir de acordo com o instinto do momento, provavelmente se sairá bem. Os gatos são zen.

Com os seres humanos, é claro, a história é diferente.

Somos neuróticos – e temos sido há bastante tempo. Graças a nossa refinada capacidade conceitual e linguística, lembramo-nos do passado e antecipamos o futuro. Podemos pensar sobre coisas que não aconteceram e que podem nunca acontecer, mas que poderiam acontecer. Somos capazes de imaginar o que as outras pessoas pensam de nós e sobre como isso pode ter um impacto sobre nosso sucesso futuro. Podemos nos perguntar se ofendemos alguém na semana passada. Podemos ficar preocupados por não estarmos preparados, por termos cometido erros e por termos deixado de fazer alguma coisa. Deitamo-nos na cama (próximos a nosso gato, que está dormindo muito bem), pensando: "Por que não consigo dormir?" ou "O que a Susan quis dizer quando disse aquilo?" ou "Será que vou conseguir fazer todo esse trabalho a tempo?". Perscrutamos o sentido da vida, o fantasma da morte, as opiniões dos outros e queremos saber se temos a roupa certa para a festa de amanhã. Não há, de fato, fim para a lista de coisas que podem causar ansiedade.

Que bem faz todo esse modo de pensar? Por que não agimos mais como os gatos? Por que não conseguimos simplesmente nos colocar sob um bom cobertor, fechar os olhos e dormir?

A resposta é que a evolução não nos tratou do mesmo modo como tratou os gatos. Ela deixou os gatos muito afinados com o ambiente do presente. Eles estão muito bem adaptados comendo, dormindo, caçando e pedindo comida. Nossa evolução, porém, estava já terminada na época das sociedades caçadoras-coletoras primitivas. As capacidades e tendências que a evolução deixou para nossos ancestrais são aquelas que foram necessárias para sobreviver em tal ambiente. Mas as coisas mudaram rapidamente nos últimos 10 ou 20 anos – muito além do ritmo da evolução. A civilização moderna alterou nossas circunstâncias de um modo tão rápido que nossa biologia evolutiva não acompanhou o ritmo. Assim, possuímos uma aparato biológico cujo *software* não mais se encaixa nas circunstâncias sob as quais de fato vivemos.

É importante lembrar que a evolução não diz respeito a estar feliz, relaxado ou livre de culpa. Trata-se, isto sim, de sobrevivência. E a sobrevivência depende apenas de uma coisa: de passar nossos genes a nossos descendentes. São os genes que precisam sobreviver, mesmo se o indivíduo for sacrificado nesse processo. Está claro que nós, humanos, tivemos um sucesso incrível como espécie (se continuaremos a ter é outra questão). Isso aconteceu porque, com sucesso, passamos adiante, ao longo de milhões de anos de evolução, os genes que permitem que nos adaptemos a nosso ambiente. Isso não nos tornou a espécie "mais forte" – afinal de contas, não ganharíamos uma luta contra um gorila ou contra um tigre. Tampouco recompensou a agressividade pura – outros humanos poderiam se unir e jogá-lo montanha abaixo na pré-história caso não gostassem de você. Também não se tratou de ter tantos bebês quanto possível, já que seus genes não sobreviveriam se todos os bebês morressem.

Quais as características, então, que auxiliaram os seres humanos a passarem seus genes adiante?

Não há resposta precisa, mas nosso conhecimento sobre a biologia e a psicologia evolutivas nos apresenta um esboço de resposta. De maneira mais óbvia, os seres humanos que passaram seus genes com sucesso foram aqueles capazes de atrair outros humanos do sexo oposto e ter filhos com eles – provavelmente aqueles que eram atraentes no geral e relativamente predominantes em termos físicos. Mas há outro fator importante: a unidade social. Nós, humanos, talvez não sejamos tão desapegadamente dedicados ao bem-estar da colônia quanto o são as abelhas ou as formigas. Todavia, nossa sobrevivência como espécie realmente depende, em grande parte, da cooperação e, assim, as habilidades individuais que desenvolvemos tendem em grande parte a ser sociais. Nossos ancestrais pré-históricos evoluíram em grupos que caçavam e coletavam conjuntamente. A capacidade de se unir aos outros e de exercer influência sobre eles foi favorecida pela seleção natural. A comunicação desempenhou um papel central (o desenvolvimento da linguagem), ao mesmo tempo em que a inteligência em geral se tornava uma característica cada vez mais valorizada. A pura capacidade de aprender e de lembrar as propriedades e os valores nutricionais de milhares de plantas e fontes de alimento animal (incluindo aqueles que eram venenosos) foram altamente úteis para nossa sobrevivência. Do mesmo modo, também foram úteis a capacidade de saber como fazer uma armadilha e matar animais maiores, ou fazer fogo, afastar os predadores, cuidar das crianças e impedir que as tribos ficassem sem comida. Todas essas capacidades conferiam enormes benefícios ao grupo.

Podemos reconhecer as mesmas qualidades na humanidade moderna. Mesmo em nossa sociedade, elas são adaptativas em alguma medida. Mas o que dizer da ansiedade? Como os nossos medos irracionais se encaixam no quadro evolutivo? Por que não conseguimos nos desligar à noite e não dormimos bem? Por que nos preocupamos com coisas sobre as quais não podemos fazer nada a respeito, pensamos sobre erros passados, ficamos obcecados com o que as outras pessoas pensam de nós, estabelecemos padrões – para nós mesmos – que nos entristecem, criamos cenários futuros terríveis a partir do nada, paralisamo-nos por causa de nossos próprios medos de modo que não conseguimos pensar ou agir com eficácia? Por que nossas vidas pessoais são, com tanta frequência, uma bagunça, mesmo quando nossa eficiência, como espécie, nos dá um predomínio sem precedentes sobre a natureza?

Uma visita ao pré-histórico Stanley

Quis descobrir como era a vida há 100.000 anos, então entrei em uma máquina do tempo imaginária e viajei para o passado, a fim de entrevistar Stanley, o neurótico pré-histórico.

- Olá, Stanley. Meu nome é Bob e sou novo aqui. Você tem um tempo para conversar?
- Não dá para ver que estou ocupado? Estou com pressa. Acho que vai chover e não estou com minha pele de leão. Quer dizer: posso pegar um resfriado, ficar com febre. Mas o que você quer?
- Queria saber um pouco sobre você.
- Fiz algo de errado? Achei que tinha apagado o fogo na semana passada – alguma coisa incendiou? Tento ser cuidadoso, mas nunca se pode ter certeza.
- Não, Stanley. Eu gostaria de saber como é a sua vida.
- Minha vida? Bem, primeiro, não consigo dormir. Fico acordado a noite inteira, preocupado com os tigres e os lobos da floresta. Disseram-me que esse lugar é seguro, mas ouvi histórias que fariam você ficar arrepiado.
- Você tem insônia, então?
- Não sempre. Mas não conseguir dormir me deixa louco. Não paro de dizer para mim mesmo: Stanley, durma um pouco. Você não prestará para nada se não dormir um pouco.
- Stanley, como é essa área?
- Perigosa. Tenha cuidado na ponte. Não sei quem foi o desastrado que amarrou aquela coisa, mas é fácil de cair com um passo em falso. E então terá de tentar encontrar um médico.
- Então você tem medo de altura?
- Só um idiota não teria. A altura mata. E não é a queda que mata, mas o afogamento. Mês passado dois caras que se achavam muito machos pegaram dois pedaços grandes de madeira e os amarraram, tentando fazer com que boiassem. Eles se afogaram. Mas pensavam que sabiam tudo. Eles me diziam: "Stanley, você está sempre preocupado – sempre tão negativo. Não é bom para sua digestão pensar assim". Bem, eles estão no fundo do mar e eu estou aqui falando com você. Quem é que se deu bem?
- Acho que foi você, Stanley.
- Sim, mas tenho essa indigestão. Espero que não seja nada sério. Fui ao médico. Talvez você o tenha visto, o velho com a cobra em volta do pescoço.
- Faz pouco que cheguei aqui. Não o vi ainda.
- Ele me deu essa bebida horrorosa – para o meu estômago, supondo que ela vá me acalmar. Mas a bebida me fez vomitar. Só estou preocupado porque posso ter algo sério. Ora, no ano passado uma tribo inteira que vive ao sul morreu envenenada com alimentos. Eu lavo tudo – tudo – antes de comer. Mas não tenho certeza de que seja seguro beber água também. Desde que este local ficou mais populoso, acho que a água está contaminada. As pessoas acham que sou maluco, mas não fui envenenado com comida.
- É, você ainda está vivo, Stanley. Como é que você se sente com esses estranhos que vêm para a sua área?
- Não confio neles. Quem sabe o que eles poderiam fazer? Eles poderiam me atacar, roubar Sara, minha mulher, e meus filhos, expulsar-me daqui. Por isso, eu tento não chamar muito a atenção. Não os olho nos olhos. Falo com calma. Tento não fazer nada que incomode. Conhece aquele velho ditado: "Ninguém chuta um cachorro morto"? Não chamo à atenção e falo com calma. Sou um pouco tímido, você poderia dizer.
- De que você tem medo?
- Bom, de tudo. Mas tenho medo mesmo é de ser morto. Isso resume tudo.
- Alguma coisa desse tipo aconteceu?
- Mês passado – não consigo tirar isso da minha mente –, eu vi alguns estranhos estrangeiros. Eles tinham peles de animais diferentes, o cabelo deles era diferente. Eram assustadores. Vi que eles

pegaram meu tio Harry e o ataram, e depois o cozinharam e comeram. Foi uma cena horrível. Graças a Deus, para mim, que eu estava em boa forma e podia correr muito – mas não consigo tirar essa imagem da minha mente. Acordo no meio da noite ouvindo os gritos do meu tio. Eu poderia ser o próximo.

– Que coisa horrível. Então você tem medo de que aconteça a você o mesmo que aconteceu a seu tio?
– Sim, mas eu sou um pouco mais esperto do que ele. O tio Harry – um falastrão – sempre dizia: “Stanley, você é muito pessimista. Com o que você se preocupa tanto?”. Com todo respeito a meu tio: ele virou almoço e eu no máximo tenho indigestão.
– Deve ser difícil para você estar tão ansioso quase todo o tempo.
– Difícil? É terrível. Há dois anos eu comecei a ter “ataques”. Eu estava caminhando, no campo, e sentia meu coração batendo rapidamente. Era um dia de sol e sem leões por perto. Repentinamente fiquei com tanto medo de ter um ataque cardíaco que fiquei tonto. Não conseguia respirar direito.
– O que aconteceu depois?
– Por sorte, Sara estava por perto. Deus a abençoe. Ela me pegou pelo braço e me levou para a caverna mais próxima. Eu estava muito tonto. Mas nos três meses seguintes fiquei com medo de ir para o campo. Pensava que poderia ter outro ataque.
– Como é que você superou o problema?
– Ainda não superei, embora não tenha tido ataque algum ultimamente. Eu acho que o que ajudou é que Sara insistiu muito – e ela sabe como fazer isso – que nós dois saíssemos para colher morangos bem cedo, pela manhã, antes de os pássaros comê-los. Eu estava com fome e pensei: “Se Sara estiver comigo e eu tiver um ataque, terei alguém para me ajudar”. Colhemos muitos morangos. Mas eu ainda acho que terei outro ataque.
– Você é uma pessoa que se preocupa muito?
– Sempre. Preocupo-me com o fato de ter ou não ter comida, com a possibilidade de Sara ir embora com alguém mais forte do que eu. Preocupo-me com as crianças, se elas vão se envolver com problemas. Sempre me preocupo com minha saúde.
– Deve ser difícil...
– Cuidado!
– O que foi, Stanley?
– Ah, tudo bem. Pensei que aquele galho fosse uma cobra. As cobras são venenosas. Portanto, cuidado.
– Obrigado por dedicar uma parte de seu tempo a conversar comigo, Stanley.
– De nada. Espero não ter parecido ser uma pessoa negativa demais. Todos dizem: “Stanley, você é uma pessoa muito negativa. Sempre com medo. Sempre pensando no pior”. Talvez eles estejam certos. Talvez eu esteja exagerando. Deixe-me pensar: será que eu coloquei a pedra sobre o buraco da comida? E se alguém vier para cá – e se um urso vier até a minha caverna e encontrar a comida? Ele pode ser atraído pelo cheiro da comida, por eu não ter colocado a pedra em cima do buraco. E se ele matar minha família? Seria tudo culpa minha. Acho que coloquei a pedra, mas não tenho certeza.
– Stanley, preciso ir.
– Talvez eu tenha colocado a pedra sobre o buraco da comida. Preciso voltar lá e verificar. Mas se eu fizer isso, não vou poder ir encontrar Sid. Ele vai ficar bravo e, se ficar, vai dizer a todos que eu não sou uma pessoa confiável. E aí?

Muito bem, “Stanley” é uma historinha engraçada que criei. Mas é possível entender o ponto central da questão. Trata-se da evolução, de nossos ancestrais de centenas de anos atrás – do modo como transcorriam suas vidas, das qualidades que eles precisavam ter para lidar com os desafios que tinham e de como tudo isso está conectado ao modo como agimos hoje. A psicologia evolutiva, há algum tempo, vem tentando montar o quebra-cabeça. E a ansiedade é uma dessas peças. Então, vamos dar uma olhada mais séria no modo como a ansiedade passou a fazer parte da condição humana.

PARA QUE A ANSIEDADE É ÚTIL?

Em poucas palavras, por que a evolução nos deixou tão neuróticos?

Os psicólogos evolucionistas respondem a essa questão mudando-a um pouco: "Como a ansiedade ajudou nossos ancestrais a sobreviverem em um ambiente primitivo?". Eles analisaram a função de um medo particular, tentando determinar como ele pode ter servido para nos guiar ou nos proteger em certas situações. O fato é que todas as neuroses de Stanley, nosso homem da Idade da Pedra, eram adaptativas. Os lugares altos eram perigosos, a comida poderia estar contaminada, era arriscado ofender estranhos, não se atravessava um campo aberto onde os leões pudessem vê-lo e se conseguia evitar morrer de fome guardando alguma comida para o inverno. Stanley pode parecer um neurótico para mim e para você, mas foram os *Stanleys* que sobreviveram neste mundo. Sobreviveram por causa de suas ansiedades. Quem não fosse ansioso o suficiente simplesmente não sobreviveria. Em circunstâncias em que a morte provocada por fome era sempre uma ameaça, em que os ataques de animais podiam acontecer a qualquer momento, em que os precipícios precisavam ser evitados e em que os estranhos podiam matá-lo ou a seus filhos, em que sua sobrevivência dependia de sua tribo gostar de que você estivesse por perto, a ansiedade foi uma das principais ferramentas para a sobrevivência. Foi simplesmente a maneira de a natureza instilar a prudência em nós.

Ainda assim, as ansiedades que uma vez nos serviram não mais parecem funcionar. Em vez de nos ajudar a sobreviver, a ansiedade parece muitas vezes "bagunçar" nossas vidas. Recebemos um conjunto de respostas biológicas e psicológicas que nos preparam mal para as exigências de nossa existência atual. A fim de entender o porquê, de ver de onde vêm essas respostas, de entender como nossa consciência moderna – com todas as suas vantagens e desvantagens – evoluiu, precisamos mergulhar um pouco mais profundamente em nossa psicologia evolutiva.

PENSANDO SOBRE O QUE PENSAMOS

Uma das principais diferenças entre os seres humanos e os outros animais é que nós, humanos, desenvolvemos o que chamamos de uma teoria da mente. Não se trata de uma "teoria" no sentido de hipótese científica. É simplesmente o modo como pensamos sobre o mundo – mais especificamente, como pensamos sobre o pensamento em si. Graças ao desenvolvimento da linguagem como ferramenta conceitual, estamos cientes de que temos algo chamado mente e que estamos envolvidos em um processo chamado pensamento. Também temos a capacidade de imaginar o que uma outra pessoa tem em mente (*O que está disposto a fazer? O que está querendo?*) o que ela está pensando. Os animais parecem não ter essa capacidade de conceituar os estados mentais dos outros seres. Isso não quer dizer que os animais não tenham emoções ou que não respondam às emoções de outras criaturas. Qualquer pessoa que teve um cachorro ou um gato sabe que os animais podem ser extremamente sensíveis na resposta às emoções. Mas o que torna os humanos diferentes é que nós desenvolvemos um conceito de como os outros de nossa espécie podem pensar e sentir – e como esses pensamentos e emoções podem ser análogos aos nossos. Temos um conhecimento há muito enraizado de que os outros seres humanos possuem seus próprios desejos, medos e reações. Assim, em nossos relacionamentos com essas pessoas (família, tribo ou simplesmente outros membros de nossa espécie), seus estados mentais são levados em consideração.

A área do cérebro na qual reside essa capacidade de entender outras mentes é o córtex orbitofrontal, uma parte mais avançada do cérebro. Quando as pessoas lesionam essa área do cérebro, tendem a perder a faculdade de fazer julgamentos de ordem social; elas não sabem como agir com os outros. Quando os animais lesionam essa mesma área, eles perdem sua condição social. Nem nos animais nem nas crianças pequenas o córtex orbitofrontal é tão bem desenvolvido quanto em um adulto normal. Isso é especialmente verdadeiro para as pessoas que sofrem de autismo: suas faculdades intelectuais podem estar intactas, mas elas têm dificuldade em entender o estado mental dos outros. Têm dificuldade em entender conceitos como intenção, decepção, frustração, saudade, esperança, arrependimento ou motivação de longo alcance. Na sociedade humana, esses conceitos formam a base da maior parte das relações, o que explica por que as crianças sem autismo, à medida que amadurecem, normalmente aprendem a entendê-los, e os indivíduos autistas, não.

Por meio da psicologia evolutiva, podemos reconstruir a maneira pela qual essa teoria da mente – nossa compreensão dos estados mentais – passou a ser programada por nós. Um fato simples que comandou esse processo evolutivo foi o de as crianças, por uma série de razões, passarem por um longo e incomum (se comparadas aos demais mamíferos) período de desamparo. Então, como hoje, as crianças não se tornavam adultos antes de chegarem à adolescência. Isso significou que os grupos poderiam oferecer um melhor cuidado, em termos de sustentação, proteção e oportunidades de aprendizagem, do que podiam oferecer um pai ou uma mãe isoladamente (por exemplo, provavelmente não era incomum que os pais de uma criança morressem quando esta era ainda jovem, exigindo que a tribo assumisse a função de criá-la). Para que esse processo cooperativo de criação ocorresse, boa parte do que poderíamos chamar de interesse social foi necessário – um instinto de cuidar do outro, um interesse pelo que os outros pensavam, empatia por seus sentimentos, cuidado por sua reputação no grupo. As necessidades inerentes ao ato de cuidar das crianças nos tornaram seres mais sensíveis socialmente.

Essa foi apenas uma das muitas coisas que nos conduziram na direção da cooperação de grupo. À medida que os primeiros humanos ampliaram seu nicho ecológico, foi a tribo, e não o indivíduo, que cada vez mais passou a determinar o sucesso no geral. Caçar, coletar comida, evitar plantas venenosas e animais perigosos, defender-se de predadores, buscar um *habitat* adequado – todas essas atividades foram realizadas cada vez mais pelo grupo, exigindo uma grande quantidade de interação. Os indivíduos mais bem preparados para essa vida cooperativa tenderam a sobreviver e a passar seus genes. Isso teve um grande efeito no desenvolvimento de nossos cérebros – na verdade, a cooperação foi integrada neles. Um grupo bem organizado tinha muito mais chances de lidar com sucesso com os perigos da existência primitiva do que uma tribo de indivíduos dedicados exclusivamente a guerrear. E um indivíduo sociável seria mais útil para a tribo do que um beligerante, antissocial ou indiferente ao bem-estar geral. Assim, nosso instinto cooperativo foi, em certo sentido, desenvolvido, garantindo nossa sobrevivência.

Muito desse desenvolvimento foi facilitado pela linguagem, tanto que, em algum ponto, a capacidade de aprender a usá-la se tornou inata. O uso da linguagem foi uma grande vantagem para a nossa adaptação ao meio ambiente. Pode-se, com isso, compartilhar, de modo eficiente, informações sobre quase tudo, como onde buscar alimentos ou como evitar animais predadores. A linguagem nos deu a ferramenta crítica para irmos além da memória individual, para armazenarmos informações sob a forma de cultura de grupo. Isso permitiu que preservássemos e passássemos adiante o conhecimento coletivo essencial a uma existência planejada – o uso de ferramentas, métodos de armazenamento e preservação de alimentos, técnicas de caça, mapeamento de territórios, etc. Todo esse conhecimento pôde, então, ser disseminado entre os membros da tribo e passado adiante de uma geração à outra. A aquisição da linguagem foi, assim, um fator preponderante para nosso sucesso como espécie, mudando para sempre a maneira como interagimos com os outros e com o meio ambiente.

Embora a linguagem tenha nos dado as ferramentas, as emoções eram ainda a força motriz do comportamento humano. E a ansiedade foi uma das principais emoções. Em geral, as características evolutivas que mais se refletem na ansiedade de hoje são as que tendem ao cuidado ou ao comedimento. Os seres humanos que puderam demonstrar que não eram ameaça aos outros – que agiam com respeito ou deferência – tinham menos chances de serem atacados pelos mais poderosos. Demonstrar uma vontade de cooperar – algo talvez não diferente da postura "submissa" dos cães em relação a um rival dominante – foi uma boa maneira de evitar um confronto possivelmente mortal. Outros impulsos de precaução serviram ao mesmo propósito. O medo de altura, o medo de águas profundas ou o medo de áreas abertas foram medos que ajudaram nossos ancestrais a evitar situações perigosas. A cautela com os estranhos foi uma atitude de proteção, já que um encontro ao acaso com uma tribo hostil poderia facilmente resultar em um desastre. Uma tendência a se preocupar com a reserva de alimentos para o inverno seguinte poderia ajudar a tribo a chegar à próxima primavera. Em geral, está claro que muitos dos transtornos de ansiedade que experimentamos hoje têm sua origem nos medos programados em nós por nossa história evolutiva.

O MEDO CERTO NA HORA ERRADA

Este é um ponto de partida fundamental para lidar com a ansiedade: compreender que ela originalmente tinha uma função adaptativa. Todos os nossos medos – independentemente do quanto eles possam parecer irracionais para nós hoje – têm, de alguma maneira, sua base na sobrevivência. O comportamento instintivo e de precaução que subjaz à ansiedade moderna tinha suas raízes nas condições de vida primitiva, especialmente no modo como ela foi vivida cooperativamente pelos grupos ou tribos. Não importava o que estava sendo evitado; a atenção a sutilezas da interação social teve o mesmo valor de sobrevivência que os mecanismos óbvios de proteção, como o medo de altura ou a repulsa diante de carne em putrefação. Esses impulsos podem ter ajudado nossos ancestrais a evitar todos os tipos de consequências infelizes. Entretanto, algumas eras depois, em um ambiente civilizado, os mesmos impulsos parecem um tanto quanto neuróticos. Parece que a evolução, de maneira não sábia, instilou em nós a capacidade para os transtornos de ansiedade. Ela ensinou a nossos ancestrais: "Melhor prevenir do que remediar".

O que isso quer dizer, em termos práticos? Primeiramente, quer dizer que podemos considerar qualquer transtorno *moderno* de ansiedade e buscar suas origens como mecanismo de sobrevivência. Tome-se, por exemplo, o transtorno obsessivo-compulsivo (TOC). Os indivíduos com TOC podem abrigar um medo extremo de contaminação por germes. Fobia ridícula? Não em termos de história. Até bem pouco tempo, nossos ancestrais eram altamente suscetíveis a doenças contagiosas que, com frequência, eram fatais – especialmente quando as populações se tornavam mais densas. As pessoas obsessivas também tendem a acumular coisas – jornais velhos, roupas, comida e outras coisas. O impulso seria útil em um ambiente primitivo em que os recursos fossem escassos. Com efeito, até a Idade Média, não conseguir juntar comida suficiente para o inverno era causa de morte (até mesmo os animais exibem sazonalmente esse instinto de acumular). Ou considere o medo obsessivo de perder o controle e de se tornar violento. Em um ambiente primitivo, isso pode se traduzir em simples prudência. Tais inibições podem parecer não guardar relação com as circunstâncias de hoje, mas não é difícil entender de onde elas vêm.

Cada um dos transtornos de ansiedade reconhecidos tem ligações similares com a história evolutiva. A agorafobia – medo de estar em espaços abertos e públicos – sem dúvida está relacionada à vulnerabilidade de nossos ancestrais aos predadores em ambientes abertos em que estivessem expostos. O transtorno de estresse pós-traumático quase certamente se originou como uma maneira de nos mantermos longe dos perigos que já havíamos experimentado como testemunhas ou como *quase vítimas*. O transtorno de ansiedade generalizada é simplesmente uma versão moderna dessa possibilidade de ver longe, de ter cautela. Os "preocupados" das tribos podem simplesmente ter sido aqueles que anteciparam as calamidades e se preparam para elas.

Uma vez visto e compreendido que nossas ansiedades têm uma base sólida em nossa história evolutiva, estaremos mais bem preparados a aceitá-las como parte de nossa herança biológica. Não mais precisamos vê-las como deficiências que requerem que sintamos culpa ou constrangimento. Contudo, a notícia realmente boa é que embora tenhamos nascido com esses medos, eles não necessariamente precisam nos controlar para sempre. É possível reduzir seu poder, especialmente quando claramente não guardam proporção com os perigos reais. Na maioria dos casos, não aprendemos a ter medo das coisas – herdamos grande parte de nossos medos –, mas podemos aprender a sentir *menos* medo. Fazemos isso simplesmente ao vivenciar situações da vida real e ao descobrir que elas não estão de fato associadas a consequências terríveis. Podemos aprender que os ruídos que ouvimos em nossas mentes são apenas alarmes falsos.

É por isso que muitos medos que nós temos naturalmente na infância somem à medida que crescemos. As crianças têm, em geral, medo de coisas como animais, água, escuro ou medo de ficarem sozinhas. Normalmente, quando crescem, aprendem que é possível superar esses medos e que eles não significam ameaças. A experiência ensina as crianças a renunciar ao medo mais do que continuar a ter medo. A pesquisa sustenta isso: as crianças urbanas têm mais medo de cobras do que as crianças das áreas rurais, porque as crianças do campo entram mais em contato com cobras e aprendem que os répteis não são tão perigosos. O medo primitivo persiste. Muitas crianças têm verdadeiro horror de água, mas depois que aprendem a nadar, o medo se dissipa. É mais fácil ser presa de um medo – especialmente aqueles instilados biologicamente – quando o enfrentamos pela primeira vez.

Mas o medo também nos protege. Se os medos de cair fossem aprendidos inteiramente, você esperaria que as crianças que tivessem caído e se machucado tivessem maior probabilidade de ter medo de lugares altos. Entretanto, a pesquisa demonstra que o contrário é verdadeiro. As crianças que inicialmente tinham medo de altura tinham menor probabilidade de cair em momento posterior.

Isso não é menos verdadeiro para os adultos. Durante a Segunda Guerra Mundial, as pessoas das cidades que foram bombardeadas tinham menos medo de ataques aéreos do que as pessoas que não passaram pela experiência. As pessoas das cidades bombardeadas aprenderam que era possível sobreviver. Depois dos terríveis acontecimentos do 11 de setembro, percebi o quanto as pessoas de estados próximos, como Connecticut e Nova Jersey, passaram a ter medo de vir a Nova York, muito mais do que quem já vive aqui. Parece claro que você precisa passar pelo contato com aquilo de que tem medo para descobrir que não é tão assustador ou perigoso quanto se pensava. A solução para reduzir os medos é compreender que o medo pelo qual você está passando não é inerente à realidade que você está enfrentando. E a maneira de entender isso é de fato experimentar essa realidade em um contexto de segurança. Você precisa "praticar" seus medos.

A evolução, possivelmente, tornou difícil fazer isso. Não é normalmente possível deixar de sentir medo só porque a coisa de que você tinha medo não mais ocorreu. Isso acontece porque a evolução opera de acordo com o princípio "melhor prevenir do que remediar". Ela tende a antever o perigo de maneira exagerada. Digamos que você estivesse vivendo em uma sociedade caçadora-coletora perto da qual houvesse grupos de leões circulando. A segurança depende de ser capaz de perceber a presença dos leões a tempo de se proteger deles. O que aconteceria se você fosse um indivíduo muito nervoso, que tendesse a ver leões onde não havia, mesmo quando se sabia que não havia leões no raio de um ou dois quilômetros? Isso seria um problema? De um ponto de vista evolutivo, provavelmente não. O ato de correr e fugir com certa constância seria um inconveniente, mas não seria necessariamente uma desvantagem para a seleção natural, isto é, não impediria que você sobrevivesse e passasse adiante os seus genes. Por outro lado, uma tendência a não se preocupar com os leões – a tendência de subestimar sua possível presença – pode ser uma história diferente. Imaginar que o leão está escondido atrás de uma moita nove vezes consecutivas pode não causar problemas, mas não conseguir ver o leão quando ele de fato está lá, na décima vez, pode ser fatal. A evolução, portanto, tende a favorecer a precaução: ela quer que sejamos supercuidadosos, constantemente alertas ao perigo. Ela nos ensina a não deixarmos de ser vigilantes só porque um perigo que imaginamos não veio a se concretizar.

Isso é fundamental para nossa compreensão da ansiedade. O que nós pensamos ser um "transtorno" de ansiedade – um peculiar desvio da norma – não é uma aberração, mas simplesmente o resultado natural de nossa história evolutiva. A evolução "instalou", para isso, um *software* em nosso cérebro, como um mecanismo de sobrevivência. O problema não está em nós, mas na vida que levamos – no fato de ela ter mudado muito drasticamente em relação à vida que levávamos na savana ou na floresta. Ironicamente, o problema é que nosso ambiente é mais seguro agora, e nossos medos são, então, desnecessários. Eles não nos protegem tanto quanto inibem nossa fruição da vida. É o medo certo no momento errado. O que era perigoso antigamente pode não ser hoje, ao passo que um comportamento antes inconsequente pode hoje ser seriamente prejudicial à nossa capacidade de funcionar em nossas vidas econômicas, sociais e pessoais. Os padrões que nos protegiam na vida selvagem não mais têm sentido no mercado de trabalho, em casa ou no bairro. O que se pede a nós é que modifiquemos nossos instintos primitivos de modo adequado à nossa realidade de hoje.

Isso é possível? Acredito que sim. Acredito que por meio do exame de algumas das maneiras pelas quais a ansiedade limita e controla nossas vidas possamos chegar a uma melhor compreensão de como lidar com ela. Ao conquistarmos a consciência de como o medo opera em nossas vidas, começamos a afrouxar sua pressão sobre nós. Começamos a trabalhar com nosso medo de uma maneira produtiva, que tira vantagem de nossa capacidade de aprender, de nos adaptar a novas circunstâncias. Nos capítulos a seguir, analisaremos algumas das maneiras pelas quais a mente ansiosa domina nosso pensamento – e como esse domínio pode ser desfeito. Veremos que independentemente do objeto de nossa ansiedade – seja ele medo de altura, contaminação, falar em público, entrar em elevadores, cometer erros, encontrar estranhos, ficar preso em algum lugar ou algo desse tipo – há uma coerência subjacente ao processo pelo qual o medo se torna um fator preponderante. Da mesma maneira, há uma coerência subjacente ao processo pelo qual podemos neutralizar esse medo.

Nossas mentes são os filtros pelos quais vemos a realidade. Elas foram programadas por nossa história evolutiva e por nosso condicionamento de toda uma vida para enviar-nos mensagens constantes, não raro irracionais, sobre a natureza dessa realidade, e também instruções (neste livro eu as chamo de "regras") sobre como responder. Quando experimentamos a ansiedade, a mensagem é que *nada é seguro*. As regras que acompanham a mensagem dizem que há algo fundamental que devemos fazer (ou não fazer) para ficarmos seguros. Mas, e se nada disso for verdadeiro? E se a mensagem for falsa e as regras contraproducentes? Afinal de contas, a mensagem é simplesmente uma mensagem – não precisamos acreditar nela. Ao colocarmos em questão a mensagem do medo, ao questionarmos sua verdade, ao colocarmos tal mensagem à luz da experiência, enfraquecemos seu poder de controlar nossos pensamentos e nosso comportamento. Abrimo-nos, então, para nosso verdadeiro potencial e para nossa verdadeira liberdade.

Analisemos mais de perto a evolução das "regras" que a evolução nos passou. Elas podem não ser tão imutáveis quanto pensamos.

CAPÍTULO

3

O "livro" de regras da ansiedade

A IDENTIFICAÇÃO DAS REGRAS

Agora já sabemos de onde vem nossa ansiedade. Ela não surge em nossa mente por acaso. Não é o resultado de algum erro que cometemos ou de algum defeito de personalidade. Não foi gerada na confusão de nossa infância. Quando experimentamos um medo irracional (pode ser de um acidente de avião, de um cachorro que late, da ruína financeira, de uma doença contagiosa, de ser rejeitado ou de qualquer outra coisa), estamos agindo a partir de um padrão que se instaurou em nós há centenas de milhares de anos ou mesmo há milhões de anos. Esse padrão pode ter mantido nossos ancestrais seguros contra uma miríade de perigos, mas hoje não nos protege de nada. Ao contrário, devasta nossas vidas.

Será que podemos fazer alguma coisa a esse respeito? Há uma maneira de ficarmos menos neuróticos? Se eu pudesse trazer aquele homem da Idade da Pedra para a nossa época, ele seria flexível o suficiente para se adaptar à era moderna? Ele poderia superar suas muitas neuroses o suficiente para que tivesse uma vida saudável e produtiva?

Minha resposta a isso é um *sim* inequívoco. Haveria muitas coisas que o homem da Idade da Pedra poderia fazer – e há muitas coisas que você pode fazer. Há uma maneira de tratar a ansiedade, tanto por meio de seus próprios esforços quanto pela busca de ajuda profissional. Além disso, é uma maneira que se aplica a todo transtorno de ansiedade, independentemente da forma que assume ou dos medos particulares que formam seu perfil. Os métodos de tratamento que delinearei nos capítulos subsequentes se provaram eficazes para todos os tipos de pacientes com toda a gama de sintomas de ansiedade. Uma vez aprendida a abordagem, você terá as ferramentas básicas de que precisa para superar a ansiedade.

Deixe-me explicar por que isso é verdadeiro. Os seis tipos básicos de transtorno de ansiedade listados antes são apenas as categorias gerais. Não são de fato problemas distintos, da mesma maneira que são, digamos, as diferentes doenças do corpo.

Em vez disso, são parte de um padrão geral de ansiedade passado a nós por nossa programação evolutiva. Por essa razão, um transtorno de ansiedade, embora possa ter um objeto específico, é normalmente parte de uma condição mais universal. Na verdade, a maior parte das pessoas que tem um dos transtornos de ansiedade específicos provavelmente tem algum dos outros transtornos também – talvez até eles todos. É por isso que muitos psicólogos hoje falam sobre os padrões gerais de ansiedade em vez de tentar dirigir a atenção para sintomas específicos como base para o diagnóstico.

Por causa de suas raízes compartilhadas, os vários padrões de ansiedade tendem a ter certos processos em comum. Compreendendo esses processos comuns, podemos ter um melhor domínio sobre o modo como nossas mentes geram a ansiedade. Nossa programação evolutiva – o *software* de nossos cérebros – nos propiciou um conjunto consistente de instruções para lidar com o risco. Essas instruções parecem governar até mesmo as mentes dos indivíduos "normais". Elas se tornam ainda mais vigorosas quando um indivíduo está predisposto à ansiedade extrema. Tornam-se menos sinais de alerta do que regras absolutas. É aí que somos apanhados pela ansiedade e que nosso poder de pensar e agir de maneira inteligente fica prejudicado.

O que são essas regras, exatamente? O comportamento humano é complexo e (poderíamos pensar) difícil de ser reduzido a elementos simples. Todavia, é interessante o modo como, uma vez identificados, nossos padrões de ansiedade se tornam amplos e universais. Independentemente do quanto nosso pensamento seja perturbado pelo medo, ou do quanto nossas estratégias de reação e evitação sejam elaboradas, nós sempre parecemos adotar certas tendências básicas, certas regras, em resposta a situações que causam medo. É como se a natureza tivesse escrito uma lista dessas regras em nossos cérebros. Essa lista pode ser resumida nos pontos a seguir:

1. **Detecte o perigo.** A primeira regra é identificar o perigo tão rapidamente quanto possível, de modo que você possa eliminá-lo ou dele escapar. Se você tiver medo de aranhas, será muito rápido em detectar – ou mesmo imaginar – a presença delas. Se você teme ser rejeitado pelos outros, será rápido em perceber quando as pessoas começam a ficar carrancudas diante de você; expressões faciais ambíguas parecerão hostis. Se você se preocupa com doenças, bastará uma pessoa tossir para que você saia do lado dela; qualquer notícia no jornal sobre algum surto de doença chamará sua atenção. Se você sofre de uma ansiedade severa, tenderá a estar sempre em estado de alerta.
2. **Transforme o perigo em catástrofe.** O próximo passo do processo é o de interpretar automaticamente o perigo como um total desastre. Se alguém não for muito simpático em uma reunião, você achará que o problema é com você. Uma mancha escura na pele já lhe indicará um câncer. Um elevador lento ou que funciona mal é sinal de que você logo ficará preso nele, sem condição de sair. Nada é considerado um problema menor: um buraco na estrada transforma-se em uma mina prestes a explodir.
3. **Controle a situação.** O terceiro passo é tentar controlar sua ansiedade controlando as coisas que estão à sua volta. Se suas mãos entram em contato com germes, você corre para a pia para lavá-las. Se você acha que cometeu um erro no trabalho, volta ao escritório para verificar tudo o que fez em tal dia. Se você está lidando com obsessões, tenta banir os pensamentos obsessivos de sua mente (o que só piora as coisas, pois a tentativa de fazê-lo é, em si, o produto de um pensamento obsessivo).
4. **Evite ou escape.** Uma alternativa para o passo três é evitar a situação de ameaça como um todo (se ela ainda não tiver se materializado), ou, caso tenha se materializado, afastar-se dela imediatamente. Se você estiver nervoso em relação a encontrar alguém em uma festa, você simplesmente não vai – ou, se encontra a pessoa na festa, vai embora imediatamente. Se você teme um ataque de pânico, tenta ficar fora de qualquer lugar que possa desencadear um ataque desse tipo: você se recusa a entrar em um elevador, fazer compras em um *shopping* ou sentar em um teatro lotado. Você evita ir ao zoológico porque poderá ter de olhar para uma cobra. Não há modo de você se permitir confrontar qualquer um de seus medos arraigados.

Essas são as regras universais da ansiedade. Eu as chamo de "livro de regras da ansiedade". Quando estamos sob o comando dessas regras, elas parecem ter um poder absoluto, como leis inexoráveis vindas de cima. Porém, se as analisarmos com maior cuidado, veremos que cada uma delas é de fato sustentada por certas *crenças* que temos, que dão às regras muito de sua autoridade. Examinar essas regras e suas hipóteses – colocá-las em questão, para vermos se são ou não verdadeiras – pode levar a uma perspectiva diferente em relação à questão do quanto estamos à mercê de nossas ansiedades.

REGRAS E CRENÇAS

Analisemos mais de perto as quatro regras listadas anteriormente, a fim de apontar se podemos identificar algumas das crenças subjacentes que as sustentam.

Regra 1: Detecte o perigo

Quando você está ansioso, o processo começa pela crença de que precisa prever todo e qualquer perigo. Se for possível, sua mente orienta você, então poderá ter todas as informações sobre o que pode dar errado, e, assim, estará em condições de enfrentar a situação. Se, digamos, você tiver de dar uma palestra, tenta prever todas as coisas ruins que possam acontecer: ter um branco, o público ser hostil, seu projetor falhar, ter esquecido de algo. De acordo com sua mente, quanto maior o número de perigos em que você pensar, mais preparado para lidar com eles – isto é, mais seguro – você estará. A realidade, é claro, é que quanto mais você pensa em perigos, mais ansioso e mais perturbado ficará. Em poucas palavras, sua própria vigilância lhe causa mal.

Parte desse sistema de crenças é o princípio do "melhor prevenir do que remediar"; isto é, melhor prever uma quantidade de perigos imaginários, mesmo que eles não se materializem, do que deixar passar um perigo real. Afinal de contas, se você não entra no avião e ele não cai, não houve perigo – ou, pelo menos, assim parece. De acordo com essa mesma lógica, se você já estiver no avião, ficará mais seguro se ficar alerta a qualquer som estranho ou se olhar pela janela para ver se há algum problema ou se prestar atenção nas falas do piloto para ver se ele fala em turbulência. Talvez você perceba algo que o piloto e a equipe de voo não perceberam, e então será capaz de alertá-los e salvar todos de um acidente. O caminho mais seguro e prudente é ficar alerta, usar toda a sua energia para tentar identificar ameaças. Isso o preparará para lidar com elas de modo eficaz.

O absurdo desse modo de agir é evidente, embora esses sejam os pressupostos que nos acompanham quando a ansiedade está no comando. O problema é que o cérebro primitivo (que nós herdamos) está organizado em torno de emoções, não de lógica. Quando as emoções são dominantes, sua capacidade de identificar o que é e o que não é perigoso se perde. Uma vez abertos os "arquivos do medo" no cérebro, é difícil fechá-los. Tudo o que você encontra ao buscar mais informações são outros "arquivos do medo". Todo pensamento do tipo "e se tal coisa acontecer" desencadeia uma busca por mais "e *se*", uma reação em cadeia, como as bolas do bilhar que batem uma nas outras em sequência. Enquanto isso, os arquivos "racionais" armazenados no neocórtex – aqueles que contêm todas as tabelas entediantes que demonstram como são poucos os aviões que de fato se acidentam ou a percentagem esmagadora de pessoas com dores de cabeça que precisam de uma aspirina e não de um eletroencefalograma – são esquecidos ou ignorados.

Isso tudo pode ser perfeitamente racional. A mente está supostamente envolvida no "raciocínio", em buscar evidências, mas a única evidência que ela vê – a única evidência que ela *consegue* ver – é aquela oferecida pelas emoções. E a única evidência que você busca quando está ansioso é a de que está em perigo. Quanto mais você procura, mais assustadora se torna a evidência. Assim, quando me convenço de que me contaminei ao tocar na torneira do banheiro, não é que eu tenha de fato detectado um perigo na torneira, mas sim que minha *sensação* irracional de estar sujo ou contaminado busca mais evidências de contaminação – um círculo vicioso de medo. Ou vou ao médico para um *check-up* e ele me diz que estou bem, mas que preciso reduzir um pouco meu colesterol. Ah, não. Colesterol alto? Será que vou ter um ataque cardíaco? Como é que o médico pode saber se eu não vou ter um ataque cardíaco em breve? Eu ligo para o médico e ele me diz que não há indícios – os exames de sangue estão normais, não há fatores de risco, etc. Tarde demais: já comecei a me preocupar. Esqueço de todas as informações abstratas e começo a pensar na minha imagem, deitado no chão, sem fôlego, tentando pegar o telefone. Para a amígdala – a parte emocional do cérebro – uma imagem vale mil tabelas e quadros informativos.

Passei a acreditar em minha própria mente. Em vez de ser objetivo sobre os fatos, faço uso de minha mente, conduzida pelo medo, para me dizer se estou em perigo.

Regra 2: Transforme o perigo em catástrofe

A crença essencial aqui é a de que qualquer consequência negativa que você possa perceber que esteja se apresentando, se chegar a você, será intolerável. Qualquer fardo estará além de sua capacidade de resistir. Não ser escolhido para um emprego vai arruinar sua carreira. Pisar em um prego causará tétano. Um pequeno ganho de peso estragará sua saúde. Um fracasso de ordem sexual indicará o fim de sua vida amorosa. Não há pequenas inconveniências, apenas desastres. Mesmo situações casuais podem estar repletas de maus pressentimentos e das piores expectativas que se possa imaginar. Você passa por um cachorro que está rosnando e imagina que ele vai rasgar o seu braço a dentadas. Dirigir o carro sobre uma ponte é assustador porque você se enxerga batendo nas laterais da ponte, caindo na água e se afogando. Se alguém não aceita seu convite para jantar, isso confirma que você é um excluído social.

Outra crença relacionada, que em geral fica um pouco obscura, é a de que todas as ameaças são iminentes. Não há tempo para esperar e ver se um perigo genuíno se materializa; qualquer situação que implique ameaça é uma emergência terrível. Não há espaço para refletir sobre o perigo, coletar informações, consultar os outros ou formular uma resposta prudente. Mesmo se a situação temida estiver distante no futuro, alguma coisa em você exige que se lide com ela imediatamente. As pessoas que sofrem de ansiedade conhecem bem esse sentimento. Uma vez identificada a ameaça futura, não haverá descanso enquanto ela não tiver sido evitada – a pessoa não relaxa, não aproveita situações prazerosas e não presta atenção a outros assuntos (possivelmente mais sérios). Racionalmente, não há necessidade de nada disso, mas emocionalmente é como se o desastre estivesse por se instaurar imediatamente, como se um tigre dente de sabre estivesse esperando para atacá-lo atrás de uma moita. É daí que vem o impulso: a resposta ao medo herdada de nossos ancestrais.

Uma variação sutil, mas poderosa, desses temas tem a ver com o modo como você vê seus próprios pensamentos ansiosos. Eles *próprios* se tornam parte do perigo. No momento em que temos um pensamento ansioso já estamos em situação problemática. Aqui, encontramos a crença subjacente de que nossos pensamentos têm o poder de nos prejudicar. Se essa crença for aceita, é fácil ver para onde ela leva. Devemos temer nossos próprios pensamentos; eles devem ser controlados ou repelidos para evitar a catástrofe. Se eles persistirem, tudo está perdido. Assim, a noção de ter um ataque de pânico pode de fato se tornar um objeto de medo principal, mesmo quando você não sabe ao certo a qual evento do mundo real o ataque de pânico está relacionado. Qualquer sinal de respiração acelerada, suor ou tontura é com certeza um sinal de que você está chegando perto de um colapso, causando assim – o que poderia ser? – respiração pesada, suor e tontura. O ataque de pânico, na verdade, se torna autogerador.

Como veremos adiante, cada um dos transtornos de ansiedade descritos neste livro é, pelo menos em parte, *um medo da ansiedade em si*. A pessoa desenvolve uma imagem de si como uma bomba-relógio, pronta para explodir a qualquer momento. Se soubesse que as próprias obsessões de maneira nenhuma refletem o mundo real – se a pessoa pensasse que tais obsessões fossem apenas um ruído de fundo, sem significado –, seria mais difícil ser obsessivo. As sensações de perda de fôlego seriam apenas isso, sensações, sem consequências para o mundo real. É a crença no poder catastrófico da ansiedade (sua promessa de que perdemos o controle, de que nos perdemos e de que isso durará para sempre) que permite que ela lance uma sombra tão ameaçadora sobre nossa consciência.

Regra 3: Controle a situação

A crença subjacente aqui não é difícil de identificar. É a crença de que você tem o poder de impedir que todas as coisas ruins aconteçam. Sua mente afirma que se você não controlar as coisas elas causarão problemas; que a sua segurança depende de sua capacidade de controlar todos os fatores de seu ambiente. Essa mensagem, é claro, não está de acordo com o fato óbvio de que você não pode controlar todos esses fatores. Porém, a própria percepção disso faz com que você se sinta ainda mais ansioso. Pelo fato de persistir em sua crença na *necessidade* de controlar todas as coisas, você simplesmente aumenta os esforços desesperados por controlar tudo. Fazer alguma coisa – qualquer coisa – equivale, na sua mente, a reduzir o perigo. "Desde que eu esteja no controle da situação, nada poderá me ameaçar."

Uma consequência dessa proposição dúbia é o recurso ao "pensamento mágico" – a falsa crença de que se duas coisas estão associadas no tempo, uma será a causa da outra. Por exemplo, *o canto do galo faz o sol nascer*. As pessoas que sofrem de ansiedade com frequência utilizam esse tipo de tentativa desesperada para afirmar seu controle sobre o ambiente: "Se eu mantiver minhas mãos sobre a mesa, ninguém rirá de mim" ou "Se eu apertar o botão do elevador bem forte, ele não vai parar". Isso, na verdade, é superstição, algo não muito diferente daquilo que faziam nossos ancestrais ao usarem máscaras, se pintarem e dançarem para seus deuses. Quando os desastres não acontecem, você agradece aos deuses – ou aos pajés. Quando eles acontecem, você aumenta a intensidade dos rituais e dos sacrifícios porque pensa que o que fez antes não foi suficiente.

Um exemplo típico desse pensamento pode ser, digamos, uma mulher que tem muito medo de viajar de avião. Ela entra no avião, mas imediatamente reconhece que passou o controle da situação ao piloto e ao funcionamento interno da equipe de voo. Isso é totalmente inaceitável: ela tem de encontrar alguma coisa que a faça se sentir segura – algo que ela possa controlar. Ela segura firmemente o assento com uma das mãos e, com a outra, aperta um pequeno travesseiro contra si. Isso faz com que ela, de alguma maneira, se sinta segura. A viagem transcorre normalmente e o avião não cai. Ela tem, então, a sensação de que foi seu ritual que impediu o avião de cair e, a partir daquele momento, precisa realizar o ritual toda a vez que viaja. Não há sentido algum nisso, mas a compulsão é irresistível. É claro que se você perguntar a ela se o fato de segurar firmemente o assento de sua poltrona e apertar contra si o travesseiro impediu o avião de cair, a resposta será negativa: "Claro que não. Isso é loucura", ela dirá. Mas se você perguntar a ela sobre o porquê da necessidade do ritual, a resposta será "Porque me faz sentir mais segura". Chamamos esses comportamentos de "comportamentos de segurança", porque seu pensamento mágico lhe diz que você estará a salvo se adotá-los. Veremos adiante como esses comportamentos de segurança são parte de todo transtorno de ansiedade e que eles ironicamente sustentam a crença de que você está correndo riscos.

Quando os próprios pensamentos ansiosos são a fonte de medo, o pensamento mágico em geral se volta para dentro. Se sou extremamente tímido e tenho medo de fazer papel de bobo em situações sociais, começo a vigiar meu comportamento de um modo tal que impeça o surgimento dos pensamentos ansiosos que me fazem agir de maneira boba. Tento suprimir quaisquer sinais de ansiedade: tremer, suar ou corar. Acima de tudo, tento impedir que os pensamentos ansiosos penetrem em minha mente. É claro que, longe de propiciar maior controle, isso simplesmente aumenta minha sensação de que posso logo perder o controle a qualquer momento. Pensamentos não desejados, contudo, podem aparecer, e eu tenho a necessidade urgente de gritar ou de dizer algo terrível. Não quero de fato ceder a essa necessidade, e de alguma forma me parece crucial manter esses pensamentos longe da minha cabeça. Quanto mais eu digo a mim mesmo para me livrar dos pensamentos indesejados, mais assustado fico, porque não consigo. Minha tentativa de manter o controle resulta em minha sensação de estar fora de controle.

O controle interno e o controle externo podem se misturar de uma maneira da qual é muito difícil de se livrar. Uma mulher tem tido ataques de pânico sem motivo algum aparente. Ela começa a se preocupar sobre ter um ataque de pânico em público. Quando sai para fazer compras, faz questão de que alguém a acompanhe. Ela cria desculpas como "Não é muito divertido fazer compras sozinha". Leva, então, sua mãe como acompanhante, pensando que, se tiver um ataque de pânico, a mãe poderá levá-la para casa ou chamar um médico. Mas isso não adianta nada. Quando chega em uma loja, começar a se sentir tonta e se apoia no balcão, a fim de não cair. Começa a criar inúmeros rituais, para que, simplesmente, consiga fazer suas compras. Toda ida a um *shopping* é aterrorizante e exaustiva. Há um curioso paradoxo nisso tudo: a crença na *impotência*. É como um menino que tem medo de se afogar e que bate as mãos na água freneticamente para não afundar. É difícil, para ele, ter a tranquilidade necessária para, simplesmente, boiar. Ao contrário, é provável que se renda ao perigo iminente e que, quanto mais se esforce para escapar do problema, mais se afunde na ansiedade.

O sentimento subjacente de que não temos a quem recorrer para resolver nossos problemas faz com que apelemos para a fantasia do controle absoluto. O sentimento está atrelado a uma visão de nós mesmos segundo a qual somos incapazes de tolerar o desconforto, a ansiedade, os problemas ou os conflitos. A pessoa que sofre de ansiedade pode ter dificuldade de dormir pensando nos cortes recentes no trabalho, preocupando-se com o que faria caso perdesse o emprego. Pode até não ter certeza se quer continuar no emprego. Além disso, pode ser competente o bastante, a ponto de não ter problema em encontrar outro trabalho, talvez melhor do que o atual. Contudo, não acredita nisso. Se não conseguir prever o resultado, se houver qualquer espécie de incerteza, mergulhará na ansiedade. Ela não consegue confiar em sua capacidade de lidar com qualquer situação que possa surgir – mesmo que tenha sido sempre capaz de fazê-lo.

As pessoas que se preocupam de maneira crônica podem, ou não, ser boas na resolução de problemas uma vez que eles ocorram, mas elas constantemente subestimam sua capacidade futura de lidar com o mundo. Podem ser boas em dar conselhos úteis aos outros, mas quando o assunto é elas mesmas a situação é diferente. Elas mantêm uma crença arraigada de que são incapazes de lidar com qualquer desafio da vida: frustração, rejeição, conflito, doenças, novas responsabilidades, solidão, encontrar um novo trabalho ou parceiro – todos os problemas que constituem uma vida normal. Boa parte disso parece estar tão além do seu controle que elas se sentem incapazes. Mas o controle eficaz sobre o que nos cerca vem da compreensão dos nossos próprios limites em relação a esse controle e de sermos capazes de trabalhar dentro de tais limites. A imperfeição, a dúvida, a imprevisibilidade, os reveses – são sempre parte do quadro. É bom conhecermos todos esses fatores em um nível mais profundo e estarmos preparados para conviver com eles.

Regra 4: Evite ou escape

Essa regra é, de certa forma, uma alternativa à Regra 3 (Controle a situação). Se o controle total for impossível, talvez a maneira de evitar a ansiedade seja a de *evitar a situação como um todo*. A crença subjacente a essa estratégia é a de que os riscos podem ser eliminados pela recusa de enfrentá-los. A segurança reside na manutenção da ilusão de segurança.

Uma consequência dessa regra é a paralisia. Temos medo de andar de avião, por isso nunca fazemos aquela visita importante a alguns familiares. Temos medo de não sermos aceitos para o trabalho que desejamos, por isso nunca nos candidatamos a ele. Alguém com quem não nos damos bem mora em uma rua próxima e, por isso, sempre evitamos passar por ela, mesmo que tenhamos de fazer um caminho mais longo. Quando nossa convicção subjacente é a de que não podemos lidar com qualquer desconforto, nossa vida fica cercada por todas as espécies de limitações, que nos mantêm imóveis, passivos e escondidos.

Uma manifestação comum da paralisia que nos acomete é a indecisão. Com frequência, nos recusamos a agir até que tenhamos o que consideramos ser informações suficientes – que, de alguma forma, nunca conseguimos obter. O medo de tomar a decisão "errada" (que em circunstâncias primitivas poderiam significar a morte súbita e violenta) nos impede de tomar qualquer decisão. Quando estamos ansiosos, tentamos evitar completamente os riscos. Acreditamos que o mundo é perigoso, que não seremos capazes de enfrentar as consequências e precisamos de certeza absoluta. E quando estamos ansiosos, acreditamos que se algo não for bem nos arrependeremos para sempre. Imaginamos que nos arrependeremos dos resultados e diremos a nós mesmos: "Bem que eu te avisei!".

Nossa ansiedade leva à procrastinação. Nosso cérebro primitivo nos diz que não devemos fazer nada até que *saibamos* que é seguro, até que não mais tenhamos medo. A mensagem persiste, e por isso acreditamos que é importante não agir até que estejamos *prontos*. Enquanto nos sentirmos ansiosos em relação a uma situação, a adiaremos – seja tal situação declarar o imposto de renda, trabalhar em um projeto que não temos certeza de que controlaremos, ter uma conversa sobre um assunto delicado com alguém ou ir ao dentista. Subjacente a isso está a crença de que as penosas consequências da ação decisiva são maiores do que as de nada fazer; de que o caminho "mais seguro" é o de esperar até que a ansiedade vá embora. De todas as nossas ilusões, essa é a que aparece com maior frequência.

E se for tarde demais para evitar uma situação? E se já estivermos imersos nela? Obviamente, a estratégia é a de escapar o mais cedo possível. Novamente, a ligação com as urgências primitivas é clara: retirar-se rapidamente da situação quase sempre foi questão de sobrevivência. Nos dias de hoje, buscamos uma saída. Atravessamos a rua para escapar de um bando de estranhos. Ligamos para nosso trabalho avisando que estamos doentes no dia de um exame importante. Não enfrentar uma fonte de perigo é um instinto tão profundo e poderoso que muitas vezes supera todas as outras considerações, independentemente de serem racionais. É claro que quando obedecemos à urgência deixamos de aprender uma lição importante, que é a de que nós de fato temos a capacidade de aprender a lidar com as dificuldades. Quando buscamos escapar de tais situações, contudo, jamais levamos esse fator em consideração.

Ao codificar essas "regras" de ansiedade, obviamente simplifiquei muito. Na prática, há muitas sobreposições entre elas, isso para não mencionar muitas situações em que elas se misturam com impulsos do senso comum. Contudo, conhecemos todas essas regras, sejamos classificados como pessoas que sofrem de ansiedade ou não. Isso ocorre porque os padrões de pensamento e comportamento que elas representam foram inextricavelmente implantados em nossa psicologia, como espécie. Nossos instintos de proteção – a verdadeira origem dessas regras – não são diferentes do que eram há milhões de anos: detectar, prever catástrofes, controlar, escapar. A julgar por nosso sucesso como espécie, essas regras provaram ser eficazes durante milhões de anos de pré-história. Todavia, se nós ainda as seguimos cegamente nos dias de hoje – em que os animais selvagens, as tribos hostis, as doenças e a desnutrição não são mais as principais ameaças –, não estamos mais levando em conta nossa sobrevivência. Estamos fazendo exatamente o contrário: tornando-nos confusos, disfuncionais, paralisados e incapazes de um pensamento ou de uma ação eficaz. Estamos usando as regras certas no momento errado. Na verdade, obedecer a essas regras hoje talvez seja a melhor maneira de desenvolver o que nossa sociedade chama de transtorno de ansiedade.

ESPERE UM POUCO – PRECISO VERIFICAR SE ESTOU SEGURO!

Superar nossas ansiedades não é tão complicado ou misterioso quanto pensam algumas pessoas. Mas você está certo quando pergunta: "Isso é só pensamento positivo?" ou "Não há riscos reais?". Boas perguntas. A meta não é se tornar imprudente ou correr riscos desnecessários e perigosos. Isso é até mais problemático do que ter problemas de ansiedade.

Mas como se pode decidir isso? Qual é a coisa "sensata" a fazer?

Vou passar a você um teste de segurança. Se tiver quaisquer dúvidas, faça a você mesmo as seguintes perguntas:

- O que a maior parte das pessoas pensa ou faz?
- O que a maior parte das pessoas pensa ser razoável?
- Quais são as probabilidades de as coisas correrem bem?

Essas são as regras da pessoa razoável, ou regras de plausibilidade. Por exemplo, se você tem medo de se contaminar com alguma coisa, eu pediria que fizesse a você mesmo a seguinte pergunta: "A maioria das pessoas teria esse medo de se contaminar?". Por exemplo, se você estiver em um restaurante de uma área remota de um país pobre e estiver pensando em beber a água da torneira, *não beba*. A maior parte das pessoas pensaria na hipótese de contaminação da água. Mas se você estiver em sua casa, e quiser tomar água, poderá bebê-la diretamente da torneira. A maior parte das pessoas julgaria tal atitude segura... Porque de fato o é.

A mesma coisa vale para o seu medo de elevador ou de o avião cair. A maior parte das pessoas pensa que está segura em tais ambientes. As chances de tudo correr bem são bilhões de vezes mais favoráveis a você do que a queda do elevador ou do avião. As mesmas regras se aplicam ao seu medo de ataques de pânico – seu medo de que fique louco ou morra por causa de um desses ataques. Atendo pacientes há mais de 25 anos e supervisionei uma clínica em que atendemos milhares de pacientes. Ninguém jamais morreu ou enlouqueceu por causa de um ataque de pânico. Bons psicólogos confirmarão essa informação. Mas não há *garantias*. Talvez você seja *a exceção*. Não há garantias absolutas.

A única coisa em que você pode pensar quando entra em um novo jogo é nas probabilidades. Se as probabilidades são de bilhões para um de que o elevador não caia, confie nelas. Se quiser absoluta certeza, terá de se acostumar a ter ansiedade e depressão pelo resto da vida. Vale a pena correr esse risco?

Assim, para aplicar o novo livro de regras, que envolve *romper com todas as regras*, você terá de desistir da certeza e da perfeição. Mas se você usar as velhas regras – as que já estão em sua mente – é certo que continuará ansioso.

Quero que você pense mais profundamente nisso. Você está disposto a abandonar a certeza? Quais são as vantagens de se exigir certeza em tudo? Você pensa que será capaz de chegar bem perto da certeza e reduzir os riscos desnecessários. Você já conseguiu ter real certeza do que acontecerá no futuro? Será que alguém já conseguiu? Quais são as desvantagens de se exigir certeza? Você continuará a procrastinar, a evitar e a depender de suas ansiedades? Isso não é um risco?

Na verdade, você não tem certeza sobre nada que faz agora. Se você vai a um restaurante, dirige seu carro ou envia um pacote pelo correio, não tem certeza dos resultados. Não tem certeza sobre seus amigos, família ou empregos. Chamamos isso de "risco aceitável" porque observamos que você já faz essas coisas e, portanto, aceita o risco. Se você aceita esses riscos cotidianos – e você aceita – por que não aceitar outros riscos pequenos e insignificantes? Isso faz parte da regra da pessoa razoável ou regra da plausibilidade.

A mesma coisa vale para a perfeição. Você nunca dispôs da perfeição e jamais disporá.

Não há certezas, mas você pensa que precisa delas. Aqui está o modo como você vem pensando: "Se eu concluir, de maneira falsa, que as tentativas de controle, minha evitação ou meus comportamentos de segurança têm me protegido, como é que isso pode me prejudicar? Pelo menos aprendi que fazer alguma coisa enquanto estou neste 'ambiente perigoso' faz com que eu me sinta melhor. Talvez eu tenha sorte e faça a coisa certa. Mas, mesmo que não faça, mesmo que eu adote um comportamento de segurança totalmente absurdo, ainda posso ter a sorte de encontrar um parceiro – uma pessoa ansiosa – que esteja disposta a criar filhos ansiosos comigo".

Você não pode aprender que o ambiente *não é perigoso, a não ser que você não faça nada* – e *não fazer nada* é algo muito difícil.

Estamos usando o *software* errado. As regras para sermos ansiosos fazem com que ingressemos em um jogo em que perdemos – porque nos sentimos ansiosos ou nos convencemos de que temos de continuar a jogar o jogo da ansiedade. As regras estão construídas em nossas mentes. Ficamos presos em um buraco, pois cavamos cada vez mais fundo toda vez que fazemos uso das velhas regras.

A boa notícia é que podemos criar regras novas. E com elas podemos romper com todas as regras antigas, livrando-nos da ansiedade desnecessária.

Há um novo jogo no mercado.

LIVRE-SE DAS REGRAS

Em sua cabeça, só há espaço para as velhas regras, que tratam de perigo, evitação e segurança. As novas regras, o novo livro, que refletem uma mente diferente, mais sábia, permitem que você desista de seu velho *software*, simplesmente reescrevendo-o, gravando um novo programa sobre o antigo. É uma parte diferente de sua cabeça, racional, acima e além de sua mente primitiva e mais afinada com o mundo de verdade – e não com o mundo que você teme.

As novas regras vão lhe dizer algo assim: "As coisas são bastante seguras. Meus pensamentos, sentimentos e sensações são simplesmente minha imaginação e meu estado de alerta. Nada está acontecendo, exceto a presença de muitos ruídos e de muitos alarmes falsos. Não preciso controlar nada. Na verdade, vou deixar que todo esse estado de alerta causado pela ansiedade se vá, vou me render a ele, vou flutuar sobre ele, vou observá-lo – vou até me divertir com ele. Consigo fazer as coisas mesmo quando estou ansioso. Na verdade, aprenderei mais e ficarei mais forte se fizer as coisas quando estiver ansioso".

Há um novo jogo no mercado: é o jogo de *romper com todas as regras.*

Analisemos agora as regras para a libertação da ansiedade e o modo como você pode usá-las.

Velha regra 1: Detecte o perigo
Nova regra 1: Veja as coisas de maneira realista

Quando você está em um estado de ansiedade, toma decisões sobre o que é perigoso *automaticamente*. Você sequer pensa se a situação é de fato perigosa. Simplesmente presume que é. Qualquer sinal de perigo, até mesmo um sinal insignificante, é conclusivo.

Para tirar vantagem desse pensamento mecânico, você deve passar por um processo de avaliação de risco. Isso pode ser feito consciente e deliberadamente, por exemplo, se você fizer a si mesmo as seguintes perguntas:

1. Estou usando as informações de que disponho ou só seus aspectos negativos?
2. Estou fazendo previsões com base nos fatos ou simplesmente em emoções?
3. A minha imaginação está fazendo uso do que tenho de melhor?
4. Avaliei a probabilidade do resultado que temo?

Por exemplo, se me sinto aterrorizado por ter de falar em público, convenço-me de que o resultado será um desastre. Posso examinar as questões acima mentalmente (ou escrevê-las, se necessário) e respondê-las da seguinte forma:

"Na verdade, tenho muitas coisas a meu favor. Estou muito bem preparado. Tenho algo a dizer, razão pela qual fui convidado a falar. Revisei o material e pratiquei meu discurso. Já fiz palestras bem-sucedidas antes. Ao me atormentar com isso, ignorei todas essas considerações."

1. Tenho a *impressão* de que fracassarei, mas no passado tais impressões foram inúteis ao fazer minhas predições. Temo que quando eu estiver ansioso, terei brancos, mas, na verdade, isso raramente acontece. Mesmo quando acontece, sempre consigo passar por isso de alguma maneira.
2. Minha mente pode produzir muitos "*e se* tal coisa acontecer?". Estou os tratando como se eles fossem reais, mais do que de fato são: produtos de minha imaginação. Nenhum desses "*e se* tal coisa acontecer?" derivam de situações da vida real. São fantasias, que não têm o poder de me prejudicar. As pessoas não morrem por causa do que imaginam.
3. Estou presumindo que a palestra será um desastre. Não sei. Há tantas razões para pensar que terei sucesso quanto para pensar que não. Estou equacionando possibilidade com probabilidade. Não avaliei o resultado de maneira realista.

Queremos viver em um mundo real, de modo que tenhamos que usar todas as informações – não só a busca por "sinais de perigo" e escapar. Digamos que você esteja prestes a dar uma palestra e esteja ansioso (quem não estaria?). Façamos uso do novo livro de regras (Quadro 3.1).

Usando o novo livro de regras você poderá perceber que a ansiedade não é perigosa, que sua imaginação não é a mesma coisa que a realidade e que as emoções não preveem o futuro. Você pode desistir da certeza exigente – e apelar para as probabilidades. Você está mais seguro do que precisa.

A chave aqui é se desligar do estado de pânico a tempo de fazer uma avaliação da situação. É isso que as pessoas que sofrem de ansiedade não conseguem ou esquecem de fazer. "Ser razoável" pode ser uma resposta fraca às ansiedades que parecem ser avassaladoras. No entanto, é notável o quanto um simples processo pode nos retirar de percepções distorcidas. Exploraremos isso mais profundamente em capítulos posteriores.

Velha regra 2: Transforme o perigo em catástrofe
Nova regra 2: Normalize as consequências

No passado, você podia presumir que qualquer obstáculo seria catastrófico: que pegar uma gripe o mataria, que um fracasso em seu desempenho sexual significaria o fim de sua vida amorosa, que um ataque de pânico faria com que você morresse ou ficasse louco. Nada disso jamais se materializou, mas você continua a seguir a velha regra e a pensar que tudo pode acontecer. A fim de ver essas coisas de modo realista, você tem de se distanciar de suas emoções e ansiedades e fazer algumas perguntas básicas:

QUADRO 3.1 **COMO USAR O SEU LIVRO DE REGRAS PARA A ANSIEDADE DE FALAR EM PÚBLICO: DO PERIGO AO PENSAMENTO REALISTA**

REGRA 1: VEJA AS COISAS DE MANEIRA REALISTA	EXEMPLOS
É importante usar todas as informações – inclusive as informações positivas.	Já dei palestras antes. Preparei meu discurso e o ensaiei. Tenho algo a dizer – e é essa a razão pela qual fui convidado a palestrar. Tenho minhas anotações e conheço o assunto. Conheço o material; eu o revisei e pratiquei com ele.
É melhor ser realista do que pessimista.	Posso ter a expectativa de que a palestra correrá bem, porque isso sempre ocorreu. Talvez eu me sinta ansioso, mas fiz algo quando me senti assim. Ser pessimista não me ajuda a fazer o que tenho de fazer, só me faz evitar o que preciso fazer e me deixa mais deprimido. Ser realista não significa que eu pense que tudo vai funcionar bem, significa simplesmente que estou aberto a informações positivas e neutras, a ter uma visão equilibrada das coisas.
Use os fatos, não suas emoções, para fazer as previsões.	Minhas emoções têm sido inúteis para minhas previsões. Toda vez que me sinto ansioso acho que vou ter um branco completo, mas isso nunca aconteceu. O fato é que sempre consegui superar os problemas – mesmo quando estou ansioso.
Trate os "e se tal coisa acontecer" como parte de sua imaginação.	Sempre penso em muitos "e se tal coisa acontecer", mas eles acabam nunca acontecendo. A verdade é que minha imaginação é muito fértil. As pessoas não morrem por imaginar coisas.
Use as probabilidades em vez das possibilidades.	Qualquer coisa é possível, mas a probabilidade é a de que eu posso ficar nervoso mas passar bem pela palestra.

1. O que de fato aconteceu no passado?
2. O que há de pior e qual a probabilidade disso acontecer?
3. Quais seriam os resultados ruins se esse *algo de pior* de fato acontecesse?

Por exemplo, você entrou em contato com alguém que pode estar doente; você sente a necessidade de lavar as mãos repetidamente. Você pode parar e se perguntar: "Com que frequência você ficou vulnerável aos germes dessa forma, e qual foi o resultado? Outras pessoas que ficaram tão vulneráveis quanto você pegaram a doença? E se você pegasse? Você morreria? Qual é a probabilidade disso?". A verificação realizada por essas questões pode ser útil. Ou, digamos, que você esteja em um avião passando por uma turbulência. Sim, em teoria, o avião poderia cair e você morrer. Mas a turbulência é um fato corriqueiro nos aviões. Os aviões são construídos para voar em tais condições. O que com muita probabilidade acontecerá é que o avião sacudirá e que você se sentirá um pouco desconfortável. Mas você sobreviverá. Você já passou por situações piores. Imaginar as piores consequências é um jogo desesperador: há um cenário de dia de juízo final para todas as situações, mesmo para quando você estiver sentado no quintal de sua casa (onde poderia ser atingido por um meteoro).

A única "emergência" na maior parte dos casos é aquela que se passa na sua cabeça. A mensagem segundo a qual você morrerá, ficará louco, será humilhado ou qualquer outra coisa que estiver imaginando é, na verdade, um alarme falso. A noção de catástrofe é um pensamento, e não um fato. Foi você que a criou. Mais importante de tudo, sua *ansiedade em si* não é catastrófica. Ficar com as palmas das mãos suadas ou com o coração acelerado pode ser desagradável, mas não o matará. É algo que logo irá embora, e você voltará a um estado tolerável. A ansiedade é simplesmente um fluxo de energia. Você pode observar essa energia passando por você, da mesma maneira como a energia obtida quando faz um exercício vigoroso, sexo ou dança. Ela não indica nenhum resultado provável no mundo real; ela simplesmente se liga a um quadro que você construiu em sua mente (Quadro 3.2).

A ansiedade é simplesmente algo que surge. É como observar que sua energia está fluindo em você e que você está ciente dela. Você também sente esse fluxo quando se exercita, assiste a um filme empolgante ou faz sexo. Essas coisas não o prejudicam. Uma vez que você pensa na ansiedade como um fluxo de energia – ou um simples "ruído" – poderá se livrar dela.

Velha regra 3: Controle a situação
Nova regra 3: Abandone a necessidade de controlar

Como acontece com muitas pessoas ansiosas, você está sempre buscando alguma maneira de assumir o controle, porque tem medo de que as coisas saiam do controle. Se você é aquele passageiro que sente

QUADRO 3.2 EXEMPLOS DE COMO NORMALIZAR AS CONSEQUÊNCIAS

REGRA 2: NORMALIZE AS CONSEQUÊNCIAS	EXEMPLOS
Os alarmes falsos não são a mesma coisa que a realidade.	A única coisa que estará acontecendo em breve – ou mesmo agora – é o seu alarme falso. Seu alarme falso está lhe dizendo que você ficará contaminado, que ficará louco, que está fazendo papel de bobo, que cometerá um erro, que cairá de um lugar alto ou que vai morrer. Essas coisas não aconteceram a você – e o alarme falso é exatamente isso: "falso". Não há emergência, exceto aquela que se passa na sua cabeça.
O que de fato acontecerá é que você se sentirá ansioso – e poderá ficar exausto, por causa de sua ansiedade.	Todas as coisas que você descreveu não aconteceram. E não é tão ruim parecer um pouco ansioso, ter uma aceleração nas batidas do coração, não chegar à ereção ou se sentir um pouco ansioso. É desagradável e "parece horrível". Mas sua ansiedade diminuirá e irá embora.
Você não morre de obsessões, pânico, preocupação ou medo.	Essas coisas são sensações – não fatalidades. Seu pensamento intrusivo de que está contaminado (ou qualquer outra obsessão) não é perigoso. É um pensamento – não um fato. Sua ansiedade crescente não o leva à loucura, a perder o controle ou a morrer.

medo e se segura no banco, importunará o motorista com medo do perigo e rezará para que tudo dê certo. Mas a maior área relativa a seu controle é sua crença de que precisa controlar seus pensamentos, emoções e sensações. Você tenta suprimir e neutralizar quaisquer obsessões – "pensamento errado!", "pare com isso", "não quis fazer isso". Você realiza rituais para neutralizar e cancelar o pensamento, o que não funciona. Você percebe que está sem fôlego e tenta respirar fundo para recuperá-lo. Tenta controlar sua respiração – mas não funciona.

Você tem insônia e diz a si mesmo: "Vá dormir já!", mas isso não funciona.

Tentar se controlar é algo que não funciona.

Você fica preocupado e pensa que não vai se dar bem no teste, de modo que continua a varrer sua mente para se certificar de que virá a cobrir todas as bases – tenta lembrar de tudo e tenta ver se há algo que não está levando em conta. Tudo isso o deixa mais ansioso, e você não se sente em situação de controle. Por isso, diz a si mesmo para não se preocupar mais, mas isso também não funciona.

Tentar controlar a si mesmo é, de fato, algo que não funciona, nunca funcionou e jamais funcionará.

Você persegue suas obsessões e tenta controlá-las. É como ir atrás de sua própria mente. Você sempre perde.

Você tenta lutar contra seus pensamentos, sensações, emoções e dores. É como tentar escapar de você mesmo.

Seus jogos mentais lhe dizem para assumir o controle, mas essa, hoje, será uma mensagem errada. Não há perigo – é alarme falso. Você tenta controlar seu alarme falso, suprimindo seus pensamentos, neutralizando as coisas, tensionando seu corpo, respirando mais intensamente e eliminando sua ansiedade. Ironicamente, quanto mais você tenta controlar sua ansiedade, pior ela fica.

A nova regra é "livre-se da necessidade de controlar".

Ao usar essa regra, você aprenderá que os seus pensamentos, sensações e emoções ansiosas diminuirão por conta própria. Você aprenderá que não há nada a temer – que tudo era um alarme falso. Descobrirá que pode descansar, relaxar, observar e tomar distância desse alarme. É o ruído que o incomoda – mas só se trata de ruído. Abandonar a necessidade de controlar o ensinará a se sentir seguro.

Imagine que você esteja tentando aprender a nadar. Primeiramente, você sente medo de se afogar. Você bate os braços na água de maneira desajeitada e fica sem fôlego. Depois, seu professor lhe diz: "Boie. Deixe seu corpo leve. Boie na superfície". E você boia, em paz, sem esforço.

Em vez de pedir a você para controlar seus pensamentos, sentimentos e sensações, vou pedir para que tente fazer duas coisas: *observe-as* ou *mergulhe nelas.*

Analisemos primeiramente o ato de *observar*. Em vez de tentar eliminar sua respiração rápida ou pensamentos intrusivos, que o estão contaminando e deixando maluco ou aquele pensamento ansioso com o qual você fica tão tenso a ponto de explodir, tente isto: *observe*. Dê um passo para trás, como se você fosse descrever o ritmo de seu coração – e observe como ele está. De um passo para trás e observe: "Seu coração está batendo rapidamente, um pouco mais rápido do que antes". E observe tudo o que estiver fora de você. "O dia está um pouco nublado, há muitas coisas na minha mesa, vejo uma fotografia na parede." Observe. Não controle.

A segunda parte é mergulhar na situação – ir direto ao seu núcleo.

Você já ficou na beira da praia, onde a água é mais rasa e as ondas arrebentam? A uns cinco ou seis metros você vê alguns garotos pulando e "furando" as ondas. Mas você hesita. Não quer cair. Dá, então, alguns passos para trás e se mantém em pé, firme. Uma onda vem e quase o derruba. Mas algo lhe ocorre: você pode mergulhar *por debaixo* da onda. Você faz isso, prendendo a respiração, e então a onda passa por você, que, feliz, ri como riem as crianças. Você se tornou parte da onda.

A mesma coisa vale para os seus sintomas de ansiedade. Em vez de tentar controlá-los, você pode aprender a praticá-los intencionalmente para torná-los mais intensos, repeti-los e mergulhar neles. Na verdade, você pode aprender a praticar e a repetir seus pensamentos intrusivos, praticar ter um ataque de pânico, tentar perder a sua linha de raciocínio – e mesmo tentar ficar louco. Você se tornará um guerreiro zen da ansiedade – alguém que pratica o medo não para lutar contra ele, mas simplesmente para acompanhá-lo.

Quando a obsessão chega, você pode praticá-la *ad nauseam*. Quando você perceber que seus pensamentos, sensações e sentimentos não precisam ser controlados, você se sentirá menos ansioso. *Sua ansiedade é de fato sua resistência à ansiedade*. Uma vez que você se entregue – uma vez que você não busque mais controlar a situação, deixe que sua mente e seu corpo "relaxem" –, permita que as sensações e pensamentos fluam em você – e passem por você – sem qualquer luta.

Esse é o poder de se entregar e deixar que as coisas passem. O poder do guerreiro zen.

O seu velho livro de regras foi escrito para transformá-lo em um controlador obsessivo de si mesmo. Você tinha a impressão de que era preciso controlar tudo dentro de você – especialmente sua mente, sensações e sentimentos. Imagine que você esteja em águas profundas e sinta que está afundando. Você decide relaxar e boiar. Você terá se entregado, desistido de controlar a situação. Você relaxa, boia e se sente com sono.

Muitas das coisas sobre as quais falamos neste livro tratam de abandonar a necessidade de controlar; em vez de tentar controlar sua ansiedade. Você não precisa controlá-la; você tem de aceitá-la. Você pode "receber" sua ansiedade e respirar bem. Inale-a. Ela não vai matá-lo.

Tente. Tensione seus músculos, respire rapidamente e esteja pronto para dar um salto. Pense sobre todos os modos pelos quais você terá de controlar quaisquer pensamentos que vêm à sua mente – porque trata-se de pensamentos "ruins". Você precisa se ensinar a se sentir menos ansioso, menos tenso. Pense no que significaria gritar consigo mesmo para que *deixasse de ser tão ansioso*. Pense no que significaria estar em meio a uma relação sexual e alguém a dois metros de você dizer: "Relaxe!".

Você imediatamente se sentiria mais ansioso – como se estivesse enlouquecendo.

Agora imagine o contrário. Faça de você mesmo um veículo pelo qual a tensão flui. Sua tensão ansiosa flui em você. Em vez de ficar tenso, você deixa os músculos relaxarem. Você está flutuando em sua cadeira. Sua mente não tenta controlar nada, ela observa e vê que o pensamento se move como as letras em uma página.

Você expira e relaxa.

Você progride, flutua, abandonando a necessidade de controlar. Você flutua (Quadro 3.3).

Velha Regra 4: Evite sua ansiedade ou escape dela
Nova regra 4: Assuma sua ansiedade

Sua velha regra dizia para evitar qualquer coisa que o deixasse ansioso. Não conhecer novas pessoas; não ficar em um local onde houvesse uma aranha; não ir ao teatro ou ao *shopping*; evitar germes, aviões e festas. Infelizmente, obedecer a essa regra não diminuiu a sua ansiedade e nem melhorou sua qualidade de vida. O que isso fez foi mantê-lo recluso em uma prisão, reforçando sua crença de que não consegue lidar com tais situações. A nova regra diz que você não só *pode* aprender a lidar com elas, mas que você *deve*. Você pode certamente aprender a lidar com elas gradual, suave e habilmente, conforme verá nos capítulos seguintes. Mas é essencial que você esteja desejando ampliar seus limites para testar sua zona de desconforto. Acima de tudo, você terá de aprender a fazer as coisas *mesmo quando elas provoquem ansiedade* – ter medo de fazer alguma coisa e, ainda assim, fazê-la. É a única maneira de ensinar a você que *pode* fazê-la. A fim de seu cérebro emocional aprender como lidar com situações de ansiedade, ele terá de praticar *ser* ansioso – e sobreviver a isso.

Você tem de passar por isso para poder ir em frente.

Essa regra parecerá ainda mais contraintuitiva do que a última. Estamos pedindo que você pare de fugir do desconforto e, em vez disso, ir atrás dele. Em vez de esperar até que esteja "pronto" para algo, você buscará oportunidades para o confronto imediato. Em vez de escapar das situações desagradáveis tão rápido quanto possível, aprenderá a resolvê-las. Você receberá isso muito bem porque será uma chance para desafiar a crença em seu próprio desamparo, para se tornar mais forte. Uma vez iniciado o processo, perceberá que você está desenvolvendo uma nova relação com sua ansiedade. Você sempre pensou na ansiedade como uma inimiga. Agora ela vai se tornar uma boa amiga, acompanhando-o onde quer que você vá – como um animal

QUADRO 3.3 EXEMPLOS DE COMO ABANDONAR A NECESSIDADE DE CONTROLAR

REGRA 3: ABANDONE A NECESSIDADE DE CONTROLAR	EXEMPLOS
Você não precisa controlar sua mente ou os seus sentimentos.	1. Em vez de tentar controlar seus pensamentos, dê um passo para trás e diga: "Deixe o controle de lado" e "Deixe acontecer". Imagine que você esteja na praia, observando a água correndo em volta de seu corpo – a temperatura da água é agradável e ela flui bem à sua volta. A água poderia representar a ansiedade; seja ela um pensamento intrusivo, as sensações de pânico ou suas preocupações. Deixe que elas fluam. Observe-as fluindo, formando uma corrente. Todo pensamento, sensação ou imagem flui e se afasta. Relaxe. Entregue-se. Não tente controlar a situação. 2. Desvie sua atenção das coisas que você está tentando controlar. Desvie sua atenção dos pensamentos, sentimentos e sensações. Descreva todas as coisas da sala em que você está. Que forma elas têm? Que cores você vê? Agora que desistiu de controlar seus sentimentos, alguma coisa terrível aconteceu?
O pensamento mágico mantém a ansiedade – desista dele e pense racionalmente.	Observe seus comportamentos de segurança – o modo como você respira, as coisas que você diz para si mesmo, sua tensão e pedidos de confirmação. Agora pratique abandonar tais comportamentos; relaxe seus músculos, diminua o ritmo de sua respiração, olhe para coisas neutras na peça da casa em que estiver, leia um livro em vez de buscar confirmação.
Você é alguém que resolve problemas na vida real.	Você de fato pode controlar as coisas na vida real. Liste todos os problemas reais que você resolveu – na escola, no trabalho, nas relações e em outras atividades. Não gere novas e implausíveis catástrofes. Enfoque apenas os problemas reais que você puder resolver. Você pode merecer mais crédito do que pensa.

de estimação que você leva para passear. Ela será sua professora, mostrará aquilo de que você é capaz, informando-lhe sobre o que funciona e sobre o que não funciona, dizendo-lhe quando você está progredindo.

Com isso tudo, você aprenderá que a ansiedade não é realmente uma ameaça. Na verdade, é um fenômeno que passa, um acontecimento na mente, algo que não é perigoso e que de fato não precisa ser controlado ou temido. É mais como um alarme falso que dispara, alertando-o quando não há nada para alertar – um ruído irritante, simplesmente. Uma vez que você aceita isso, o alarme não mais aparecerá; você não precisará mais buscar um jeito de desligá-lo. Sua velha regra lhe dizia que quanto mais você desse espaço à ansiedade mais ela cresceria. A nova regra diz que se você parar de alimentar sua ansiedade, se parar de dar-lhe energia, logo ela ficará sem combustível. Você não precisa tentar fugir dela, porque não há mais perigo. Você está seguro. Na verdade, você sempre esteve seguro – somente não percebeu isso.

Em vez de fugir de sua ansiedade, pode pensar nela como uma experiência que você realiza. Quanto mais praticá-la, mais fácil ela fica. Você aprendeu que a ansiedade é simplesmente outro ruído, outro som, outra maneira de sentir. Quando você consegue fazer as coisas que o deixam ansioso, aprende que elas não são perigosas, que não há catástrofe e que você não precisa mais controlá-la.

A única maneira de aprender a nadar é entrar na água, se molhar. Ao assumir sua ansiedade, você aprenderá a abandoná-la (Quadro 3.4).

Quanto mais você ficar em contato com o medo, menos ele o assustará. Você aprende que o alarme se desliga por conta

QUADRO 3.4 **EXEMPLOS DE COMO BUSCAR SITUAÇÕES DESCONFORTÁVEIS**

REGRA 4: ASSUMA A SUA ANSIEDADE	EXEMPLOS
Busque experiências que o deixem ansioso.	Se você tem medo de falar, faça aulas sobre como falar, candidate-se a falar, levante a mão. Se você tem medo de usar banheiros públicos, entre em vários deles todos os dias. Deixe a ansiedade surgir.
Faça essas experiências quando estiver ansioso e desconfortável – não espere se sentir pronto.	Use seu desconforto como sinal de que é um bom momento para fazer sua atividade. O desconforto é um motivador – não um obstáculo. Ele lhe diz que esta é uma chance para se livrar de sua ansiedade, que você pode provar que sua ansiedade não pode pará-lo.
Aceite os riscos razoáveis.	Pergunte se a maior parte das pessoas se sente segura. A maior parte das pessoas acha que falar em público não é perigoso ou que você não ficará contaminado se usar um banheiro público ou que não enlouquecerá se ficar preocupado.
Pratique o máximo que puder.	Quanto mais tempo você praticar, mais forte ficará. Isso ocorre porque você está praticando a coisa que o assusta. Espere a sua ansiedade passar, observe-a aumentar e depois diminuir, aguente a situação até o ponto de se sentir entediado.

própria. Ele não significa nada. Para todos os problemas de ansiedade que discutirmos neste livro, quanto mais você exercer práticas que causem ansiedade, menos ansioso ficará.

Às vezes, o desconforto é um amigo. Ele lhe informa que você está progredindo.

QUESTIONE SUAS CRENÇAS SOBRE A ANSIEDADE

Nós agora reescrevemos as "regras" acerca da ansiedade de uma maneira que muda nossa relação com ela. Como vimos, boa parte do poder que a ansiedade tem sobre nós depende do modo como pensamos nela. Mantemos certas crenças sobre nossa ansiedade; essas crenças dão força a ela. A maior parte de nós jamais questiona a verdade dessas crenças: nós simplesmente as damos como certas. Permitimos que elas controlem nossas vidas, nossas atividades, nosso comportamento. Mas isso não é necessário. É possível romper com o poder que elas exercem, colocando-as à luz da verdade. Elas não são realmente mais do que mitos, vagas hipóteses que nós inadvertidamente aceitamos. Pô-las em questão é o começo da inteligência emocional.

Aqui estão algumas das crenças sobre a ansiedade a que nós tendemos a nos apegar, junto ao que seria uma perspectiva mais inteligente sobre cada uma delas. Veja se alguma delas se aplica a você.

- **Eu não deveria me sentir ansioso.** É claro que você deveria. Sua mente está tentando protegê-lo, avisando-o de coisas que podem estar erradas. É isso que a mente em geral faz. Ela apenas tem se vinculado erroneamente a situações que não são perigosas, produzindo, como resultado, um alarme falso. Você precisa manter sua ansiedade por perto, como uma espécie de guia. Você só precisa aprender quando dar ouvidos a ela e quando não dar.
- **Eu deveria ter vergonha de minha ansiedade.** Não há nada de ilógico, imoral ou vergonhoso na ansiedade. Ela não é algo que você escolhe; é somente parte de sua herança evolutiva. Na verdade, a ansiedade indica que você tem uma excelente capacidade de detectar o perigo e de responder rapidamente – como um membro de uma patrulha. Essas habilidades seriam úteis em um ambiente mais perigoso. Seu trabalho é aprender a adaptá-las às circunstâncias atuais.
- **Minha ansiedade é uma forma de insanidade.** Sua ansiedade é, na verdade, uma forma de senso comum que a natureza programou em você. É o que permitiu a seus ancestrais a sobrevivência. Quando você aprende a identificar o perigo de maneira mais realista, seus instintos de ansiedade se tornarão úteis e terão todo o sentido.
- **Minha ansiedade é perigosa.** Sua ansiedade pode ser desagradável às vezes, mas não é perigosa. Ela simplesmente consiste em pensamentos ansiosos – uma espécie de ruído de fundo. Nenhum desses pensamentos tem qualquer poder sobre você, a não ser que você mesmo conceda esse poder a eles. Você pode ter pensamentos que indiquem medo e, ainda assim, se sentir perfeitamente seguro. Conhecer essa verdade o libertará da tirania da ansiedade.
- **Preciso me livrar de minha ansiedade.** Não, não precisa. Você não conseguirá livrar-se dela de jeito nenhum – essa atitude apenas a fortaleceria. Você pode aprender a conviver com a ansiedade, pode observá-la calmamente e pode agir de maneira produtiva, apesar dela. Quando você a aceita como parte de sua consciência, o poder que ela tem de perturbá-lo desaparecerá *por conta própria*.
- **Devo ser racional sempre.** Você é um ser humano, não uma máquina. Suas emoções *devem* guiá-lo: elas o ajudam a estabelecer metas, a mapear seu caminho. Sua ansiedade pode lhe informar sobre o que você precisa em sua vida: mais assertividade, relações diferentes, uma nova perspectiva, etc.

A racionalidade pode ajudá-lo a atingir suas metas, mas só é útil quando está a serviço de seus sentimentos.

- **Minha ansiedade está saindo do controle.** Não é possível sair do controle mais do que já saiu. A ansiedade é como uma dor de cabeça: ela dura algum tempo e depois some. Você não precisa estar no controle da situação; o controle é uma ilusão quando o assunto é a ansiedade. Quanto mais você tentar controlá-la, menos você estará no controle. Você pode deixar que a sua ansiedade esteja presente – apenas se distancie dela.

RESUMO: NOSSO PROGRESSO ATÉ AQUI

Demos uma série de passos neste capítulo. Examinamos as "regras" que governam nosso comportamento ansioso para ver o que elas estão nos dizendo. Já vimos de onde vêm essas regras – de nosso passado evolutivo – e como elas ficaram programadas em nós. Investigamos as crenças irracionais em que se baseiam as regras para ver se elas se aplicam à nossa realidade de hoje. E já que concluímos que não se aplicam, chegamos a um novo conjunto de regras que se encaixa em nossa realidade de hoje de maneira mais realista e construtiva. Isso nos levou a uma nova maneira de ver a ansiedade: passando-a de uma inimiga a algo com que convivemos harmoniosamente.

Estamos agora preparados para dar o próximo passo – ver como nosso novo perfil e nosso novo conjunto de regras podem ser aplicados na prática. Nos capítulos seguintes, analisaremos as seis principais categorias do transtorno de ansiedade. Embora elas tenham muito em comum, cada uma tem certas características que as definem e as diferenciam. Você pode examinar os capítulos para verificar qual tipo de ansiedade se insere em seu padrão (pode ser que haja mais de um tipo). Em cada capítulo, entrarei em pequenos detalhes, delineando tanto a natureza do padrão de ansiedade quanto algumas estratégias particulares que ajudaram outras pessoas a lidar efetivamente com o problema. Meu primeiro trabalho é ajudá-lo a entender como seu padrão de ansiedade pode ser parte de sua constituição psicológica. A seguir, mostrarei como uma abordagem a essa ansiedade – a abordagem que delineamos anteriormente – pode mudar o quadro, tornando possível para você lidar produtivamente com sua ansiedade. Ao final, descreverei algumas práticas específicas e exercícios que provaram ser eficazes para as pessoas que lutavam contra os mesmos padrões. Essas práticas o ajudarão a conhecer sua ansiedade, a se familiarizar com ela e, acima de tudo, de fato experimentá-la em um contexto seguro. Esta – a *experiência segura* da ansiedade – é a verdadeira chave. Ela substitui os jogos mentais que sua ansiedade forçou a fazer por algo que é real e sólido, algo conectado com o que de fato está acontecendo. Isso quer dizer que você pode parar de tentar se convencer de que está seguro e começar a, de fato, *se sentir* seguro.

Essa abordagem se baseia em enfrentar e aceitar a ansiedade, em vez de negá-la. Se você evitar a ansiedade, se você fugir dela toda vez que encontrá-la, jamais aprenderá a compreender sua natureza fantasmagórica. Você continuará a reconhecer o poder que ela exerce – e é precisamente esse reconhecimento que confere poder à ansiedade. A "cura" para a ansiedade é experimentá-la direta e visceralmente e, ao mesmo tempo, aprender, de modo igualmente direto e visceral, que ela não está conectada a qualquer consequência terrível. Essa é a diferença entre paralisia e liberdade, entre estar no controle de sua ansiedade e ser controlado por ela. Trocar uma condição pela outra é algo que você pode aprender a fazer se tiver a vontade de fazê-lo. Este livro pode ser uma espécie de livro-texto, mas é você o responsável pelo que acontece na sala de aula. Eu apenas apresento o currículo; você é responsável pelo curso, pela rotina, pela disciplina, pelas lições diárias e pela frequência.

É hora de começar o treinamento (Quadro 3.5).

QUADRO 3.5 **SEU LIVRO DE REGRAS PARA SE LIBERTAR DA ANSIEDADE**

REGRA 1: VEJA AS COISAS DE MANEIRA REALISTA

- É importante usar todas as informações – inclusive as informações positivas.
- É melhor ser realista do que pessimista.
- Use os fatos, e não seus sentimentos, para fazer previsões.
- Trate as sensações de "e se tal coisa acontecer" como parte de sua imaginação.
- Use as probabilidades mais do que as possibilidades.

REGRA 2: NORMALIZE AS CONSEQUÊNCIAS

- Os alarmes falsos não correspondem à realidade.
- O que de fato acontecerá é que você se sentirá ansioso – e talvez exausto – por causa de sua ansiedade.
- Você não morrerá por causa de obsessões, pânico, preocupação ou medo.

REGRA 3: ABANDONE A NECESSIDADE DE CONTROLAR

- Você não precisa controlar sua mente ou sentimentos.
- O pensamento mágico mantém a ansiedade – desista dele e pense racionalmente.
- Você é uma pessoa que resolve problemas na vida real.

REGRA 4: ASSUMA A SUA ANSIEDADE

- Busque experiências que o deixam ansioso.
- Faça-o quando estiver ansioso e desconfortável – não espere até o momento de ficar pronto.
- Aceite riscos razoáveis.
- Aguente o máximo que puder.

CAPÍTULO

4

"Isso é perigoso!" Fobia específica

O QUE É FOBIA ESPECÍFICA?

Bety gosta de seu emprego, exceto quando precisa viajar de avião. Quando isso acontece, fica preocupada com dias de antecedência. Assiste com frequência ao canal do tempo, a fim de verificar a presença de tempestades. Acorda à noite pensando sobre o voo, com muito medo. Lembra-se de acidentes aéreos sobre os quais leu ou ouviu falar. No dia da viagem, Bety está em frangalhos. Quando entra no avião, olha em volta para verificar se não acha nada fora do lugar; ouve barulhos quando os motores são acionados e quando o avião sacode. "Será que alguma coisa está errada?", pergunta-se. Quando o avião levanta voo, fecha os olhos, segura-se firme nos braços da poltrona e mantém o corpo em posição rígida. Por sorte, ela tomou dois martinis antes de embarcar e pode tomar mais outras duas doses depois que o avião atinge a altitude necessária. Ela abre seus olhos e tira suas mãos dos braços da poltrona, mas não consegue relaxar: ao mínimo sinal de turbulência, Bety se segura firmemente nos braços da poltrona e faz uma oração. O voo parece não ter fim. Quando o avião pousa e taxia pela pista, ela volta ao normal, aliviada, mas exausta.

Bety, em geral, não é uma pessoa medrosa. Ela não tem medo de insetos ou de elevadores, não se preocupa em ficar doente, em não ter dinheiro suficiente ou em ser alvo de brincadeiras em uma festa. Gosta de seu trabalho e tem uma boa relação com os amigos. Seu medo surge especificamente quando precisa voar; com a perspectiva de que o avião em que está possa vir a cair. Ela sabe que seu medo é irracional, mas isso não parece importar muito. Com frequência, prefere se deslocar de carro, mesmo sabendo que, em termos estatísticos, dirigir é mais perigoso do que voar. Quando não precisa entrar em um avião, sente-se livre da ansiedade. Por outro lado, por causa da natureza de seu trabalho, o problema impõe uma limitação séria à sua vida.

Bety tem o que chamamos de fobia específica: um medo que se liga a um estímulo determinado sem nenhuma razão aparente. Não é incomum: de acordo com algumas medidas, 60% dos adultos têm pelo menos alguns medos desse tipo, ao passo que 11% de fato se encaixam no diagnóstico de fobia específica em algum momento de suas vidas. As mulheres são levemente mais propensas do que os homens a receber esse diagnóstico. A lista de fatores que podem acionar a fobia específica é ampla e disforme. Alguns dos "objetos" de fobia mais comumente citados são: insetos, ratos, cobras, aranhas, morcegos, lugares altos, água, tempestades, raios, espaços fechados, espaços abertos, sangue, agulhas hipodérmicas, transportes públicos, túneis, pontes e, é claro, voar de avião.

Ninguém pode dizer exatamente por que uma determinada pessoa tem uma fobia em particular. Contudo, há alguns fatos que sabemos sobre o fenômeno em geral. Praticamente todas as fobias específicas são universais – são encontrados em todas as culturas. Parecem, em alguma medida, mais inatas do que aprendidas, isto é, as pessoas as manifestam quando encontram o objeto temido pela primeira vez. Elas se ligam de maneira consistente a certas categorias; por exemplo, mais aos animais do que às flores. A partir de tudo isso, podemos inferir razoavelmente que tais fobias foram, em algum ponto da história humana, adaptativas – isto é, ajudaram nossos ancestrais a sobreviver em ambientes perigosos e imprevisíveis. É bastante óbvio o porquê de as coisas serem assim: basta pensar em focos de fobias como cobras e aranhas (às vezes venenosas) ou em alturas e águas profundas para entender por que evitar tais perigos leva à sobrevivência. As fobias em torno de fenômenos modernos, como os túneis ou os aviões parecem ligadas a perigos mais primitivos, que envolvem a sufocação ou alturas perigosas.

Um tipo de fobia específica me interessa muito, porque eu mesmo a tenho: fobia *sangue-injeção-ferimentos*. Esse medo é estimulado quando vemos sangue, especialmente o nosso. Faz com que a pessoa se sinta nauseada ou desmaie – algo próximo de um colapso. Foi demonstrado que essa resposta é geralmente acompanhada pela queda dos batimentos cardíacos e da pressão sanguínea – o oposto da reação de adrenalina provocada na maioria das situações perigosas. Uma teoria é a de que essa situação evoluiu para proteger as pessoas da perda de sangue quando estão feridas; uma queda nos batimentos cardíacos e na pressão sanguínea significaria que elas não sangrariam tanto. Outra teoria é a de que seja uma estratégia para mimetizar a morte ou a incapacidade, de modo a enganar predadores ou inimigos – o equivalente humano ao "fingir-se de morto" realizado por muitos animais. Seja como for, esse é, muito provavelmente, um mecanismo de sobrevivência do nosso passado remoto.

A psicologia moderna pode também nos dizer algumas coisas sobre a fobia específica. Sabemos que os medos agrupados sob esse nome estão localizados na parte emocional do cérebro, o que significa que eles têm pouco a ver com a parte racional, que calcula os riscos. Sabemos que eles se mantêm pela evitação; se o objeto temido estiver longe, o medo provavelmente não irá embora. Por outro lado, quando o medo é confrontado e ligado a consequências seguras, ele tende a diminuir. Em poucas palavras, ativar nosso medo é essencial para suplantá-lo. A experiência clínica demonstra que quase todos os medos específicos podem ser substancialmente alterados ou neutralizados com o tratamento adequado. Mas antes de chegarmos às especificidades, analisemos novamente a questão de como se originam as fobias específicas.

COMO SÃO ADQUIRIDAS AS FOBIAS ESPECÍFICAS?

Há basicamente duas teorias principais sobre como passamos a ter uma fobia específica. Uma teoria é a de que nossos medos são aprendidos, seja direta (pela experiência com consequências dolorosas) ou indiretamente (a partir da observação dos outros a demonstrar medo ou a experimentar consequências dolorosas). A segunda teoria é a de que esses medos são inatos. Ambas as teorias têm mérito – estamos predispostos a temer certos estímulos ou situações, mas a experiência pode tornar tudo pior. Contudo, examinemos brevemente os méritos da teoria do "medo aprendido" para ver se nela há alguma contribuição importante.

Se você já fez algum curso de psicologia, talvez lembre de uma experiência famosa feita no início do século XX. Um menino de 11 meses tem um coelho de estimação. O pesquisador "treina" o menino para ter medo do coelho, primeiro mostrando-lhe o animal e depois batendo uma barra de metal, o que produz um som alto e assustador. Depois de algum tempo, o menino chora ao ver o coelho porque ele o associa com o som assustador.

Esse modelo de aprendizagem é parte do que se conhece como condicionamento pavloviano. Baseia-se no pareamento de um estímulo neutro com uma experiência positiva ou negativa (Pavlov treinou cães para salivar ao ouvir o som de um sino). Uma variante sobre esse modelo é a noção de que você pode aprender a ter medo ao observar outras pessoas sentindo medo: uma garota senta-se ao lado de sua mãe em um avião, vê a mãe entrar em pânico e, 20 anos mais tarde, tem um medo de voar já plenamente desenvolvido. Seja diretamente, seja adquirido indiretamente, o medo surge a partir da associação de uma experiência a consequências negativas – associação que persiste por conta própria.

Há certamente evidências de que algo assim é possível: o medo pode, sob certas circunstâncias, ser aprendido. Contudo, em algum momento, os psicólogos perguntam por que os medos gerados pela experiência continuam a existir depois que uma determinada associação é interrompida. Se o indivíduo amedrontado subsequentemente evita associações negativas (isto é, o menino não mais tem más experiências com coelhos), o medo não deveria diminuir com o tempo? Por que esse medo deveria ser conservado ou mantido? Por que o menino não "aprende" a parar de temer o coelho da mesma forma que aprendeu a temê-lo?

Uma teoria posterior tentou explicar isso dividindo o modelo de aprendizagem em um processo de duas etapas. A primeira etapa implica a *aquisição do medo*. A segunda implica a *manutenção do medo* – o processo pelo qual você *continua* com medo. Uma vez adquirido o medo, o indivíduo passa a evitar o objeto temido. Toda vez que o menino está perto do coelho, sente-se mais ansioso; toda vez que ele *evita* o coelho, sente-se *menos* ansioso. Seu medo é, assim, reforçado pelo que se chama de "condicionamento operante". Evitar a ameaça leva à redução do medo: na verdade, a evitação é recompensada. Assim, passa-se a ter uma associação positiva, ao mesmo tempo em que o medo relativo ao primeiro estímulo se mantém.

Essa teoria da segunda etapa – como o medo é mantido por meio da evitação ou do escape – parece conter alguma verdade, uma verdade que nos fornece uma compreensão significativa sobre o tratamento da ansiedade. Se o medo pode se manter por meio da evitação (e há evidências de que isso é possível), então o medo pode ser desaprendido pela reexperimentação do objeto temido e pela constatação de que ele é inócuo. O menino aprende que pode ficar, com segurança, perto de coelhos. Esse processo de desaprendizagem será uma ferramenta importante mais tarde, quando aprendermos a lidar com nossa ansiedade.

Como já vimos, o modelo de medo adquirido tem limitações como teoria: as evidências sugerem fortemente que muitos medos específicos são inatos e predispostos – somos preparados (pela evolução) a termos mais medo de certos estímulos (por exemplo, altura, cobras, insetos, ratos) do que de outros (por exemplo, flores). Esses medos são comuns a todas as culturas, e eles quase sempre se relacionam a situações que seriam perigosas em um ambiente primitivo. Se estivermos em dúvida em relação a qualquer um deles, teremos apenas de considerar alguns dos dados relevantes:

1. 77% das mães cujos filhos de 5 anos tinham medo da água afirmaram que eles sentiram medo na primeira vez que se depararam com ela.
2. 56% dos adultos que tinha medo de cachorros afirmaram lembrar de uma experiência desagradável com um cachorro. Contudo, 66% – uma percentagem *mais alta* – de adultos *sem* medo de cachorro também lembraram de uma experiência semelhante. Isso é o contrário do que esperaríamos se o medo fosse aprendido.
3. Os experimentos demonstram que os seres humanos aprenderão, em alguma medida, a temer qualquer estímulo que se associe a um choque elétrico. Contudo, eles aprenderão a temer uma

aranha muito mais prontamente do que a temer uma flor. Isso indica que a primeira é inerentemente mais temida que a segunda.

4. Quando uma pessoa tem uma indigestão, automaticamente ligará esse fato a algo que comeu, em vez de associá-lo a qualquer outro evento ou circunstância que estivesse presente. Tendemos a conectar o desconforto intestinal com a comida que consumimos; isto é, com o fato de termos sido "envenenados".

Aqui estão alguns dos perigos que teriam sido prevalentes em um ambiente primitivo, juntamente com algumas das adaptações, ou respostas, com que muitos de nós lidamos hoje (Quadro 4.1).

Mesmo uma lista rápida como essa oferece dicas quanto à origem da maioria dos medos agrupados sob a categoria de fobia específica. Eles refletem os principais riscos que teriam sido prevalentes em um ambiente primitivo. Se você sofre de um medo específico – isto é, um medo que não esteja ligado a um padrão geral de ansiedade, mas ligado principalmente a uma coisa ou situação específica – você provavelmente será capaz de colocá-lo em algum lugar dessa lista.

AS REGRAS PARA TER MEDO – E PARA CONTINUAR TENDO MEDO

Apontamos, a seguir, algumas das regras que você pode seguir para ter certeza de que tem medo e de que continuará a ter medo:

1. Se você sente medo, então deve ser perigoso.
2. O perigo está se aproximando rapidamente. Não confie nas probabilidades; você pode se machucar.
3. Você deve ter certeza absoluta ou então a situação é perigosa.

QUADRO 4.1 MEDOS E ADAPTAÇÕES

MEDO	ADAPTAÇÃO
Fome	Alimentação exagerada, preferência por doces ou comidas altamente calóricas, fissura por carboidratos, armazenagem de comida, ganho excessivo de peso, sonolência, atividade metabólica reduzida e inatividade durante os meses de inverno.
Predadores	Evitação do contato com animais e de passar por áreas abertas; medo do escuro (predadores noturnos), e tendência a andar em grupos ao atravessar um campo como forma de proteção contra os predadores.
Ataque de estranhos	Medo de estranhos, proteção de território, submissão à família e à tribo, uso de gestos de conciliação para demonstrar que não é hostil, submissão a figuras mais fortes e ameaçadoras.
Perigos naturais	Medo de altura, água, raios; hesitação em se locomover.
Morte de crianças	Apego de um dos pais (especialmente a mãe) com filho. O pai (a mãe) responde ao choro da criança, fica junto a ela e a acalma. A criança teme o abandono, mantém-se perto dos pais, teme ficar só, a escuridão e os animais.
Veneno	Evitação de quaisquer cheiros e gostos associados com bactérias ou toxinas. Aprender rapidamente que alguns alimentos são venenosos.

4. Será uma catástrofe; poderá matá-lo.
5. Enfoque a ameaça; isso o salvará.
6. Busque indicações de que a situação é perigosa.
7. Você não será capaz de lidar com a situação; você está potencialmente desamparado.
8. Ignore todas as pessoas que lhe digam que a situação é segura; você poderá ficar excessivamente confiante.
9. Você deve sair da situação ou evitá-la imediatamente.
10. Use os comportamentos de segurança para tolerar o desconforto.
11. Se você sobreviver, é porque seus comportamentos de segurança o ajudaram.
12. Sempre evite qualquer coisa que o deixar ansioso.
13. A ansiedade é sempre algo ruim.

Esse pequeno livro de regras da fobia levarão qualquer pessoa a desenvolver e a manter uma fobia. O livro de regras da fobia está inserido na maneira que pensamos quando temos medo de altura, de voar de avião, de insetos, de cobras ou de ficarmos presos em lugares fechados. Nós fazemos uso de nossas emoções para dizer que as situações são perigosas e rejeitamos as evidências baseadas nas probabilidades, buscamos sons ou dicas de perigo, confortamo-nos com comportamentos de segurança supersticiosos e pensamos que temos de escapar imediatamente. Ao obedecermos a essa lista de regras, aumentamos nossos medos e limitamos nosso comportamento. A boa notícia é que, ao seguir os conselhos deste capítulo, você poderá reescrever essas regras.

Dê uma olhada nas Figuras 4.1 e 4.2 para entender a origem e a manutenção de seu medo e o modo como o seu pensamento faz com que você sinta medo.

SUPERANDO A FOBIA ESPECÍFICA

Se você pode fazer o que precisa ser feito para superar seus medos, temos boas notícias. Há técnicas simples e poderosas que podem ser usadas. O tratamento comportamental para fobias específicas provou ser extremamente eficaz: a maior parte dos medos pode ser tratada com sucesso em várias sessões, sem o uso de medicação. A prática intensa ou prolongada, especialmente com orientação de um terapeuta cognitivo-comportamental qualificado, tende a produzir um progresso ainda mais significativo. No restante deste capítulo, estabeleceremos algumas orientações simples e eficazes e discutiremos como você pode aplicá-las. Nosso plano inclui os seguintes passos:

1. Identifique seus medos.
2. Identifique seus comportamentos de segurança/evitação.
3. Desenvolva a motivação para a mudança.
4. Construa uma hierarquia do medo.
5. Avalie a racionalidade do seu medo.
6. Faça uma imagem-teste de seu medo.
7. Pratique a exposição na vida real.
8. Comprometa-se com uma estratégia de longo prazo.

Examinemos todos esses passos, um a um.

Identifique seus medos

Definimos a fobia específica como o medo de um perigo em particular presente no mundo material. Não incluiremos aqui medos de natureza psicológica ou medos relacionados à autoimagem que o sujeito tem de si. Por exemplo, uma pessoa pode ter medo de entrar em uma loja lotada ou em um banheiro público ou de falar em público. Essa espécie de medo tem mais a ver com o modo como pensamos que os outros nos percebem e avaliam; é uma característica do transtorno de ansiedade social, que discutiremos em um capítulo à parte. Talvez você tenha medo de ter um ataque de pânico – outro tipo de transtorno de ansiedade a ser discutido mais tarde. Aqui nos limitaremos aos medos de algo ou de uma situação em particular que pareça perigosa *por si só*, não pela maneira que ela faz com que nos sintamos: algo que faz surgir a perspectiva de dano físico direto. O avião vai cair, o elevador vai cair, o cachorro ou a cobra vão atacar. A fobia específica produz, em geral, uma sensação de perigo imediato, com respostas físicas que a acompanham, tais como o aumento dos batimentos cardíacos ou a descarga de adrenalina. É algo imediato e visceral, não dependente (como podem ser as outra ansiedades) de longas reflexões, análises, dúvidas pessoais ou imaginação sobre o futuro. É uma resposta instantânea do sistema nervoso a algo do ambiente.

Isso não quer dizer que sua fobia específica não esteja relacionada, na sua mente, a eventos do passado. Você pode muito bem ter passado por uma "experiência de aprendizagem" que reforçou ou exacerbou um medo primitivo. O medo de se machucar ou de perder algum membro é natural e biológico

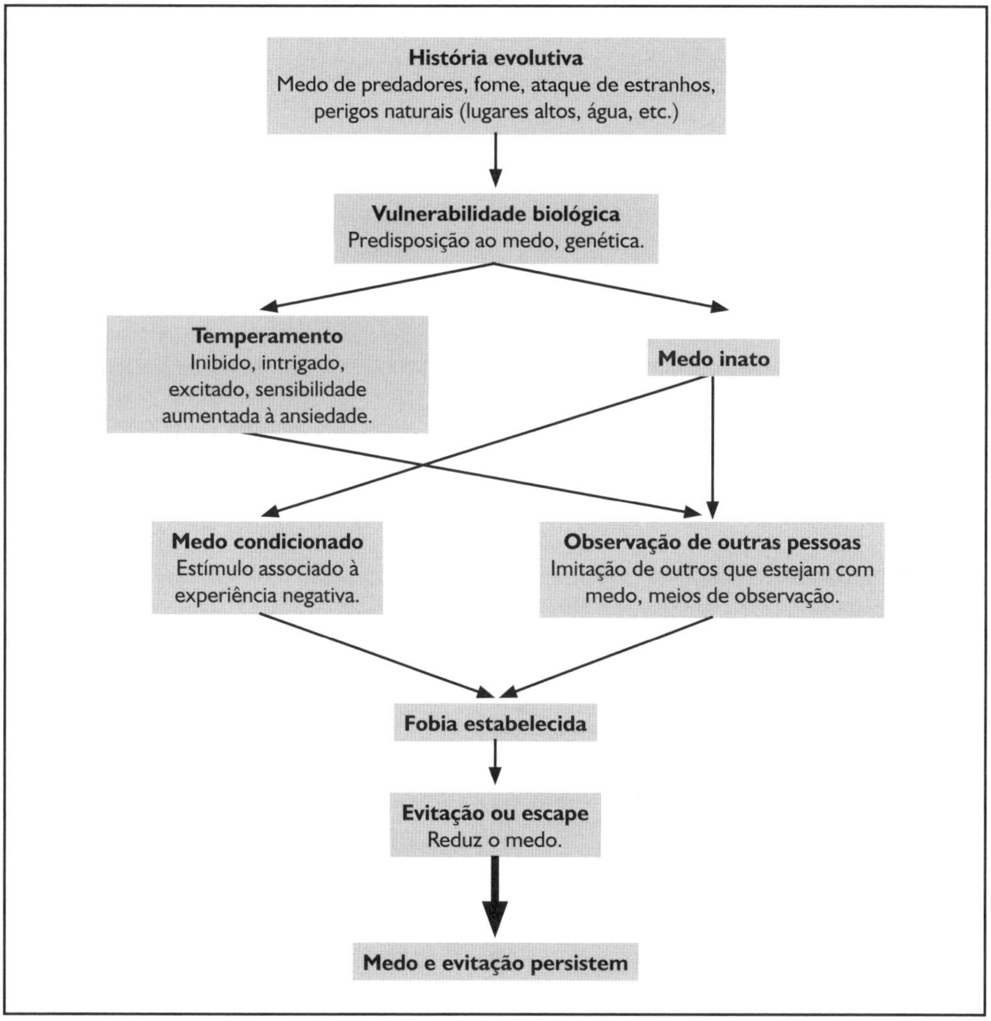
História evolutiva
Medo de predadores, fome, ataque de estranhos, perigos naturais (lugares altos, água, etc.)
Vulnerabilidade biológica
Predisposição ao medo, genética.
Temperamento
Inibido, intrigado, excitado, sensibilidade aumentada à ansiedade.
Medo inato
Medo condicionado
Estímulo associado à experiência negativa.
Observação de outras pessoas
Imitação de outros que estejam com medo, meios de observação.
Fobia estabelecida
Evitação ou escape
Reduz o medo.
Medo e evitação persistem

FIGURA 4.1

De onde vem o seu medo e por que ele persiste.

– mas se você sofreu um acidente de carro, ou mesmo se presenciou um acidente, poderá ter desenvolvido medos muito mais intensos em relação ao ato de dirigir. Talvez você tenha alguma vez ficado preso em um elevador e entrado em estado de pânico. Você sempre ficava nervoso ao entrar em um elevador, mas agora é alguém que tem verdadeira fobia em relação aos elevadores. Talvez você tenha se assustado alguma vez com um cachorro bravo. A experiência pode ter um efeito sobre seu medo – mas a fobia específica está geralmente associada a algo a que você já estava *predisposto* a temer. As pessoas que não têm a mesma fobia podem passar pela mesma experiência sem qualquer sensação de trauma, somente como uma experiência desagradável.

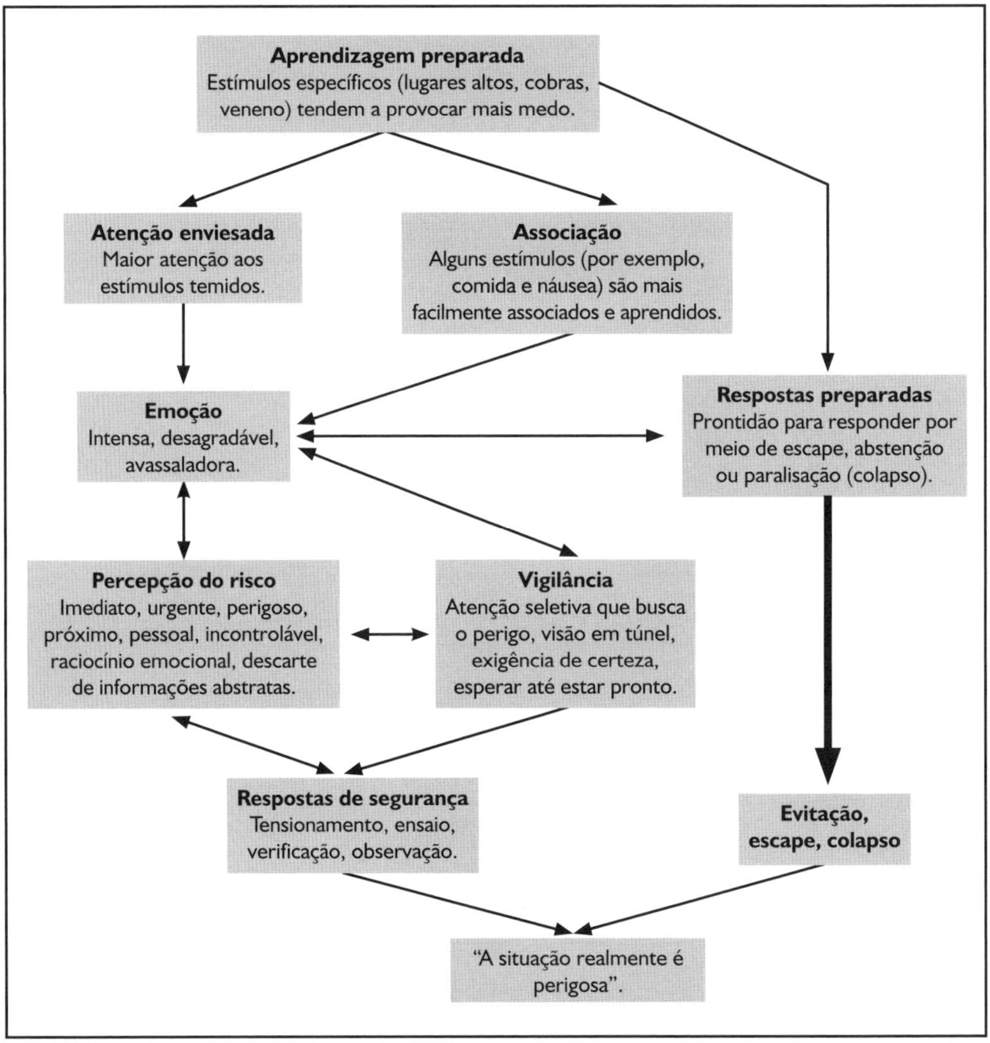

FIGURA 4.2

Pensamento medroso.

Meça seu medo específico

O primeiro passo é identificar quais situações ou coisas você teme. Complete o Quadro 4.2, identificando o nível de medo que você experimenta em cada uma das situações listadas.

Depois desse exercício, analise novamente as diferentes coisas que fazem com que você sinta medo. Por exemplo, alguns medos dizem respeito a fenômenos naturais (tais como trovões e raios, escuridão ou noite), mas outros medos remetem a animais, como ratos, camundongos, insetos ou cobras. Certos medos envolvem sua preocupação de que as pessoas possam estar observando-o e avaliando-o negativamente – medo de usar um banheiro público ou de comer e falar em público. Esses medos que envolvem avaliações feitas por outras pessoas são parte do transtorno de ansiedade social – algo que discutiremos em um capítulo à parte. É possível que você tenha assinalado os medos de estar em lojas lotadas, *shoppings* ou restaurantes. Aqui estamos interessados naquilo que você tenha medo de que aconteça. Por exemplo, você tem medo de ficar tão ansioso que as outras pessoas pensem que está perdendo o controle ou fazendo papel de bobo? Se você tem medo de ser avaliado negativamente, é possível que tenha transtorno de ansiedade social. Ou talvez você se preocupe com a possibilidade de ter um ataque de pânico – e de que ficará tão nervoso a ponto de ter um colapso, perder o controle, ficar doente, desmaiar ou ficar louco. Esse é um tipo diferente de transtorno de ansiedade, o transtorno do pânico. Falaremos sobre ele mais tarde.

Entretanto, se seu medo é de que a **situação é perigosa** e de que algo de ruim acontecerá *por causa da situação*, você provavelmente tem fobia específica. Por exemplo, você talvez tem medo de ser picado por uma cobra ou aranha ou de ser mordido por um cachorro – ou tem medo de que o avião vá cair, de que o elevador vá cair ou de que você vá se afogar. São todas fobias específicas porque você teme uma situação em particular.

Identifique seus comportamentos de segurança/evitação

Já falamos sobre como certos comportamentos irracionais fazem com que nos sintamos mais seguros ao enfrentarmos

QUADRO 4.2 ▶ AVALIAÇÃO DO MEDO

Escolha um número da escala abaixo que demonstre o quanto você teme cada uma das situações listadas, escrevendo o número ao lado de cada uma delas.

0	25	50	75	100
Nada	Um pouco	Moderadamente	Muito	Extremamente

1. Viagens de avião
2. Elevadores
3. Lugares altos
4. Insetos
5. Cobras
6. Animais
7. Sangue ou injeções
8. Ratos e camundongos
9. Água
10. Hospitais
11. Encontros com estranhos
12. Apresentações em público
13. Usar um banheiro público
14. Comer em público
15. De que as pessoas vejam que estou nervoso
16. Lojas lotadas
17. *Shopping*
18. Restaurantes, igrejas ou cinemas
19. Espaços fechados
20. Espaços abertos
21. Viagens de ônibus, trem ou metrô
22. Caminhar sozinho
23. Estar sozinho em casa
24. Sujeira ou coisas sujas
25. Raios e trovões
26. Escuridão ou noite
27. Ficar em pé em uma fila
28. Exercício
29. Aumento do ritmo cardíaco
30. Críticas

nossos medos. Isso vem de nosso instinto já profundamente programado de *controlar* a situação – mesmo que não possamos controlá-la. Por exemplo, uma pessoa que tenha medo de elevadores pode se sentir mais segura ao se encostar nas paredes do elevador, tensionando o corpo ou prendendo a respiração. Alguém que esteja em um avião talvez precise se abraçar a uma almofada ou cantar uma canção repetidamente. Depois de algum tempo, esses rituais se associam a uma sensação de não catástrofe. Ao final do processo, sua mente, de maneira instintiva, passa a acreditar que tais rituais de fato contribuem para a sua segurança – que você sobreviveu *por causa* deles. Essa é a sua crença supersticiosa sobre o medo e sobre buscar a segurança. É importante estar ciente desses comportamentos. Veja se sua resposta às situações fóbicas se enquadra em alguma destas categorias:

- tensionar o corpo ou agarrar-se a algo;
- examinar o ambiente;
- pedir confirmação;
- rezar;
- repetir frases memorizadas;
- cantar para si mesmo;
- alterar a respiração;
- permanecer imóvel.

Outro fato de que devemos estar cientes é a maneira pela qual você evita seus medos. Assim como seus comportamentos de segurança, seus "comportamentos de evitação", quando permanecem ao longo do tempo, confirmam sua crença de que você não consegue lidar com uma situação. No caso dos elevadores, você talvez só use escadas, evite escritórios ou apartamentos que fiquem em lugares altos ou até mesmo planeje viver e trabalhar apenas no andar térreo. Se a sua fobia está relacionada aos aviões, você provavelmente fará longas viagens de carro ou talvez use qualquer previsão do tempo como desculpa para cancelar um voo. Quanto mais acostumado estiver com esses comportamentos, mais confiará neles e mais estará à mercê de sua fobia. Parte de sua estratégia, como veremos, será a de se afastar deles. Você aprenderá a ir em frente sem eles, da mesma forma que aprendeu a ser dependente deles (Quadro 4.4).

Desenvolva a motivação para a mudança

Muitas pessoas com medos específicos reorganizam suas vidas em torno deles – evitam entrar em aviões, subir escadas

QUADRO 4.3 COMPORTAMENTOS DE SEGURANÇA

MEU MEDO ESPECÍFICO É:

Categorias de comportamentos de segurança	Comportamento específico	Sim/Não
Tensionar o corpo.		
Examinar o ambiente.		
Pedir confirmação.		
Rezar, repetir frases.		
Distrair-se com imagens ou sons (por exemplo, cantar para si mesmo).		
Respirar de modo diferente.		
Mover-se de maneira diferente (devagar, rápido, rígido, etc).		

QUADRO 4.4 COMPORTAMENTOS DE EVITAÇÃO

MEU MEDO ESPECÍFICO É:

Exemplos de comportamentos de evitação	Custo da evitação para mim	Benefício da evitação para mim

ou interagir com animais. A fim de superar qualquer medo e ansiedade, você deve pesar os custos e os benefícios da superação de seu problema. Por exemplo, os custos devem incluir fazer coisas que sejam desconfortáveis (ou mesmo assustadoras), gastar dinheiro (e tempo) com tratamento ou arriscar fracassar somente para superar o medo. Os benefícios podem ser os de que você não mais precisará evitar situações ou coisas que o assustem, poderá viajar mais facilmente, ficará menos preocupado ao se deparar com a situação temida e sentirá ter mais controle sobre sua vida. Use o Quadro 4.5 para avaliar sua relação com o medo específico.

À medida que você examina suas respostas, tenha em mente que quase todos os custos da superação de um medo estão no momento em que você começa a enfrentá-lo. Quase todos esses custos desaparecerão quando você superar esse medo. Você tem vontade de enfrentar algum desconforto a curto prazo para obter ganhos a longo prazo? Às vezes, é preciso passar por uma situação desconfortável a fim de estar livre do medo mais tarde. Você quer fazer isso?

Além de pesar os custos e os benefícios de superar seu medo, você deve também considerar o seguinte: se você ceder a qualquer de seus medos, eles poderão atingir novas situações. É o que chamamos de generalização. Por exemplo, se você tem medo de elevadores – e continua a não entrar neles – talvez comece a evitar outras coisas que fazem com que se sinta desconfortável. Veremos que a generalização do medo e da ansiedade é um grande problema em todas os transtornos de ansiedade. Ceder a um medo faz com que os outros sejam mais prováveis. Essa é outra boa razão para con-

QUADRO 4.5 CUSTOS E BENEFÍCIOS DE SUPERAR O SEU MEDO

MEU MEDO ESPECÍFICO É:

Custos	Benefícios	O que serei capaz de fazer se superar esse medo

frontar seus medos agora – antes de que eles se disseminem.

Isso valerá a pena? Você provavelmente sabe a resposta. A pergunta mais importante é: você deseja fazê-lo? A decisão é sua.

Construa uma hierarquia do medo

As hierarquias do medo podem ser usadas no tratamento de todos os transtornos de ansiedade. São chamadas de hierarquia da ansiedade porque dependem da intensidade dos diferentes medos. Constrói-se uma hierarquia da ansiedade listando-se todas as situações relacionadas a seu medo em que você possa pensar – da menos à mais assustadora. Por exemplo, digamos que seu medo seja o de entrar em elevadores. Esse é um conceito amplo e abstrato, mas você pode dividi-lo em conceitos menores. A situação menos ameaçadora pode ser a de ficar em pé à porta de um prédio que tenha elevador. A seguir, teríamos o ato de caminhar pelo saguão até chegar ao elevador. Os passos subsequentes seriam apertar o botão e ver as portas se abrirem. Depois, entrar no elevador, ver as portas se fecharem, subir ou descer alguns andares, presenciar o elevador parar em andares diferentes. Finalmente, você poderia chegar à ideia de que o elevador pararia ou cairia – a pior coisa de todas (embora, é claro, a mais improvável).

Esse é um bom momento para começar a entender por que imaginar algo é geralmente menos assustador do que de fato vivenciá-lo. À medida que você imagina cada passo do processo, avalie seu grau de medo quantitativamente. Isso será algo subjetivo, é claro, mas você pode atribuir um número a cada passo. Os psicólogos usam o conceito de Unidades Subjetivas de Incômodo (USIs);* isso, simplesmente, significa avaliar seu medo em uma escala de 0 a 10. O número 0 representa a ausência completa do medo, ao passo que o 10 representa pânico total; 5 indica uma quantidade moderada de medo, algo que mal se tolera. Por exemplo, se o problema é viajar de avião, você pode começar atribuindo 1 ou 2 para o fato de se sentar em casa preocupado com o voo. Em geral (embora nem sempre), os números aumentam à medida que você se aproxima da coisa de que mais teme. Assim, é possível ver seus USIs aumentando em cada estágio da viagem: pegar um táxi até o aeroporto ou dirigir até lá, fazer o *check-in*, esperar o avião no portão indicado, entrar no avião, ouvir os motores serem acionados, decolar, passar por turbulência... Até a possibilidade da queda da aeronave. Não tenha medo de levar o exercício até esse ponto: é apenas seu medo, não a realidade. É importante se certificar de que nenhum dano surgirá da avaliação. Ela será útil à medida que você aprende a confrontar seu medo.

Você, ao final, terá uma lista de situações, cada qual com um número que representa o nível de medo atrelado a ela. Pode acrescentar qualquer dado que pareça relevante. Por exemplo, quaisquer maneiras específicas de seu medo se expressar em cada momento: suor, dor de estômago, náusea, etc. Se você estiver no avião, é importante estar na janela ou no corredor? O elevador é mais assustador quando faz barulho ou quando está silencioso? Observe se o fato de haver alguém com você afeta ou não seu nível de conforto (para algumas pessoas, estar sozinho no elevador é algo terrível). Inclua todo comportamento de segurança ou de evitação que entra em cena em um determinado estágio: mudanças na tensão corporal ou na respiração, um impulso de se mover ou de ficar imóvel, uma urgência de começar a conversar ou de evitar uma conversa. Quanto mais completo o quadro apresentado, mais útil sua hierarquia do medo será. Você terá a chance de refinar todas essas percepções mais tarde, quando usar sua hierarquia do medo em um processo de simulação e, finalmente, aplicá-lo à realidade.

Avalie a racionalidade do seu medo

Como ocorre com qualquer problema que se possa ter (suplantar os medos,

* N. de R. Do inglês Subjective Units of Distress (SUDs).

QUADRO 4.6 HIERARQUIA DO MEDO

Liste as situações que lhe causam medo, da menos angustiante à mais angustiante. Na última coluna, escreva o quanto cada uma delas o incomoda, de zero (nenhum incômodo) a dez (incômodo máximo).

	UNIDADES SUBJETIVAS DE INCÔMODO (0-10)
1. Menos incômoda	
2.	
3.	
4.	
5.	
6.	
7.	
8.	
9.	
10. Mais incômoda	

ansiedades, estar acima do peso ou procrastinar), você deve examinar o quanto está motivado para mudar. A primeira coisa a fazer é se perguntar se você acha que seu medo é racional ou extremo. Por exemplo, você pode ter medo de voar, mas também pode acreditar que seu medo seja racional e que voar de avião seja perigoso. Ou pode ter medo de cachorro e acreditar que os cachorros são animais perigosos. Tomemos o medo de voar. Certamente é verdade que alguns aviões caem e que as pessoas morrem. E também é verdade que os aviões têm sido alvos de terroristas. Mas qual é a probabilidade de morrer em um avião? Para avaliar isso, podemos examinar dados coletados sobre as viagens aéreas. Podemos também verificar os dados sobre elevadores e mordidas de cachorro.

Em 2001, a probabilidade de, nos Estados Unidos, morrer por causas específicas era a seguinte:

- homicídio – 1 para 18.000;
- veículo motorizado – 1 para 6.700;
- raios – 1 para 3.000.000;
- avião comercial – 1 para 3.100.000;
- mordida de cachorro – 1 para 19.000.000;
- ferimento causado por cobra, lagarto, aranha – 1 para 56.000.000;
- elevador (por "viagem") – 1 para 398.000.000.

Ora, os elevadores são extremamente seguros. Considere o fato de que haja 600.000 elevadores nos Estados Unidos, cada um carregando cerca de 225.000 pessoas por ano – em um total de 120 bilhões de "viagens". Na cidade de Nova York – com 59.000 elevadores –, houve 13 acidentes fatais em um período de três anos, principalmente por causa de jovens que usavam os elevadores para brincar ou devido a maus cuidados relativos à mecânica do elevador. Observar as reais chances – ou probabilidades – pode ajudá-lo a testar a ideia de que seus medos podem ser irracionais.

Uma maneira de perguntar sobre o quanto seu medo é irracional é pensar se você faria uma aposta na probabilidade de ele acontecer. Com uma chance em 3,1 milhões, aposto que não morrerei em um avião. Em que você apostaria?

Por exemplo, quando o elevador começa a descer, tenho uma imagem rápida de que ele vai cair. O que de fato está acontecendo? Estou prevendo o futuro e presumindo que ele será catastrófico. Sei que, na realidade, a chance de o elevador cair e me matar é de quase uma em quatrocentos milhões, algo menor do que a chance de ser atingido por um raio em meu quintal, fato com que *não* me preocupo. Além disso, já fiz essa espécie de previsão antes e elas nunca se realizaram. Essa *poderia* ser a primeira vez, mas, então, qualquer outra coisa que eu fizesse *poderia* ser igualmente desastrosa. Estou insistindo em me sentir completamente confortável antes de correr qualquer risco, muito embora eu saiba que essa seja uma receita para me paralisar.

Tais reflexões não vão, por si só, aliviá-lo de sua ansiedade. Mas elas podem oferecer um ambiente ou contexto para você trabalhar quando confrontar seus medos. Elas ajudam a criar uma atmosfera de segurança, uma crença de que a realidade subjacente do universo é a de que você não está realmente em perigo, que os medos que você tem são meramente projeções distorcidas de sua mente. Você pode ainda ter de batalhar contra seus problemas internos, mas, pelo menos, sabe que a realidade está do seu lado.

Faça uma imagem-teste de seu medo

Há maneiras diferentes de se expor a seu medo. A mais fácil delas é *observar* alguém fazendo a coisa de que você tem medo. Por exemplo, se você tem medo do elevador, você poderá observar as pessoas entrando e saindo dele. O que você vê? Bem, provavelmente veja pessoas chegando a salvo. De maneira similar, se você teme viajar de avião, poderá ir ao aeroporto e observar os aviões aterrissarem e levantarem voo. Isso também lhe dá informações diretas – literalmente, um quadro de segurança. Seu terapeuta pode também ajudá-lo com isso. Por exemplo, ele pode entrar em um elevador antes de você – demonstrando que, para ele, a ação é segura. Observar as pessoas enfrentando as coisas de que você tem medo é útil, mas não o suficiente.

O segundo passo é exercer a prática de *imaginar* as diferentes situações que você teme, conforme listado em sua hierarquia do medo. Por exemplo, Ed tinha medo de voar. Sua hierarquia do medo começou com a imaginação de si próprio, sentado em casa, um dia antes do voo, pensando no voo; a seguir, se deslocando até o aeroporto, caminhando pelo corredor que levava até o avião e, depois de vários passos intermediários, se imaginava sentado no avião durante uma tempestade, com uma turbulência inimaginável. Passaremos por essa situação imaginária em alguns minutos.

O terceiro passo é a *exposição à situação real*: de fato, ir às situações listadas em sua hierarquia. Quando você fizer a exposição real, tenha em mente que precisará sentir alguma ansiedade para que tudo funcione. Você começará com o que é menos assustador e, gradualmente, vai se envolver em uma exposição passo a passo, até chegar à situação mais temida. Conforme fizer isso, observe os comportamentos de segurança que usa – e elimine cada um deles. Passaremos por esses passos em breve.

Você pode agora pegar sua hierarquia do medo, juntamente com todos os dados inerentes a ela, e usá-la para imaginar um "encontro" com o seu medo. Chamo esse tipo de simulação de exposição imaginária. É uma espécie de prática de exposição – um ensaio para a realidade, que permite que vejamos o que está acontecendo de maneira mais independente e controlável.

Aqui está o modo como isso funciona. Examine os passos de sua hierarquia do medo, do menos assustador ao mais assustador, em cada estágio elaborando uma imagem de tal passo em sua mente. Em cada passo, observe suas USIs – seu nível de medo – e registre-os. Talvez o primeiro valor seja 2, quando você simplesmente pensa na ideia de entrar no elevador. A próxima imagem pode ser a de se aproximar do elevador; depois, entrar nele, e assim sucessivamente. Mantenha cada imagem em mente por um tempo (em geral, recomendo 10 minutos) observando os suas USIs em intervalos de dois minutos. Veja se o número inicial diminui à medida que você se atém à imagem. Se isso acontecer, continue a pensar na imagem até que a queda se estabilize. Depois, passe ao próximo nível da hierarquia e faça a mesma coisa. Quando suas USIs caírem novamente nesse nível, continue a fazer o exercício. Se não caírem, se o seu nível de medo se mantiver alto durante os 10 minutos, você pode dar um passo atrás na hierarquia ou interromper o exercício naquele dia. É sempre possível recomeçar no dia seguinte de onde você parou.

A queda do nível de suas USIs em cada etapa é o resultado do que chamamos de habituação. Significa que quanto mais tempo você se expuser a uma imagem, menos responderá a ela. Na verdade, você se acostuma à imagem que teme: fica menos agitado, menos preocupado e mais indiferente a ela. A questão desse processo é a de se habituar às várias situações que causam seus medos. Você pode passar pelo processo todo em muitas ocasiões diferentes. Seus níveis de medo devem declinar ao longo do tempo também, de modo que uma imagem que foi terrível na primeira vez em que você a imaginou seja mais tolerável depois de alguns dias ou semanas de prática. Mantenha seus registros ao longo do tempo, observando como os números mudam, seja em termos absolutos ou em relação recíproca.

Enquanto estiver passando pelo processo, é importante fazer com que suas imagens sejam tão vivas quanto possível. Inclua tantos detalhes quanto puder. Não se apresse, nem deixe escapar pontos sutis. Por exemplo, se você imagina que o elevador vai se abrir, imagine também a aparência interna do elevador: seu tamanho, como são as luzes, que espécie de revestimento há nas paredes, onde ficam os botões, se há grade na porta, se há alguém dentro. Todos esses detalhes tornam seu quadro mais realista e, assim, formam uma melhor simulação para finalidades práticas (mais tarde, quando você praticar na realidade, poderá usar sua hierarquia do medo para reavaliar seus níveis de ansiedade).

Alguns outros aspectos a serem notados:

1. Você acha difícil manter a imagem?,
2. Você está dizendo ou pensando em coisas para se distrair ou para se tranquilizar?,
3. Você tem o impulso de se envolver em comportamentos de segurança: se agarrar a alguma coisa, modificar sua respiração, etc.?

Quando praticar a exposição na vida real, você precisará identificar esses comportamentos e se desvencilhar deles de forma consciente. Ao longo do exercício, tente registrar tantos dados quanto possível, incluindo a totalidade de tempo que passou focando cada imagem, os intervalos entre elas, os próprios níveis e quaisquer pensamentos, sentimentos ou reações que acompanharam esse procedimento. Todas essas informações são úteis e o ajudarão a desenvolver um *insight* sobre o funcionamento de sua mente ansiosa (Quadro 4.7).

Às vezes, durante a exposição imaginária, o nível de medo realmente diminui no ponto em que o exercício se torna entediante – tão entediante que a imagem começa a desaparecer de sua mente. Isso é um estímulo, afinal o tédio é uma melhora em relação ao terror. Mas é importante não deixar que sua mente divague. Continue prestando atenção, para retirar o máximo dessa exposição. Se você de fato notar que sua atenção se desviou, traga-a calmamente de volta à imagem. Se você estiver dizendo a si mesmo: "Sei que isso é apenas uma imagem, não é a realidade", tente ignorar esse pensamento e somente experimente a imagem como se ela fosse real. Quanto mais real ela parecer, mais eficaz será a exposição. Na verdade, como você verá, a imagem em sua mente durante a simulação será bastante similar à imagem em sua mente durante o contato com a realidade. Seu medo se constrói a partir dessas imagens, e não da situação real.

Alguns psicólogos recomendam exposições relativamente curtas – cerca de 10 minutos por vez. Não querem que o paciente

QUADRO 4.7 SEU REGISTRO DA EXPOSIÇÃO IMAGINÁRIA

Na tabela, liste a data e a hora para cada exercício de exposição, descreva a imagem que você está usando e depois liste seu nível de ansiedade – em sequência – a cada dois minutos. Por exemplo, seu índice de ansiedade para a exposição inicial pode ser 2, 4, 7, 3, 1. Também observe qualquer comportamento de segurança que você estiver usando durante a exposição imaginária (agarrar-se a alguma coisa, respirar de maneira diferente, observar o ambiente, buscar afirmação).

DATA/ HORA	SITUAÇÃO QUE IMAGINEI	ÍNDICES DE ANSIEDADE (A CADA DOIS MINUTOS)	COMPORTAMENTOS DE SEGURANÇA

se sinta demasiado ansioso ou sob pressão. É importante que esses exercícios iniciais sejam voluntários; que você sinta que pode parar a qualquer momento em que o desconforto se tornar grande demais (você pode continuar depois). Contudo, há evidências de que a exposição mais longa, ou o que se chama de exposição em massa, é mais eficaz – e ajudará você a superar seus medos mais rapidamente. Você pode passar até mesmo uma hora imaginando uma situação aterrorizante. Ela poderá deixar-lhe exausto ou emocionalmente esgotado. Mas também pode produzir resultados mais expressivos. Não há uma maneira certa ou errada; algumas pessoas progridem muito com exposições de curto prazo feitas com frequência, talvez várias vezes ao dia. A consulta com um terapeuta pode ajudá-lo a decidir qual método funciona melhor no seu caso.

Pratique a exposição na vida real

Quando você passar por uma exposição imaginária, o bastante para que ela comece a fazer diferença em seu nível de medo, estará pronto para o próximo passo: a exposição na vida real (alguns psicólogos a chamam de *in vivo*). Essa exposição funciona de maneira similar, exceto pelo fato de não mais ser uma simulação. A ideia é a de se colocar de verdade em uma situação que induza ao medo e depois passar pelos mesmos passos na sua hierarquia do medo. Comece pela base (pela situação menos ameaçadora) e pratique a ação repetidamente em sessões de 10 minutos. Em cada estágio, registre o nível de suas USIs em intervalos de dois minutos, bem como qualquer nível de comportamento de segurança, reações físicas ou outros pensamentos e respostas que acompanhem o procedimento e que valham a pena registrar.

Seu plano pode funcionar da seguinte forma: digamos que o medo de voar seja o problema. Você pode começar com algo moderadamente ameaçador: assistir a aviões decolando e aterrissando. Para ter bastante tempo para o exercício, você deve se dirigir até o aeroporto duas horas antes do que o normal. Coloque-se em uma janela e assista aos aviões levantarem voo por cerca de meia hora. Preste atenção a seu nível de medo enquanto os aviões vêm e vão e registre isso a cada dois minutos. Você provavelmente perceberá que o nível de suas USIs vai diminuir gradualmente, conforme sua mente se adapta à experiência. Depois, continue na hierarquia: talvez você possa caminhar até o balcão e fazer o *check-in*, depois comprar uma revista e então caminhar até o portão de embarque. Observe e registre o seu nível das USIs em cada um desses estágios, passando tempo suficiente em cada um deles para permitir que o nível decline. Registre também suas impressões. Você pode ter alguém ao seu lado ou não, mas sua resposta à pessoa que o acompanha (ou sua ausência) será parte das anotações.

Finalmente, a hora de embarcar se aproxima – o momento de "ajustar as contas". À medida que você caminha até o avião, note que o nível das USIs chega perto de 10. *Isso não é ruim*. Na verdade, é excelente, já que você precisa ativar seu medo para modificá-lo. Você agora tem uma chance de aprender algo de importância vital: você pode *se sentir* ansioso em relação a algo e, ainda assim, fazê-lo. A parte primitiva e instintiva de seu cérebro está lhe dizendo que o que você está fazendo é perigoso. É como se você fosse um caçador-coletor primitivo subindo em uma árvore ou passando por perto de um abismo. Mas não há árvore ou abismo. O avião é, na verdade, seguro; se não fosse, todas essas pessoas não estariam embarcando nele calmamente. O aumento de sua ansiedade é resultado de um *alarme falso*. O alarme está dizendo: "Saia daqui! Perigo!". Você continua a ouvir o som do alarme, mas opta por ignorá-lo e continua em frente. O interessante é que, quanto mais você ignorar o alarme, *mais silencioso ele ficará*. Quanto mais você de fato experimenta seu medo em um contexto de segurança, mais você de fato aprenderá – em um nível visceral – que você não tem nada a temer.

Durante a viagem de avião, você continua a observar e a registrar seu nível de medo. Isso inclui o fato de o avião levantar voo, subir para uma altitude mais elevada e talvez encontrar turbulência pelo caminho. Você simplesmente observa seu medo em cada ponto da viagem. Manter a consciência de seu medo ajuda a mantê-lo sob controle; ele simplesmente se torna um evento que ocorre em sua mente pelo qual você tem uma espécie de interesse científico. Não se trata mais de uma ordem imposta a que você tem de obedecer.

O que você prevê que vai acontecer?

Conforme você observa sua hierarquia do medo e identifica cada situação que teme, também pode identificar exatamente o que prevê que vá acontecer. Por exemplo, quando está no avião, prevê que ele vai cair? Você prevê que o cachorro vai mordê-lo? Você prevê que, ao atravessar uma ponte, perderá o controle do carro e baterá nas grades de proteção? À medida que você passar pela exposição planejada em cada uma das situações de sua hierarquia, escreva exatamente o que está prevendo que vai acontecer; seu nível de ansiedade antes, durante e depois da exposição, e o resultado real. Por exemplo, se você teme entrar em um elevador, seu nível de ansiedade antes de fazê-lo será 7; enquanto estiver no elevador será 9 e, quando sair dele, poderá ser 2. Sua previsão antes de entrar no elevador é a de que ele cairá. O resultado é que nada disso acontece de fato (Quadro 4.8).

Olhe racionalmente para as coisas

Depois de ter listado suas previsões sobre o que aconteceria em determinada situação, você pode começar a desafiar esses pensamentos negativos analisando as evidências que provam que eles estavam errados. Como ocorre com qualquer medo decorrente de ansiedade, há inúmeras coisas negativas e extremas que você está dizendo a si mesmo. Chamamos essas coisas de pensamentos automáticos, porque eles vêm até você espontaneamente, parecem verdadeiros no momento e aumentam sua ansiedade. Podemos categorizar esses pensamentos como distorções. Exemplos de distorções automáticas do pensamento

QUADRO 4.8 PREVISÕES E RESULTADOS

Escreva exatamente o que você prevê que vai acontecer, o que de fato aconteceu e, antes e depois da exposição, sua ansiedade ou medo em uma escala de 0 a 10, em que 0 representa a ausência de medo, 10 o maior medo imaginável e os números intermediários outros graus de medo.

SITUAÇÃO QUE TEMO:

Minha previsão	Resultado real*	Ansiedade antes	Ansiedade durante	Ansiedade depois

* Descreva o que aconteceu. Você evitou algo, teve um comportamento de segurança? Que sensações e pensamentos você teve? Por exemplo, "Eu entrei no elevador, pensei que entraria em pânico, mas tudo correu bem".

ao entrar em um elevador e argumentos racionais contra cada uma delas são apresentados no Quadro 4.9, a seguir. Uma lista completa de pensamentos automáticos pode ser encontrada no Apêndice H.

Muitas pessoas acham bastante útil preencher esses formulários e elaborar frases para lidar com as situações, que poderão ser usadas antes e depois da exposição ao problema. Por exemplo, se você tem medo de elevadores, poderá elaborar frases para ler antes de entrar no elevador e que desafiem e desbanquem os seus pensamentos negativos. Tenha em mente que com muitos pensamentos ansiosos você pode acreditar que precisa de certeza absoluta. Pelo fato de não haver certeza no mundo incerto em que vivemos, você jamais poderá "funcionar" corretamente. O fato é que todos os dias você faz coisas sobre as quais não tem certeza nem garantia alguma. Você depende de *probabilidades*. Qual é a probabilidade de o elevador cair e matá-lo? É de 1 em 398 milhões.

O que dizer dos comportamentos de segurança? Estes podem incluir se agarrar ao assento, respirar profundamente, verificar a presença de barulhos, cantar para si mesmo, rezar ou pedir a uma aeromoça para que lhe informe sobre as condições do tempo. Observe e registre o impulso de realizar esses comportamentos toda vez que eles surgirem – mas se for possível, *não* os favoreça. Os comportamentos de segurança mantêm o seu medo; eles impedem que você o experimente completamente e, assim, desenvolva um sentido de segurança em torno dele. Uma maneira de eliminar os comportamentos de segurança é conscientemente fazer o contrário daquilo que seu impulso está lhe dizendo. Se você tiver a urgência de se agarrar a seu

QUADRO 4.9 PENSAMENTOS RACIONAIS E IRRACIONAIS

Liste todos os pensamentos negativos que você tiver e identifique os tipos de distorções no pensamento que você está usando. Depois, dê as melhores respostas úteis que puder. Você pode voltar a esse formulário em momento posterior e acrescentar novas respostas.

PENSAMENTO AUTOMÁTICO	QUE TIPO DE DISTORÇÃO É ESSA?	RESPOSTA RACIONAL
"O elevador vai cair."	Adivinhação. Pensamento catastrófico.	A chance de o elevador cair e de eu morrer é de 1 em 398.000.000. Eu fiz essas previsões antes e elas nunca se realizaram.
"Sim – mas desta vez poderia acontecer. Não tenho garantia alguma de que não cairá. "	Desconto do positivo. Perfeccionismo. Exigência de certeza.	É claro que qualquer coisa pode acontecer, mas a vida tem de ser vivida com o que é provável, não com o que minha imaginação diz.
"Não devo entrar no elevador até que me sinta à vontade."	Exigência de certeza. Necessidade de estar pronto.	A única maneira de progredir é fazer coisas quando você não está pronto – exercitando e enfrentando seus medos. Na verdade, é preciso que eu sinta o medo para poder superá-lo.

assento no avião, deixe seus braços caírem, tão soltos quanto possível. Se sua atenção está centrada no som dos motores do avião, coloque fones de ouvido e ouça música. Se você percebe que está examinando o avião para encontrar as saídas de emergência, pegue um livro para ler.

Um comportamento de segurança que é especialmente importante evitar é o uso de álcool ou tranquilizantes. É um comportamento a que as pessoas em geral apelam, mas não é de fato útil. Você pode pensar: "Não seria tudo mais fácil com um Valium ou com duas doses de Martini?". Talvez você já tenha tentado tudo isso no passado e percebido que ajudou a "aparar as arestas" de sua ansiedade, mas que também acabou por fortalecê-la. Estar sob o uso de álcool ou drogas indica que você não está experimentando o efeito completo de seu medo; algo que deve fazer a fim de eliminá-lo. Quando você ameniza o seu medo com álcool ou drogas, sua mente associa a segurança com o torpor – quando, na verdade, estar sob tal estado de "anestesia" não tem relação alguma com segurança. O apoio químico é um dos comportamentos de segurança que você mais precisa eliminar; se o fizer, certamente não se arrependerá (Quadro 4.10).

Se você de fato se envolver com a exposição de curto prazo, deverá planejá-la

QUADRO 4.10 SEU REGISTRO DE EXPOSIÇÃO DIRETA

Na tabela, liste a data e o horário de cada exercício de exposição, descreva a situação em que você se coloca e, então, liste seus índices de ansiedade – na sequência – a cada dois minutos. Por exemplo, seus índices de ansiedade para a exposição inicial podem ser 2, 4, 7, 3, 1. Anote, também, quaisquer comportamentos de segurança que você usa durante a exposição direta (agarrar-se a alguma coisa, respirar de modo diferente, examinar o ambiente, busca de afirmação, etc.).

DATA/ HORA	SITUAÇÃO EXPERIMENTADA DIRETAMENTE	ÍNDICES DE ANSIEDADE A CADA DOIS MINUTOS	COMPORTAMENTOS DE SEGURANÇA

regularmente – talvez várias vezes por dia – todos os dias.

Lembro-me de minha própria experiência com uma exposição de longo prazo não planejada. Eu estava fazendo uma caminhada com minha esposa em Zermatt, Suíça, e insistia (como fazem todos os homens) que estava correto sobre a direção da trilha em que estávamos. Eu tinha medo de lugares altos, e logo, sem saber, passaria por uma experiência inesperada. Acabamos em uma saliência na montanha, de onde, olhando para todos os lados, só víamos penhascos. Não é preciso dizer que essa exposição não foi planejada. Depois de uma hora caminhando por essa saliência, algo que não recomendo, finalmente chegamos a uma trilha feita por cabras, que nos permitiu descer da montanha. Para minha surpresa, não tive medo de descer por essa trilha, embora, antes disso, tenha ficado aterrorizado.

Na manhã seguinte, falamos com a recepcionista do hotel sobre o caminho errado que fizéramos na montanha. Ela então disse: "Ah, vocês estiveram no Vale Perdido. Que lugar lindo". Vale Perdido? Não me pareceu nenhuma Xangri-lá quando eu estava aterrorizado. A recepcionista disse: "Talvez vocês queiram voar de asa delta saindo de lá".

Asa delta nos Alpes é um esporte que parece empolgante – mas que deixarei para minha imaginação. É como se você colocasse uma grande vela em suas costas, corresse e se jogasse no ar, sobrevoando as montanhas e penhascos dos Alpes. Estava muito feliz por ter progredido em meu medo de altura, mas voar de asa delta continuaria fora de meus planos.

Isso é difícil!

Finalmente, você talvez tenha determinadas crenças que atrapalham a exposição à situação. Por exemplo, algumas dessas crenças são:

1. Não suporto ficar ansioso.
2. Se eu ficar ansioso, as coisas ficarão cada vez piores e serão avassaladoras.
3. Devo ser um covarde, pois tenho medo de fazer isso.
4. Meus problemas devem estar relacionados a questões profundas de minha infância.
5. Essa exposição não vai funcionar.

Dúvidas sobre a exposição – e pensamentos autocríticos sobre a ansiedade – são comuns. Contudo, você pode se contrapor a esses pensamentos negativos com o seguinte:

1. Você aguenta ficar ansioso – como está indicado no fato de que tem um transtorno de ansiedade. A única consequência de estar ansioso é se sentir desconfortável. Sentir-se ansioso é parte do processo de lidar melhor com a exposição.
2. Com a exposição prolongada, sua ansiedade tenderá a diminuir porque a coisa que você teme não acontecerá.
3. Você não é covarde. Na verdade, seus medos eram provavelmente adaptativos para seus ancestrais. Se há algo de verdadeiro é o fato de você estar bem adaptado a um ambiente diferente e mais perigoso. É o medo certo no momento errado.
4. Seus medos não estão relacionados a questões profundas. Jamais houve evidência científica ligando uma fobia especifica a tais coisas. Na verdade, superar uma fobia especifica é bastante simples.
5. Suas dúvidas sobre a exposição são compreensíveis, já que estamos pedindo-lhe para fazer justamente a coisa de que tem medo. Contudo, centenas de estudos demonstram que a exposição de fato funciona, e provavelmente funcionará para você. É claro que não há garantias, mas você faz diariamente coisas das quais não tem garantia.

Comprometa-se com uma estratégia de longo prazo

As técnicas que estivemos discutindo provaram ser altamente eficazes para milhões de pessoas que sofrem de ansiedade. Porém, superar seus medos não é algo que se consiga de uma vez só, mas um projeto de vida. Os instintos que produziram sua ansiedade são profundos, alimentados por milhões de anos de história evolutiva. Não tem sentido que alguns poucos exercícios realizados uma vez em um avião ou em um elevador façam com que eles desapareçam para sempre. As pessoas que usam as técnicas descritas aqui frequentemente passam por mudanças drásticas. Mas elas não raro têm recaídas, especialmente em circunstâncias de estresse ou fadiga. É melhor antever tais recaídas; elas são bastante normais e de forma alguma são sinal de fracasso. Estar preparado para elas é parte importante da aprendizagem relativa ao controle da ansiedade.

O que você deve fazer quando ocorrem as recaídas? Primeiramente, continue a buscar oportunidades para praticar o que aprendeu. Se você superou seu medo de entrar em um elevador, mas não entra em um elevador há meses, poderá experimentar todo seu medo novamente. Receba essa situação como uma oportunidade para praticar. Estamos falando de uma manutenção de longo prazo, como em um exercício físico – você fica em forma lidando com seus medos de maneira regular. Continue a buscar situações que acionem o seu medo e confronte-as tanto quanto possível. Quando os medos surgirem, use a exposição imaginária imediatamente e a exposição da vida real na primeira oportunidade. Toda vez que fizer isso, você fortalecerá seu domínio do medo. Tenha paciência. Desde que você continue a se exercitar, estará progredindo, independentemente de todos os prós e contras a curto prazo.

Acima de tudo, não fique alarmado com a recaída. O que funcionou antes funcionará de novo. Volte aos exercícios de exposição e faça-os de novo, quantas vezes forem necessárias. Na verdade, o que chamamos de prática repetida – continuar os exercícios bem além do ponto de alívio – pode ajudar você a solidificar seus ganhos. Evite projeções sobre o quanto você está indo bem ou mal; atenha-se à sua prática do momento e tenha fé em sua eficácia. É como uma meditação. Estar presente, mesmo com o desconforto, é a melhor maneira de garantir a liberdade no futuro.

REESCREVA SEU LIVRO DE REGRAS PARA A FOBIA

Agora que você passou pelas técnicas para suplantar seu medo, você pode começar a reescrever seu livro de regras para a fobia. Analisemos o Quadro 4.11 e vejamos como seria esse livro.

CONCLUSÃO

Neste capítulo, revisamos os passos que você pode dar para superar a fobia ou o medo. Muito embora você possa ter medo há anos, tenha certeza de que há uma boa probabilidade de superar esse medo com as intervenções corretas. Com efeito, o modelo

QUADRO 4.11 O LIVRO DE REGRAS PARA VOCÊ SE LIVRAR DAS FOBIAS

REGRAS QUE O FAZEM TER MEDO	REGRAS QUE O FAZEM SUPERAR SEU MEDO
Se você tem medo, então deve ser perigoso.	Seu medo não lhe diz nada sobre o perigo real; emoções não são a realidade.
O perigo está se aproximando rapidamente.	O perigo pode estar apenas na sua cabeça; pode ser que não esteja se aproximando de maneira alguma, ou pode estar se aproximando lentamente.
Não confie em probabilidades – você pode ser aquele "um" que se machuca.	As probabilidades são a realidade. É possível que você se machuque, mas pensar que sempre se machucará não é jeito de se viver.
Você deve ter certeza absoluta, ou a situação será perigosa.	Não há certeza. A incerteza é neutra, não perigosa.
A situação será catastrófica; poderá matá-lo.	Você provavelmente não tem evidências de que a situação será catastrófica. Você já teve essa crença antes e ainda está vivo.
Enfoque a ameaça; isso o salvará.	Você deve reconhecer que há sempre alguma evidência de uma ameaça, mas há também evidência de segurança.
Busque pistas de que a situação é perigosa.	Use todas as informações, não apenas os sinais de ameaça.
Você não será capaz de lidar com a situação; está potencialmente desamparado.	Você pode ser mais forte do que pensa.
Ignore qualquer pessoa que lhe diga que a situação é segura. Você pode ficar excessivamente confiante.	Use as informações que as pessoas têm. Afinal de contas, a fobia não é evidência de perigo, é evidência de sua emoção.
Você deve sair ou evitar a situação imediatamente.	Você poderá ficar melhor se não sair ou abandonar a situação, pois descobrirá que ela é de fato segura.
Use os comportamentos de segurança para tolerar o desconforto.	Os comportamentos de segurança mantêm seus medos. Elimine-os o mais rapidamente possível.
Se você sobreviver, é porque seus comportamentos de segurança o ajudaram.	O fato de você sobreviver não tem nada a ver com seus comportamentos de segurança; tem mais a ver com o fato de que a situação é segura.
Sempre evite situações que você teme.	Tente submeter-se àquilo de que tem medo.

delineado aqui para superar os medos é o fundamento para superar todos os outros transtornos de ansiedade – embora haja questões específicas inerentes ao tratamento dos outros transtornos de ansiedade. Observe o Quadro 4.12 para rever os principais passos para a superação de uma fobia específica, e use esses passos para quaisquer outras novas fobias que possam surgir ou reaparecer.

QUADRO 4.12 **REGRAS PARA SUPERAR A FOBIA ESPECÍFICA**

1. Meça sua fobia específica.
2. Como a evolução o levou a ter esse medo?
3. Construa sua motivação para mudar.
4. Seu medo é racional?
5. Custos/benefícios de eliminar o medo.
6. Evite fazer com que o medo se espalhe.
7. Identifique seus comportamentos de segurança.
8. Identifique seus comportamentos de evitação.
9. Construa sua hierarquia do medo.
10. Planeje a exposição.
11. Registre as Unidades Subjetivas de Incômodo (USIs).
12. O que você prevê que acontecerá?
13. Olhe para as coisas racionalmente.
14. Use a exposição imaginária.
15. Use a exposição direta.
16. Elimine os comportamentos de segurança.
17. Anteveja a recaída.

CAPÍTULO

5

"Estou perdendo o controle" Transtorno de pânico e agorafobia

O QUE É TRANSTORNO DE PÂNICO?

Quando Paul veio consultar-se comigo pela primeira vez, sua vida estava mais ou menos despedaçada. Um ano antes, sem aviso prévio, ele havia começado a experimentar sintomas de ansiedade tão graves que sua vida estava paralisada. Ele estava afastado do trabalho por motivos de saúde. Havia desistido de quase todas as suas atividades sociais e recreacionais; boa parte do tempo, sentia-se tão aterrorizado que nem saía de casa. Sua vida familiar havia se tornado um pesadelo estressante. Ele passava quase todo seu tempo compulsivamente buscando em si próprio os sintomas físicos gerados por sua ansiedade: tontura, fôlego curto, aumento dos batimentos cardíacos, desorientação. Quando os sintomas chegavam (e quase toda a atividade provocava o surgimento deles), Paul ficava incapacitado. Como resultado disso, mergulhou em uma profunda depressão; sentia-se desesperado sobre seu futuro e veio até mim como um último recurso.

Tudo começou em um dia em que ele estava se exercitando na esteira da academia. O ar condicionado estava quebrado e ele estava suando profusamente, mas manteve-se na esteira. Quando parou, sentiu uma certa falta de ar, como se estivesse sufocado. Começou a respirar mais rapidamente, tentando buscar mais ar, mas não conseguia; além disso, o esforço fez com que ficasse tonto. Quando se sentou, percebeu que seu coração batia fortemente. "Será que estou tendo um ataque cardíaco?", perguntou-se. Assustado, pediu que alguém o levasse até o hospital. Lá, enquanto esperava o médico chegar, sua respiração voltou ao normal. O médico examinou-o e disse a ele que não havia nada de errado. Paul foi para casa.

Todavia, algo havia começado a acontecer, algo um tanto quanto perturbador. Ele começou a perder o fôlego com frequência. Toda vez que isso acontecia, ficava tonto ou desmaiava. Essa ansiedade fez com que seus batimentos cardíacos subissem, algo que o deixava ainda mais preocupado. Paul parou de frequentar a academia, pois os exercícios físicos pareciam provocar tal condição. Parou de correr e de nadar, mas seus sintomas persistiram nos níveis mais baixos de atividade, até que o simples fato de caminhar os provocava. Depois de algum tempo, descobriu que estava experimentando os mesmos sintomas quando entrava em um elevador ou quando dirigia – ou diante de qualquer coisa que fosse minimamente estressante. Seu escritório ficava em um andar alto, e ele parou de usar o elevador, mas subir pelas escadas também estava fora de questão. Foi aí que parou de trabalhar. No final, ficava ansioso só de sair de casa, o que já não fazia mais. Sua vida ficou cada vez mais limitada. Seus médicos não encontravam nada de errado fisicamente com ele, mas Paul percebia que era cada vez mais difícil fazer o que sempre fizera, ter uma vida normal. A situação chegou a tal ponto que ele começou a entrar em depressão. No primeiro dia que o atendi, ele estava em um estado lastimável.

O que estava acontecendo a Paul pode parecer estranho, mas não é nem um pouco incomum. Muitas pessoas passam pela mesma espécie de sintomas: são típicos do ataque de pânico. O ataque de pânico é o surgimento de ansiedade acerca do que acontece em seu corpo; pode ser definido como medo de suas próprias sensações. As pessoas que passam por um ataque de pânico podem sentir falta de ar, fortes batimentos cardíacos, zunidos, calafrios ou calores, sufocamento, engasgamento, suor, perda do controle sobre a bexiga, náusea, dores no peito e, frequentemente associada, uma sensação de ruína impeditiva. As pessoas que sofrem com isso acreditam que estejam tendo um ataque cardíaco ou colapso nervoso ou, ainda, que estejam ficando loucas.

É claro que é possível ter esses sintomas por razões puramente fisiológicas. É por isso que sempre recomendo que as pessoas que têm essas resposta físicas passem por um exame médico para descartar a possibilidade de uma condição grave de saúde. Esta pode incluir o hipertireoidismo, prolapso da válvula mitral, hipoglicemia (baixa taxa de glicose no sangue) e uma série de outras doenças. Tais sintomas também podem ser encontrados em coisas simples como uso de cafeína, álcool ou outro tipo de adicção. Mas se todos esses fatores puderem ser eliminados como causas, e os sintomas ainda persistirem, é provável que o paciente esteja sofrendo de um padrão clássico de ataque de pânico.

O surgimento de um ataque está frequentemente ligado aos medos de encontrar determinadas situações no mundo real. Esses medos são muitas vezes chamados coletivamente de *agorafobia*, palavra grega que significa, literalmente, "medo de praça pública". Alguns ativadores típicos da agorafobia são o esforço vigoroso, estar sozinho, dirigir por sobre pontes ou em túneis, multidões, lugares altos, águas profundas, trens, aviões, áreas abertas ou elevadores. Todas essas situações envolvem o tipo de estresse associado ao perigo – ou o que teria sido perigoso em um ambiente primitivo. Portanto, estão claramente ligados à nossa programação evolutiva. Entretanto, o fator a ser acrescentado é o de que a agorafobia em geral envolve não apenas o medo de certos perigos (como na fobia específica, tratada no capítulo anterior), mas o medo de que as reações da mente e do corpo a esses perigos fugirão do controle: de que a pessoa terá um ataque cardíaco ou um colapso, de que perderá a sanidade ou algo semelhante, e até mesmo de que ocorrerá o óbito. O indicador central é o *medo de suas próprias sensações e emoções* (algumas pessoas têm ataque de pânico, mas não têm medo de situações específicas, isto é, não tem "agorafobia").

Se alguém tem esses sintomas de agorafobia regularmente, especialmente se as situações levam, de maneira consistente, a ataques de pânico, é possível que tenha desenvolvido o que chamamos de transtorno de pânico, que é um transtorno em que o medo de um ataque de pânico se torna mais ou menos constante. O critério não é necessariamente se ou com que frequência temos ataques de pânico, mas se desenvolvemos ou não um *medo* permanente de tais ataques. Um teste diagnóstico simplificado para o ataque de pânico consiste nestas questões:

- Você passa por ataques de pânico recorrentes e inesperados?
- Em caso positivo, pelo menos um desses ataques foi seguido de um mês ou mais de:

  a) preocupação persistente com ataques adicionais;
  b) preocupação sobre as implicações ou consequências do ataque (ataque cardíaco, insanidade, etc.) ou;
  c) mudanças significativas no comportamento relacionadas aos ataques?

O transtorno de pânico e a agorafobia estão geralmente associados e, neste capítulo, trataremos ambos como parte do mesmo fenômeno. Os medos agorafóbicos podem atacar em qualquer lugar e a qualquer momento, embora pareçam mais comuns sob determinadas condições. Cerca de 60% dos ataques de pânico se devem à hiperventilação. Quando respiramos rapidamente (hiperventilação), inalamos muito mais oxigênio do que precisamos e não exalamos dióxido de carbono em quantidade suficiente. Assim, o sangue contém oxigênio em demasia (hipocapnia). Isso faz com que nossas artérias e vasos sanguíneos se contraiam, bloqueando o fluxo de oxigênio ao cérebro, o que leva a sensações de tontura e sufocação.

Os ataques de pânico muitas vezes ocorrem no meio da noite, possivelmente por causa da apneia do sono ou de mudanças no dióxido de carbono. Esses ataques noturnos de pânico frequentemente acordam a pessoa, deixando-a em estado de confusão e agitação. A maior parte das pessoas consegue voltar a dormir quando percebe o que aconteceu. Contudo, quem sofre de ataque de pânico pode ficar demasiadamente aterrorizado e não voltar a dormir – sente que esses ataques noturnos são um sinal de catástrofe iminente. Muitos pacientes acreditam que seus sintomas de pânico são sinais de um ataque de pânico; toda noite vão dormir sem a certeza de que acordarão pela manhã.

Às vezes, as situações que acionam os ataques de pânico podem ser bastante incomuns. Certa vez, tive um paciente cujo pânico era ativado pela presença de nuvens no céu. À medida que o sol era encoberto, ele experimentava uma sensação avassaladora de maus pressentimentos: tinha medo de sair em um dia de sol porque as nuvens poderiam aparecer. Isso levou a um diagnóstico equivocado: um psiquiatra freudiano com quem ele consultara por mais de 15 anos determinou que ele era levemente psicótico. Mas ele não era. Tinha apenas transtorno de pânico com agorafobia. Uma vez entendido o problema, pudemos trabalhar para encontrar um tratamento adequado e bastante eficaz.

SEU PRIMEIRO ATAQUE DE PÂNICO

Embora não haja um padrão que possa prever o surgimento do primeiro ataque de pânico, há evidências de que ele tende mais a acontecer se você passou por uma perda ou ameaça em uma relação, por doença (normalmente não diagnosticada; por exemplo, uma febre baixa que o enfraquece), aumento de responsabilidades, ressaca ou abstenção de drogas, fadiga ou perdas em outras áreas da vida. Contudo, em muitos casos é impossível identificar uma causa de ataque de pânico. Isso aumenta sua ansiedade porque você acredita que o pânico pode surgir sem razão, sem aviso, e isso o debilita.

Como disse, o primeiro ataque de pânico parece surgir sem razão aparente e leva à primeira interpretação *catastrofista.* Isso, por sua vez, leva a um aumento da *hipervigilância*, isto é, o enfoque contínuo de qualquer sinal de alerta ou sensação. Quando você enfoca cada vez mais esses alertas, há uma interpretação equivocada do que eles de fato são: "eu estou tendo um ataque cardíaco" ou "estou enlouquecendo". Isso resulta em um ataque de pânico.

Por exemplo, Janet estava caminhando pela rua e começou a prestar atenção ao fato de que seu coração parecia estar batendo muito rapidamente. Começou a notar que sua mente estava ficando desorientada. Quanto mais ela enfocava suas sensações internas, mais medo tinha de perder o controle. Ela então começou a pensar: "Meu Deus! Vou ter um ataque de pânico. Vou perder o controle e cair aqui mesmo na calçada!". Essa situação fez com que seu medo e os sinais físicos aumentassem ainda mais, e ela teve um ataque de pânico.

A agorafobia, o medo de lugares ou situações que acionam um ataque de pânico, ocorre com muitas pessoas. Você prevê a ansiedade em certas situações: "Se eu for ao cinema, vou me sentir preso e terei um ataque de pânico" ou "Se eu for ao *shopping*, não conseguirei encontrar as saídas e terei um ataque de pânico".

Como você prevê mais ansiedade, pode começar a usar os comportamentos de segurança para se proteger e se preparar para os problemas. Esses comportamentos incluem a dependência de outras pessoas ou comportamentos que você acha que vão diminuir o perigo, como, por exemplo, precisar de companhia, buscar afirmação, tentar discutir o impacto de um estímulo, diminuir seu comportamento (por exemplo, exercício) de modo que você sinta poucos sinais de pânico. Isso alimenta a crença de que sem os comportamentos de segurança algo terrível acontecerá. Por exemplo, "Se eu não andar junto à parede do prédio, vou cair".

Janet andava junto às paredes dos prédios toda vez que se sentia tonta. Começou a notar que quando estava na rua, sentia-se mais desorientada se houvesse muito sol. Por isso, começou a usar óculos de sol. Alguns meses depois, percebeu que se sentia mais segura se houvesse alguém com ela, de modo que tentava planejar fazer as coisas sempre com outras pessoas: "Se eu ficar tonta e sentir que vou cair, minha amiga vai me segurar ou chamar um médico a tempo, caso eu esteja passando por uma emergência médica".

DE ONDE VEM O TRANSTORNO DE PÂNICO?

A primeira coisa que podemos dizer sobre o transtorno de pânico é que, como todos os outros transtornos de ansiedade, tem suas raízes em nossa história evolutiva. Os medos em que ele se funda foram, em algum momento, adaptativos. Para entender por que, basta apenas olhar uma lista de situações típicas que acionam os ataques de pânico. Essa lista inclui passear em público, entrar em uma loja ou teatro lotados, passar por uma área aberta, sentar no avião, dirigir sobre uma ponte ou entrar em um túnel, ficar em pé em uma sacada, olhar para a ou da parte mais alta de um arranha-céu, entrar em um elevador, etc. Uma lista diversa, sem dúvida. O que relaciona todos esses medos? Por que essas várias situações provocam a mesma espécie de pânico nos indivíduos?

A resposta óbvia é que todas elas representam a espécie de perigo a que nossos ancestrais pré-históricos teriam sido expostos. Por exemplo, estar em meio a uma multidão ou preso em um túnel evoca a ameaça de sufocação; muitas pessoas que entram em pânico nessas situações têm hiperventilação e sentem que estão sem ar mesmo quando esse não é o caso. Outras têm a sensação de estarem caindo em uma armadilha, como se estivessem vulneráveis ao ataque de forças hostis. As pessoas que têm medo de espaços fechados examinam, em geral, o local em que estão em busca de locais de saída, e preferem sentar junto ao corredor ou próximo de uma saída de incêndio. Por outro lado, o pânico pode ser acionado quando se caminha em campo aberto, o que sugere medo de predadores. Nossos ancestrais devem ter sentido esse medo na região do Serengeti (África); hoje, observamos que um camundongo se desloca entre os arbustos nas margens de um campo aberto, em vez de atravessá-lo diretamente. Olhar para baixo a partir do ponto mais alto de um arranha-céu evoca nossa sensação de tontura natural quando estamos em lugares altos, ao passo que olhar para o ponto mais alto de um arranha-céu a partir da calçada mimetiza de perto essa sensação. Praticamente todas as situações que acionam os ataques de pânico têm uma ligação com perigos primitivos.

Entretanto, embora essas situações possam ter origens evidentes, não está tão claro por que algumas pessoas desenvolvem o transtorno de pânico. O ataque de pânico se caracteriza não só por medos primitivos comuns, mas pelo sentimento de que nossa *reação* a eles será catastrófica – algo a ser temido *por si só*. A pessoa que sente o pânico tende a enfocar as sensações internas: não tanto "Algo de ruim vai acontecer comigo", mas sim "Devo estar enlouquecendo" ou "Acho que vou ter um ataque cardíaco". A essa característica chamamos de sensibilidade à ansiedade. Isso resulta em um medo catastrófico da própria ansiedade, que surge de uma interpretação distorcida das respostas físicas normais ao perigo. A falta de fôlego indica que a pessoa está prestes a se sufocar. Batimentos cardíacos elevados ou pressão alta – mesmo sem grande esforço – indica um ataque cardíaco. É por isso que ciclos prolongados de transtorno de pânico podem ser iniciados repentinamente por um só ataque de pânico que parece vir do nada, ainda que se reproduza durante um período.

Por que certos indivíduos são mais suscetíveis a esse ciclo de medo? Ninguém sabe exatamente, mas parece ser uma combinação de predisposição inata e experiência anterior na infância. Há alguma evidência de determinação genética, já que o transtorno de pânico está, com frequência, presente nas famílias. (Minha própria mãe sofreu de transtorno de pânico, e eu, também, tive vários ataques de pânico quando era mais jovem. Felizmente, estava estudando terapia cognitiva à época, por isso tive uma compreensão bastante boa do que estava acontecendo comigo e consegui lidar com o fato.) As pessoas que sofrem de transtorno de pânico, em geral, parecem ter uma maior sensibilidade à ansiedade, isto é, estão mais cientes de suas sensações e sentimentos. Essa sensibilidade geralmente antecede o primeiro surgimento do transtorno de pânico, manifestando-se simplesmente como uma tendência a enfocar o interior. Contudo, quando o medo é atiçado, essa consciência anterior se torna problemática. A pessoa que sofre dos ataques de pânico começa a encontrar evidências de desastres em qualquer pensamento passageiro ou sensação.

Há também alguns fatores relacionados à experiência. As pessoas que desenvolvem o transtorno de pânico têm maior tendência a ter passado por rompimentos familiares, ou por ameaça de rompimentos. Um percentual significativo dos adultos agorafóbicos relata ter passado por (ou se preocupado com) a perda de um dos pais ou do ambiente de uma casa estável. Alguns deles tiveram dificuldade de ir à escola ou de acampar já em tenra idade. Na maioria dos casos, provavelmente não seja adequado chamar de agorafobia a simples continuação de uma ansiedade provocada por uma separação; muitas vezes, o surgimento não se dá antes dos primeiros anos da idade adulta e pode ser acionado pela perda de um relacionamento ou afastamento de casa ou da comunidade. Muitos ataques iniciais não parecem relacionados aos estresses da vida; eles parecem surgir sem razão aparente. Ainda assim, provavelmente seja verdade que as pessoas com transtorno de pânico sejam o tipo de pessoas que, seja qual for a razão, tendem a conter seus sentimentos. Tais pessoas podem relutar em usar técnicas de solução de problemas ao lidar com suas emoções. Elas dependem de si mesmas para manter seus sentimentos sob controle – uma tarefa assustadora para qualquer pessoa.

QUAIS SÃO OS PASSOS PARA SE TORNAR UM AGORAFÓBICO?

Como em todos os livros de regras da ansiedade, as regras para ter transtorno de pânico e agorafobia envolvem quatro componentes principais:

1. Detecte o perigo (você enfoca suas sensações como sinal de perigo).
2. Catastrofize o perigo (você interpreta as sensações como ameaçadoras à vida).
3. Controle a situação (você tenta controlar sua respiração ou usa comportamentos de segurança).
4. Evite ou escape (você evita situações que o tornem ansioso, ou você escapa delas).

Você evita as situações que o tornam ansioso (e desenvolve a agorafobia integralmente) ou você usa comportamentos de segurança para ajudá-lo a passar pelas situações. Seus comportamentos comuns de segurança talvez incluam ter alguém para acompanhá-lo, tentar respirar de maneira adequada, tensionar-se para não cair ou usar óculos de sol para que a luz não o incomode. Mas enquanto estiver usando comportamentos de segurança você pensará que a situação é ainda perigosa.

Seu transtorno de pânico e agorafobia não são algum mistério que surge sem razão – eles simplesmente refletem o livro de regras que você está seguindo. Dê uma olhada no Quadro 5.1 e no esquema que se segue ao quadro, na Figura 5.1 ("Como você desenvolve o transtorno de pânico e a agorafobia"), e você entenderá como a agorafobia tem sentido. Ela segue um conjunto de regras. Mais adiante, neste capítulo, você poderá reescrever essas regras, de modo que não tenha agorafobia ou ataques de pânico.

SUPERANDO O TRANSTORNO DE PÂNICO

Como todos os transtornos da ansiedade não tratados, o transtorno de pânico e a agorafobia podem resultar em uma combinação debilitadora de ansiedade e depressão. Não é incomum que o problema persista durante anos, talvez décadas. Algumas pessoas – como Paul, que conhecemos no início deste capítulo – ficam tão incapacitadas que não conseguem mais trabalhar. Outras são incapazes de ter vida social ou de viajar – em casos extremos, podem até não sair de casa. Às vezes, o medo de doenças físicas se torna uma profecia que acaba por se cumprir: as pessoas com transtorno de pânico são muito mais propensas a desenvolver doenças cardiovasculares, aneurismas, embolia pulmonar ou derrames cerebrais. Também são mais aptas a ficarem deprimidas e a tentarem o suicídio. Se não for tratado, o transtorno de pânico pode ser uma condição devastadora.

Ainda assim, a condição é de fato passível de tratamento. Há uma boa probabilidade (cerca de 85%, de acordo com estudos) de que, se você sofre de transtorno de pânico, poderá melhorar substancialmente em dois meses, usando uma terapia cognitivo-comportamental altamente estruturada. A maior parte dos pacientes tratados dessa maneira mantém sua condição de melhora um ano após o tratamento, mesmo sem medicação. A maior parte deles demonstra um decréscimo tanto na ansiedade quanto na depressão. Praticar certos exercícios recomendados (tais como os que são oferecidos mais adiante neste capítulo) pode dar continuidade a essa melhora indefinidamente.

Os passos dados no tratamento do transtorno de pânico são muito parecidos com os que usamos no último capítulo para abordar a fobia específica. Eu os uso com uma série de transtornos de pânico. São eles:

1. Identifique seus medos.
2. Identifique seus comportamentos de segurança/evitação.
3. Construa sua motivação para a mudança.
4. Construa uma hierarquia do medo.
5. Avalie a racionalidade de seu medo.
6. Faça uma imagem-teste de seu medo.
7. Pratique a exposição à vida real.
8. Comprometa-se com uma estratégia de longo prazo.

Mais uma vez, passaremos por esses passos.

QUADRO 5.1 **O LIVRO DE REGRAS DO TRANSTORNO DE PÂNICO E DA AGORAFOBIA**

1. Enfoque quaisquer sensações que não pareçam "normais".
2. Interprete essas sensações como sinal de uma catástrofe que esteja prestes a acontecer.
3. Anteveja qualquer situação em que você possa ter essas sensações.
4. Evite essas situações se puder.
5. Mas, se não puder – faça algo para se tornar mais seguro.
6. Se você sobreviver à situação, atribua sua sobrevivência a seus comportamentos de segurança.

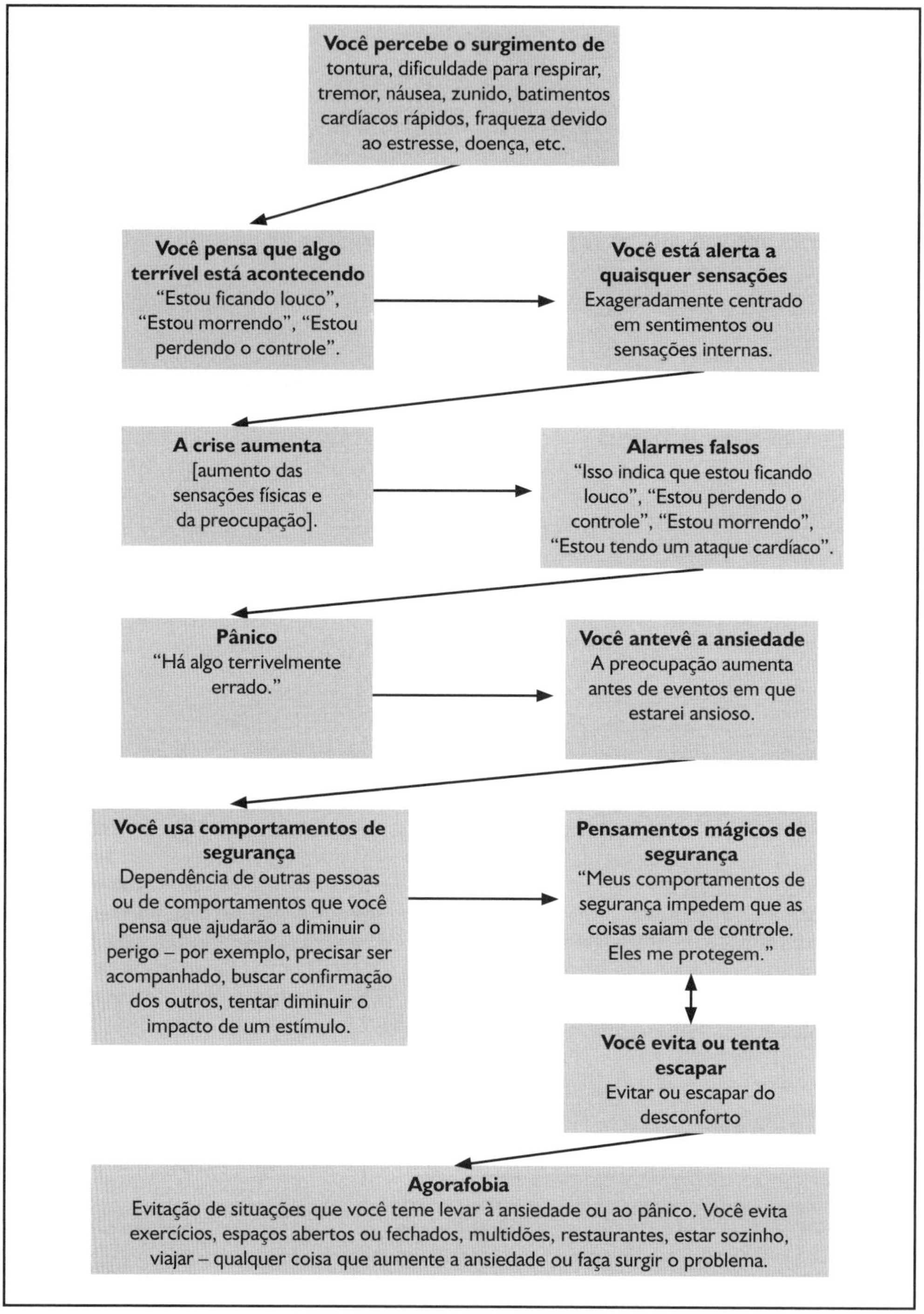
Você percebe o surgimento de
tontura, dificuldade para respirar, tremor, náusea, zunido, batimentos cardíacos rápidos, fraqueza devido ao estresse, doença, etc.
Você pensa que algo terrível está acontecendo
"Estou ficando louco", "Estou morrendo", "Estou perdendo o controle".
Você está alerta a quaisquer sensações
Exageradamente centrado em sentimentos ou sensações internas.
A crise aumenta
[aumento das sensações físicas e da preocupação].
Alarmes falsos
"Isso indica que estou ficando louco", "Estou perdendo o controle", "Estou morrendo", "Estou tendo um ataque cardíaco".
Pânico
"Há algo terrivelmente errado."
Você antevê a ansiedade
A preocupação aumenta antes de eventos em que estarei ansioso.
Você usa comportamentos de segurança
Dependência de outras pessoas ou de comportamentos que você pensa que ajudarão a diminuir o perigo – por exemplo, precisar ser acompanhado, buscar confirmação dos outros, tentar diminuir o impacto de um estímulo.
Pensamentos mágicos de segurança
"Meus comportamentos de segurança impedem que as coisas saiam de controle. Eles me protegem."
Você evita ou tenta escapar
Evitar ou escapar do desconforto
Agorafobia
Evitação de situações que você teme levar à ansiedade ou ao pânico. Você evita exercícios, espaços abertos ou fechados, multidões, restaurantes, estar sozinho, viajar – qualquer coisa que aumente a ansiedade ou faça surgir o problema.

FIGURA 5.1

Como você desenvolve o transtorno de pânico e a agorafobia.

Identifique seus medos

Provavelmente, já falamos o suficiente sobre o transtorno de pânico, a ponto de você já saber se sofre ou não de tal transtorno. O critério não é se você fica com medo ou não em determinadas situações, mas se seu medo é de suas próprias reações físicas e mentais mais do que da própria situação. Se você estiver em dúvida, existe um teste diagnóstico chamado de *Questionário de cognições agorafóbicas*, encontrado no Apêndice G.

Uma vez feito o diagnóstico (que você poderá verificar com um terapeuta cognitivo), o próximo passo é identificar as características particulares de seu transtorno. Você pode fazê-lo elaborando duas listas. A primeira é uma lista bastante direta de circunstâncias que provavelmente acionam sua ansiedade: espaços fechados ou abertos, alturas, esforço, inquietação noturna, aviões, elevadores – qualquer coisa. Não há grande mistério até aí. A segunda lista vai um pouco mais fundo. Deve ser uma lista dos pensamentos comuns que passam por sua cabeça quando você está nervoso ou assustado. Aqui estão alguns dos pensamentos típicos que os pacientes relatam ter quando estão sofrendo um ataque de pânico.

- "Vou vomitar."
- "Vou desmaiar."
- "Devo ter um tumor cerebral."
- "Estou prestes a ter um ataque cardíaco."
- "Vou ter um AVC."
- "Vou me engasgar e morrer."
- "Estou ficando cego."
- "Estou perdendo o controle."
- "Estou agindo feito um bobo."
- "Posso me machucar."
- "Vou gritar."
- "Estou com medo demais para me mexer."
- "Estou ficando louco."

Você pode acrescentar outros itens a essa lista. Em geral, o simples fato de vê-los escritos o ajudará. Dará a você uma sensação do quanto seus pensamentos podem estar distantes da realidade. Você pode também se familiarizar com eles, de modo a identificá-los mais rapidamente quando surgirem.

Identifique seus comportamentos de segurança/evitação

Como vimos no capítulo anterior, as pessoas com ansiedade geralmente fazem uso de comportamentos de segurança para que se sintam momentaneamente mais seguras na presença do perigo, mesmo quando tais comportamentos nada fazem para aumentar a segurança. Isso é especialmente comum entre os agorafóbicos, que em geral desconfiam de sua própria capacidade para lidar com o desconforto de qualquer espécie. As ameaças podem vir de qualquer lugar ou a qualquer momento. Quando se aventuram pelo mundo, os agorafóbicos podem apresentar toda uma gama de comportamentos de segurança a que apelam: caminhar próximo das paredes dos prédios, segurar-se em cadeiras ou em corrimãos em busca de apoio, pedir que outras pessoas os acompanhem nas viagens, sofrer de hiperventilação, ficar em posição rígida, usar óculos de sol sempre. Tais estratégias são geralmente fúteis ou contraproducentes. O problema com a ilusão de segurança é que ela depende do pensamento mágico. Ela o convence de que você está se protegendo com sucesso. Isso apenas reforça sua crença de que a situação é de fato perigosa.

Um paciente gostava de caminhar com seus olhos semicerrados para evitar que uma luz brilhante acionasse um ataque de pânico. A atitude de fato não funcionava, mas ele a mantinha de qualquer maneira. Tais comportamentos podem fazer com que você se sinta mais seguro, mas raramente impedem o ataque que você teme.

Conheci um jovem estudante de medicina que tinha um medo terrível de ter um ataque cardíaco, muito embora seu coração estivesse em plenas condições. Ele verificava seu pulso a cada 20 minutos para se certificar de que não estava perdendo o controle. O resultado? Toda vez que seu pulso subia um pouquinho, ficava alarmado, o que fazia com que seu pulso de fato aumentasse, convencendo-o de que estava prestes a ter um ataque cardíaco. Ele, com isso, ajudava a manter a condição de que tentava escapar.

Já tocamos em exemplos de comportamento de evitação. Com efeito, a agorafobia é uma condição bastante definida pela evitação. Paul é um exemplo: ele acabou evitando quase tudo que envolvia o mínimo estresse ou esforço. Já que a coisa que mais se teme é a própria resposta, toda a situação passa a ter o potencial de ativar tal resposta. Em casos mais graves, o que se evita é a própria vida. Ainda assim, fazer uma lista de coisas específicas pode ser útil. A lista demonstra de uma maneira clara e concreta o quanto você está adiando uma tentativa de aliviar sua ansiedade. Essa lista será útil mais tarde, quando começar a trabalhar para repelir esses comportamentos de evitação.

Construa sua motivação para a mudança

Como acontece com o transtorno da ansiedade, você deve avaliar sua vontade de tolerar o desconforto de enfrentar os seus medos. Em poucas palavras, o quanto você está motivado? De todas as formas de ansiedade, o transtorno de pânico provavelmente é o que envolve a mais ampla gama de circunstâncias ameaçadoras. Você pode estar evitando exercícios, viagens, caminhadas pela rua, *shoppings*, teatros, cinemas, subir escadas, voar de avião, usar transporte público e muitas outras atividades. O que significaria para você não ter mais de fazer isso? Seria possível se exercitar sem a obsessão relativa ao ritmo de seu coração ou à sua respiração? Quanto vale a pena para você poder fazer coisas de maneira independente, sem que alguém precise lhe dar apoio? Não mais depender de medicações antiansiedade ou de álcool? Não mais ter de lutar para prevenir a depressão? Para além da eliminação dessas coisas negativas de sua vida, há o orgulho, a confiança e a profunda satisfação que acompanham o fato de você dominar o seu próprio destino. É difícil entender a diferença que esses sentimentos fazem se você não os experimentou.

Por outro lado, para atingir essa meta você precisará fazer coisas que o deixarão desconfortável. Você não precisa sofrer todo o desconforto de uma vez; pode fazê-lo gradativamente, de uma maneira estruturada e supervisionada. Mas você precisa realmente querer dar o seu máximo, ir até os limites do tolerável. É melhor ser honesto com você mesmo já no início. Depois, se assumir o compromisso de mudar, terá maiores probabilidades de fazê-lo (Quadro 5.2).

Construa uma hierarquia do medo

No capítulo anterior, aprendemos como construir uma hierarquia do medo, que é uma lista de todas as situações que você pode imaginar que estejam em conexão com

QUADRO 5.2 CUSTOS E BENEFÍCIOS DE SUPERAR O TRANSTORNO DE PÂNICO E A AGORAFOBIA

CUSTOS	BENEFÍCIOS

seu transtorno de ansiedade, da que causa menos medo à que causa mais medo (ver p. 71). Você atribuiu a cada situação um número entre 0 e 10 de acordo com o quanto ela lhe pareça assustadora. O zero representa a total ausência de medo e o 10, o máximo terror (esse índice é chamado de Unidades Subjetivas de Incômodo ou USIs). A lista será usada nos exercícios futuros que o ajudarão a superar seus medos. Contudo, há algumas considerações especiais a fazer no caso do transtorno de pânico. Anteriormente (sob o subtítulo "Identifique seus medos"), mencionamos dois tipos diferentes de listas que você poderia fazer. Uma dizia respeito às circunstâncias que tendem a acionar seu medo, tais como elevadores, exercícios ou multidões. Outra dizia respeito às reações que você poderia ter em tais situações. No caso do transtorno de pânico, é esta última lista que nos interessa. O transtorno de pânico é essencialmente o medo de nossas próprias reações.

Assim, ao construir uma hierarquia do medo para o transtorno de pânico, você precisa registrar dois elementos distintos. Um diz respeito à situação específica que você pensa que pode acionar um ataque de pânico: ficar preso em um elevador, usar o metrô, entrar em uma loja lotada, etc. Você pode classificar esses itens na hierarquia de acordo com o nível de sofrimento que você acha que cada um provoca. Mas deve também registrar *o modo como você pensa que cada sofrimento se manifesta*: desmaiar, sufocar-se, ter um colapso, ter um ataque cardíaco, ficar doente, vomitar, gritar, urinar-se, perder o controle em geral, fazer algo publicamente embaraçoso ou ficar louco. É importante identificar exatamente o que você prevê que vai acontecer em cada situação. Por exemplo, você pode ter medo de dirigir sobre uma ponte. Mas *por que* você tem medo disso? Se você tem transtorno de pânico, você provavelmente tem medo de que a própria experiência de dirigir sobre uma ponte acione um ataque de pânico, o que pode fazer com que você perca o controle do carro. Um paciente certa vez ficou aterrorizado por ter de se sentar na plateia de um teatro lotado. Ele temia que sua ansiedade pudesse fazer com que ele começasse a gritar – o que seria tremendamente embaraçoso diante de todas aquelas pessoas. Em outras palavras, foi com sua própria reação que ele se preocupou. Ele não confiava que ele próprio pudesse manter o controle.

Esses medos se baseiam em previsões; no modo como você acha que vai responder à ansiedade. Você teme a situação porque acredita que quando ela surgir responderá por meio de hiperventilação, desmaio, desorientação, colapso, insanidade ou alguma outra maneira de perder o controle. É importante identificar essas previsões, porque as suas técnicas de autoajuda implicarão testá-las e desafiá-las. Você aprenderá a desatrelá-las de seus medos, demonstrando a si mesmo que suas previsões simplesmente não são precisas. Sua hierarquia do medo será o guia desse processo (Quadro 5.3).

AVALIE A RACIONALIDADE DE SEU MEDO

No caso de fobia específica, vimos que ser racional ou irracional tem principalmente a ver com ser capaz ou incapaz de prever o que poderá nos acontecer. Saber se o avião vai ou não cair, se o elevador vai parar, se o cachorro vai morder. Esses são fatos concretos, externos, que podemos ver e avaliar. No caso do transtorno de pânico, isso ocorre de forma diferente. A questão do que vai acontecer no mundo é secundária em relação ao que acontece em nós: o ataque cardíaco, o colapso, o ataque histérico que vislumbramos ter. Ainda assim, esses fenômenos internos possuem uma certa realidade objetiva também: afinal de contas, eles vão ou não vão acontecer. O que podemos fazer é ver se eles *de fato* acontecem do modo como imaginamos. Depois, reexaminaremos se nossas previsões de uma dissolução interna eram acuradas ou não. Isso colocará nossos medos em uma perspectiva mais realista.

Aqui, por exemplo, está uma lista de sensações físicas comumente associadas a um ataque de pânico. Cada uma delas é seguida de:

QUADRO 5.3 HIERARQUIA DO MEDO

Liste as situações que você teme, em ordem, da que menos o faz sofrer à que mais o faz sofrer. Na coluna central, registre o quanto cada uma o incomoda, de 0 (nenhum incômodo) a 10 (máximo incômodo). Na última coluna, escreva o que você acha que vai acontecer em cada uma das situações temidas. Previsões comuns incluem doença física, colapso, ataque cardíaco, sufocamento, insanidade e outros medos (especifique).

SITUAÇÃO	UNIDADES SUBJETIVAS DE INCÔMODO (0-10)	O QUE VOCÊ TEME QUE ACONTEÇA?
1. (menos incômodo)		
2.		
3.		
4.		
5.		
6.		
7.		
8.		
9.		
10. (mais incômodo)		

1. o pensamento de quem está em pânico, que acompanha a sensação e;
2. o que seria uma resposta mais racional.

Batimentos cardíacos rápidos, falta de fôlego

- *Pensamento de quem está em pânico*: "Estou tendo um ataque cardíaco".
- *Resposta racional*: "Acabei de consultar um médico que me disse que meu coração está bem. Já tive essas sensações antes e nada de ruim aconteceu. Meu cérebro está me enviando um alarme falso, dizendo-me que estou em situação de perigo quando não estou. Minha reação é simplesmente a resposta física normal do corpo a um alarme".

Tontura, fraqueza, desorientação

- *Pensamento de quem está em pânico:* "Vou ter um colapso ou desmaiar".
- *Resposta racional*: "Este é um fenômeno temporário, causado pelo fato de que meu sangue está circulando em diferentes partes de meu corpo, distantes do meu cérebro. Se eu sentar em silêncio e respirar normalmente, voltarei a um estado de calma".

Mente inquieta, tensão, tremores

- *Pensamento de quem está em pânico:* "Vou começar a gritar e a perder o controle".
- *Resposta racional*: "Não há motivo para gritar. Não tenho uma ideia clara do que signifique 'perder o controle'. Posso

permitir que minha mente fique inquieta sem qualquer perigo; posso simplesmente observar meus pensamentos e ver para onde eles vão".

Aumento da intensidade dos sintomas físicos

- *Pensamento de quem está em pânico:* "Meu pânico está aumentando muito. Se não parar, vou enlouquecer".
- *Resposta racional*: "Os ataques de pânico são autolimitados. Com frequência, somem por conta própria. Eles são simplesmente o resultado de uma excitação e não representam perigo para mim".

Você pode escrever seus medos dessa forma. Mantenha essa lista com você para se lembrar de como as coisas podem ser vistas de maneira realista. Leia seus pensamentos realistas todos os dias.

Em cada caso, o pensamento de quem está em pânico é estimulado por uma falsa crença sobre a natureza dos ataques de pânico e de seus sintomas. O fato é que a excitação, que nada mais é do que mudanças físicas e emocionais associadas ao ataque de pânico, não é perigosa. Batimentos rápidos do coração nada têm a ver com um ataque cardíaco; trata-se de algo que acontece quando estamos agitados. É natural que alguém em uma situação assustadora se sinta tonto ou sem ar. Os verdadeiros sinais de insanidade são os delírios ou alucinações – confundir coisas imaginárias com coisas reais. A ansiedade física é meramente o esforço que o corpo faz para se proteger de uma situação de perigo. Além do desconforto causado, não há nada de prejudicial nela – nós apenas *acreditamos* que haja.

Todas as ansiedades relacionadas ao transtorno de pânico se baseiam na mesma falsa crença de que você precisa evitar coisas que o deixem ansioso. Mas você evita? A ansiedade tem de fato algumas consequências ameaçadoras? Mesmo que seja bem desagradável às vezes, a ansiedade é temporária e não é letal. Evitá-la pode parecer mais confortável no momento de seu surgimento, mas também reforça nossa convicção de que o mundo é um lugar perigoso. Isso o faz ser *dependente* da evitação da ansiedade: você está convencido de que não pode sobreviver se ela estiver presente. Abandonar essa falsa crença liberta-o para começar a praticar a exposição ao medo – que é a única maneira de conquistá-lo.

Se você sente que o pânico está mesmo chegando, deve reconhecer que todos os ataques de pânico são autolimitados. Sua ansiedade aumenta – e depois diminui. Eu jamais, em 25 anos de prática, tive um paciente que tenha chegado ao consultório com um ataque de pânico. Todos os ataques de pânico acabam; simplesmente porque a ansiedade se exaure. Se os ataques de pânico são autolimitados – como uma dor de cabeça provocada por tensão – então o que há a temer?

Em nossos passos seguintes, começaremos a trabalhar com o pânico. Será preciso coragem e determinação para prosseguir, e uma crença firme na sua capacidade de tomar decisões racionais – apesar da presença do medo – será parte indispensável do esforço.

Faça uma imagem-teste de seu medo

O próximo passo envolve imaginar cada situação em uma hierarquia do medo e permitir-se sentir a ansiedade que ela provoca. Tenha em mente que, se você estiver sofrendo de ataque de pânico, deve enfocar não a circunstância ativadora – embora talvez esse seja o ponto de onde você começa –, mas o ataque de pânico que você teme que ela produzirá. Sua hierarquia do medo deve refletir isso. Primeiro, imagine a situação, depois imagine sua resposta em estado de pânico a ela. Comece com a situação menos ameaçadora e continue em frente, pausando e parando em cada estágio até que o seu nível de pânico (medido pelo seu número de USIs, algo entre 0 e 10) desça para um nível estável (se você esqueceu como isso funciona, vá para o capítulo anterior, p. 74).

Aqui está um exemplo retirado de meu paciente Paul, que mencionei no começo do capítulo. Paul, você lembra, teve seu primeiro ataque de pânico em uma esteira na academia. Ele começou a ter hiperventilação, tentou controlar sua falta de ar e acelerou seu ritmo cardíaco. Nada disso funcionou, e as coisas pioraram rapidamente. Quando ele veio consultar comigo, ele estava não só evitando exercícios vigorosos, mas tudo que pudesse levar a um aumento dos batimentos cardíacos.

Paul e eu construímos uma lista de situações relacionadas a exercícios, que iam de atividades que pouco provocavam ansiedade a atividades que provocavam muita ansiedade. Essas situações se tornaram os passos de sua hierarquia do medo. São elas:

- caminhar pela sala;
- sair do apartamento e caminhar no saguão ou corredor do edifício;
- caminhar na calçada;
- correr muito lentamente na esteira da academia;
- correr na esteira no ritmo em que corria antigamente.

Quando Paul passou por esses passos de imaginar cada uma dessas situações, registrando seus níveis de medo em intervalos de dois minutos e observando os comportamentos de segurança associados, tinha-se algo como aponta o Quadro 5.4.

O que isso nos mostra é que Paul tinha uma tendência significativa ao ataque de pânico toda vez que se exercitava; que o pânico era maior quanto maior fosse o exercício; que, apesar disso, ele foi capaz de "se habituar" a seu medo, ao imaginá-lo ao longo do tempo; e que ficar ciente de seus comportamentos de segurança foi útil. Ter

QUADRO 5.4 REGISTRO DA EXPOSIÇÃO IMAGINÁRIA DE PAUL

DATA/ HORA	SITUAÇÃO QUE EU IMAGINO	ÍNDICES DE ANSIEDADE A CADA DOIS MINUTOS	COMPORTAMENTOS DE SEGURANÇA
1° de junho/ 13h	Caminhar pela sala	2, 2, 2, 1, 0	Nenhum
1° de junho/ 13h30min	Abrir a porta e caminhar pelo corredor do edifício	3, 6, 6, 4, 3	Procurar portas para escapar; observar minha respiração.
2 de junho/14h	Caminhar fora do prédio, na calçada	6, 8, 8, 6, 5, 3, 3	Tentar caminhar devagar, segurar a respiração, caminhar perto das paredes do prédio para não cair.
4 de junho/19h	Correr na esteira da academia	6, 8, 8, 7, 5, 4, 2, 2	Segurar nas laterais da esteira, tentar respirar normalmente, tensionar minhas mãos, tentar recuperar o fôlego (respirando profundamente).

em mente que se tratava apenas de um exercício imaginário. Mais tarde, quando aplicado à realidade, ele foi capaz de chegar a resultados similares e até mais satisfatórios.

No caso do transtorno de pânico, há uma espécie de estágio entre apenas imaginar o seu medo e de fato se colocar na situação que causa medo. Chamamos isso de indução ao pânico, uma maneira de, deliberadamente, expô-lo a suas sensações. Já vimos como o transtorno de pânico se constrói em torno de um medo infundado de nossas sensações físicas, tais como respiração rápida ou tontura. Há uma maneira de experimentar essas sensações de uma forma controlada, de constatar na experiência que elas são autolimitadas, e não catastróficas.

Eu, de fato, tive a chance de guiar Paul nesse processo já na primeira vez que o vi. Ele já havia me contado pelo telefone (e eu percebi o mesmo em seu histórico) que seu médico havia lhe dado alta e constatado que não havia nada de errado com ele fisicamente. À época de nossa primeira consulta, ele me ligou do saguão do edifício (meu consultório ficava no décimo andar) e me disse que estava com medo de entrar no elevador ou de subir pelas escadas. Encontrei-o no saguão. Era um homem de boa aparência, mas em um estado de certa tremedeira. Começamos a subir pelas escadas, lentamente. Ao subir o primeiro lance, ele respirava rapidamente. Perguntei-lhe o que ele achava que estava acontecendo. Ele me disse que não conseguia manter a respiração no ritmo adequado e sua hiperventilação era uma tentativa de impedir o colapso. Disse-lhe para relaxar, para respirar lentamente e para cerrar e abrir os punhos, relaxando, antes de começar a subir de novo. Fizemos isso em todos os lances de escada.

Depois de algum tempo, chegamos ao consultório. Lá, Paul explicou-me o que estava se passando em sua mente. Subir as escadas, como correr na esteira (ou como qualquer outro exercício vigoroso), havia acelerado sua respiração e seu ritmo cardíaco, convencendo-o de que cairia e entraria em coma. Disse-lhe que duvidava de que isso fosse acontecer. Pedi a ele que ficasse no meio da sala e respirasse rapidamente até que começasse a se sentir tonto. Depois, pedi que ele parasse e respirasse lentamente entre suas mãos em forma de concha (isso equilibrava o oxigênio e o CO_2 na corrente sanguínea). Em poucos minutos, sua respiração havia voltado ao normal. Não houve colapso algum. Paul parecia surpreso e aliviado.

Na sessão seguinte, tentamos outra indução ao pânico. Dessa vez, pedi a ele que respirasse rapidamente até que começasse a se sentir tonto e depois começasse a correr no mesmo lugar. Isso simulava uma resposta de escape que também o forçaria a utilizar o oxigênio extra e a estabilizar seu oxigênio e CO_2. Em dois minutos, seu pânico cedeu e ele parou de correr no mesmo lugar. Isso ocorre porque correr restabelece o equilíbrio do dióxido de carbono e do oxigênio, e seu cérebro agora obteria oxigênio suficiente, o que reduziria sua tontura. Tudo isso mostrou a Paul que ele poderia ter um ataque de pânico *sem que qualquer coisa realmente ruim acontecesse*. Depois, construímos uma série de hierarquias do medo para as várias situações que provocavam sua ansiedade: entrar no elevador, subir escadas, sair de casa, exercitar-se, etc. Ensaiávamos cada uma dessas situações em nossas sessões, com Paul gradualmente se tornando mais acostumado ao medo que surgia. Às vezes, eu interpretava o papel dos "pensamentos de pânico de Paul", enquanto ele assumia o papel de dar uma resposta racional a tais pensamentos.

Robert: *(no papel de pensamento de quem está em pânico)* Se você respirar mais rapidamente, você poderá ter um ataque cardíaco.

Paul: Não, não terei. Já tive hiperventilação antes e nada aconteceu.

Robert: Sim, mas dessa vez seus batimentos cardíacos estão subindo.

Paul: Isso é só uma agitação. Meu corpo sabe lidar com ela.

Robert: E se você ficar tonto e desmaiar?

Paul: Não vou ficar tonto. Por isso, não vou desmaiar.

Robert: Não há nada em que você possa se segurar.

Paul: Se eu não vou cair, não preciso me segurar em nada.

E assim sucessivamente. Felizmente, Paul estava de fato comprometido a questionar os pensamentos que tinha quando estava em pânico, o que nos deu bastante material de trabalho. Em determinado momento, quando subíamos juntos até o consultório, pelo elevador, ele pareceu ansioso. Perguntei a ele sobre o que ele tinha medo. Ele disse que estava pensando na possibilidade de o elevador parar. Perguntei-lhe sobre o que aconteceria se tal fato acontecesse. Ele disse que poderíamos ficar sem ar e nos sufocarmos. Apontei para o interruptor do ventilador: "De onde esse ventilador tira o ar?", perguntei. "Do lado de fora, eu acho", disse Paul, com um sorriso servil. Ele se acalmou um pouco. Novamente, a parte primitiva de seu cérebro havia lhe mandado a mensagem de que ele estava em um espaço fechado e sem ar e que se sufocaria. Ao trazer à luz esse pensamento, ele pôde entrar em contato com a parte mais avançada de seu cérebro – o neocórtex – e usar sua inteligência para suplantar a parte emocional.

Você pode usar a indução ao pânico para testar sua capacidade de suportar um ataque de pânico. Escolha uma situação que pareça levemente ameaçadora, mas da qual você sempre possa sair facilmente. Pode ser algo que faça com que você tenha hiperventilação ou que aumente sua adrenalina. Digamos, olhar de uma janela de um prédio alto ou caminhar um pouco pela rua – algo que você possa parar de fazer se a intensidade ficar muito grande. Em seguida, você pode praticar a indução dos sintomas em sua forma mais leve e superá-los. Veja quanto tempo você consegue ficar nessa situação e observe se seu nível de ansiedade cede ao longo do tempo. Dessa forma, você mantém o controle da situação, ao mesmo tempo em que se expõe ao mundo que está além de seu controle. É útil contar com a supervisão de um terapeuta cognitivo-comportamental quando fizer esse exercício, mas você também pode praticar por conta própria (Quadro 5.5).

QUADRO 5.5 **SEU REGISTRO DE EXPOSIÇÃO IMAGINÁRIA**

Na tabela, liste a data e a hora para cada exercício de exposição, descreva a imagem que você está usando e liste seus índices de ansiedade – na sequência – a cada dois minutos. Por exemplo, seus índices de ansiedade para a exposição inicial podem ser 2, 4, 7, 3, 1. Observe também quaisquer comportamentos de segurança que estiver usando durante a exposição imaginária – respiração acelerada, análise do ambiente, busca de afirmação, etc.

DATA/ HORA	SITUAÇÃO QUE EU IMAGINO	ÍNDICE DE ANSIEDADE A CADA DOIS MINUTOS	COMPORTAMENTOS DE SEGURANÇA

Pratique a exposição na vida real

Até agora você aprendeu muito sobre o transtorno de pânico e a agorafobia. Você identificou seus medos, juntamente com seus comportamentos de segurança e evitação, e construiu sua motivação para mudar. Você construiu uma hierarquia do medo para cada ansiedade maior e avaliou-a racionalmente. Sua preparação final será a de praticar a exposição imaginária e a indução consciente ao pânico. Você agora está pronto para dar o grande passo: dirigir a exposição para as situações que acionam seu transtorno do pânico. Isso significa se aventurar no ambiente real que produziu os ataques de pânico no passado e ver se você pode lidar com ele diferentemente. Mais uma vez, a hierarquia do medo que você desenvolveu será seu guia. Use-a também como uma maneira de registrar suas respostas, utilizando o Quadro 5.6.

Aqui está o modo como isso funcionou para Paul. Um de seus medos – muito em evidência quando ele veio consultar comigo – era o de entrar em elevadores. Já havia sido o gatilho para uma série de ataques de pânico e era algo bastante presente em sua consciência. Nós lidamos com a questão juntos. Durante um período de poucas semanas, fiz com que Paul passasse algum tempo comigo subindo e descendo pelos elevadores de meu prédio. Primeiro, na hierarquia de pânico, estava ficar em pé do lado de fora do elevador. Fizemos isso durante um tempo, com Paul observando os sintomas de ataque de pânico, mas ficando no local até que os sintomas cedessem. Depois, ele teve de entrar e sair do elevador com a porta mantida aberta. A seguir, ele teve de entrar e fechar as portas, comigo junto, subir um andar e sair. Depois, teve de fazer a mesma coisa sozinho. Ao final do processo, ele chegou a subir 40 andares sozinho. Paul fez tudo isso, sentindo-se mais confortável em cada estágio. Seis semanas depois, Paul foi capaz de retornar ao trabalho em seu escritório, que ficava em um andar alto de um arranha-céu. Não havia mais problema com os elevadores.

Ainda tínhamos um desafio, o maior deles, o lugar em que toda a coisa havia começado: a esteira na academia. O maior

QUADRO 5.6 **SEU REGISTRO DE EXPOSIÇÃO DIRETA**

Na tabela, liste a data e a hora para cada exercício de exposição, descreva a situação experienciada e liste seus índices de ansiedade – na sequência – a cada dois minutos. Por exemplo, seus índices de ansiedade para a exposição inicial podem ser 2, 4, 7, 3, 1. Observe também quaisquer comportamentos de segurança que estiver usando durante a exposição direta: respiração acelerada, análise do ambiente, busca de afirmação, etc.

DATA/ HORA	SITUAÇÃO EXPERIENCIADA DIRETAMENTE	ÍNDICE DE ANSIEDADE A CADA DOIS MINUTOS	COMPORTAMENTOS DE SEGURANÇA

medo de Paul era o de ter um ataque de pânico – com potenciais consequências fatais – enquanto fazia o exercício. Ele tinha certeza de que seu coração apresentaria problemas tão logo ele ficasse sem fôlego. E não havia voltado à academia fazia cerca de um ano.

Inicialmente, praticamos respirar rapidamente e em intervalos curtos em meu consultório, para provocar exatamente o tipo de hiperventilação e tontura que ele temia. Alternamos essa experiência com a corrida no mesmo lugar, para recuperar seu equilíbrio entre oxigênio e CO_2. Isso reduziu rapidamente sua tontura. Depois, fizemos com que ele corresse no mesmo lugar lentamente e depois aumentando gradativamente a velocidade, para ver se a falta de ar voltaria, o que não aconteceu. Paul estava então pronto para voltar à academia. Ele havia ido tão bem até aquele momento que se sentia à vontade para ir sozinho. E foi.

O plano de Paul era o de subir na esteira, correr até que sentisse falta de ar e depois empregar as técnicas que vinha praticando comigo: manter sua consciência no presente, desafiar seus pensamentos de pânico, ajustar sua velocidade de corrida em torno do limite do seu nível de conforto e, conscientemente, evitar qualquer comportamento de segurança. Ele tentou, começando lentamente, mantendo seus braços e ombros relaxados. Depois, começou a andar em uma velocidade mais alta até que começasse a sentir falta de ar – sensação normal quando estamos fazendo exercícios. Só agora Paul percebia que tal sensação era normal. Ele se absteve de tensionar suas mãos e corpo. Disse a si mesmo: "Essa sensação não é em si o fundamento para um ataque de pânico. É simplesmente meu cérebro me dizendo que não estou captando o oxigênio suficiente para continuar nessa velocidade. Se eu diminuir a velocidade lentamente e evitar a respiração ofegante e curta, recuperarei o ritmo normal". Com efeito, Paul diminuiu um pouco a velocidade e, em poucos instantes, sua respiração voltou ao normal. Ele constatou que podia regular sua velocidade de modo a ficar em uma faixa confortável. Também compreendeu que essa faixa se ampliava, até que ele conseguiu ficar um pouco sem fôlego por um longo período de tempo – como fazem os corredores. O tratamento de Paul estava agora completo.

Comprometa-se com uma estratégia de longo prazo

A partir daquele momento, a vida de Paul retornou a algo próximo do normal. Ele conseguiu dar continuidade a todas as sua atividades: de trabalho, sociais, recreacionais e familiares. Não foi como se ele tivesse se tornado magicamente imune ao medo: houve épocas em que suas velhas ansiedades voltavam, e ele experimentava seu medo de um ataque de pânico. Mas quando isso acontecia, as coisas nunca saíam de controle. Às vezes, ele esperava horas para que as sensações sumissem, sabendo que não estava em situação de perigo real. Outras vezes, praticava as técnicas que havia aprendido para aquietar seus medos e reconquistar o controle. Toda vez que fazia isso com sucesso, sua confiança aumentava. Ele deixou de ser a vítima de seu medo e passou a ser o senhor dele.

Isso não é incomum. As pessoas que sofrem de transtorno de pânico e que passam por essa espécie de tratamento pelo qual passou Paul chegam ao sucesso de forma consistente. A redução dos sintomas é com frequência permanente ou, quando os sintomas de fato reaparecem, podem ser resolvidos usando as mesmas técnicas. Esse tratamento permite que você desenvolva seu próprio programa de autoajuda, algo que você pode manter consigo mesmo pelo tempo que precisar. Ele constantemente treina seu pensamento, de modo que aquilo que certa vez era temido deixa de sê-lo. A mente para de aprender as mensagens do medo e começa a acreditar em sua própria segurança. Uma vez realizado esse processo, você pode usar qualquer medo recorrente como oportunidade para praticar; você pode de fato buscar suas situações de indução de pânico (por exemplo, multidões, elevadores, exercícios) e trabalhar suas reações a elas. Ao final do processo, você chegará a um lugar de confiança e segurança.

É útil dispor de algumas estratégias de enfrentamento para usar quando você sente que um ataque de pânico está chegando. Essas estratégias são úteis quando o impulso ao medo surge inesperadamente. Mesmo que você não tenha tido tempo de se preparar, de elaborar uma estratégia ou de construir uma hierarquia formal, elas podem estar lá prontas para ser usadas a qualquer momento. Você talvez queira carregar uma lista para usar sempre que necessário:

- **Pense diferentemente sobre as coisas.** Você não está simplesmente rotulando equivocadamente sua ansiedade, chamando-a de catástrofe quando ela é meramente uma forma de agitação? Por que você presume que seu ataque de pânico é perigoso? Ninguém morre ou fica louco por causa de um ataque de pânico. Eles duram, em média, apenas uns minutos e desaparecem sozinhos. Lembre-se, isso é meramente o que está acontecendo *agora*, não há nada de confiável a dizer sobre qualquer estado futuro.
- **Observe suas sensações.** Observe suas sensações corporais de uma maneira diferente: batida do coração, tensão na perna esquerda, movimentação da respiração, etc. Apenas passe por essas sensações à medida que elas surgem – sem comentários ou previsões. Pratique a aceitação de suas sensações sem tentar controlá-las ou julgá-las; elas são simplesmente o que está acontecendo (se você pratica a meditação, essa é uma oportunidade).
- **Dirija sua atenção para outro lugar.** Em vez de enfocar suas sensações, tente descrever todas as formas e cores que você vê a seu redor: um livro vermelho com uma lombada cinza e a figura de um lago, uma xícara de café azul, um pequeno relógio preto e branco, etc. Verifique o quanto você pode ser observador; faça um jogo a partir disso. Novamente, a chave é se manter no presente.
- **Pratique a respiração lenta.** A respiração diafragmática restabelece o equilíbrio natural de CO_2 em sua corrente sanguínea (a hiperventilação gasta mais oxigênio do que inala). Deite-se no chão ou no sofá e coloque um livro em seu peito. Se o livro se erguer e cair é porque você está respirando de maneira rasa e com o peito. Deixe o ar vir de seu abdômen, lentamente. Certifique-se de que o livro não esteja se movendo. Não faça esforço para controlar sua respiração, tornando-a curta ou rápida e artificialmente profunda. Isso terá um efeito calmante.
- **Coloque o tempo a seu favor.** Todos os ataques de pânico são autolimitadores. Como é que você vai se sentir depois do pânico ter cedido e ido embora? Como esse sentimento de pânico afeta o modo como você se sentirá amanhã? Quando você está ansioso você sente que tudo no mundo está acontecendo para você naquele momento. Mas não está. Trata-se apenas de uma pequena fração de tempo. Coloque o tempo a seu favor, imaginando como você se sentirá em algumas poucas horas. Ou mesmo em alguns minutos.

CONCLUSÕES

Constatei que as intervenções mais poderosas no tratamento do transtorno de pânico e da agorafobia são simplesmente ajudá-lo a entender o problema, praticar a exposição aos sintomas do pânico e eliminar os comportamentos de segurança. Com bastante frequência, quando você ouve a explicação evolutiva da agorafobia é a primeira vez que o problema adquire sentido para você. Essas são situações (áreas abertas, espaços fechados, pontes, nadar para longe da praia, caminhar para longe de casa) que podem ter sido muito perigosas em um ambiente primitivo. Aprender sobre os alarmes falsos, e sobre como obedecer a eles aumenta seu transtorno de pânico, é bastante útil para as pessoas com esse problema.

Muitas pessoas inicialmente temem induzir os sintomas do pânico quando estão no trabalho. Elas temem que essas situações sejam perigosas e fujam do controle. Contudo, a indução ao pânico de fato funciona e o ajuda a perceber que seu medo de um ataque de pânico não é importante. Afinal de contas, se você tolerar os ataques de pânico (e até acabar com eles por conta própria), o que haverá para temer?

Delineei os diferentes passos na superação do transtorno de pânico e da agorafobia no Quadro 5.7. A boa notícia sobre esse tratamento é a de que depois de melhorar você geralmente mantém essa melhora por um longo período. Na verdade,

QUADRO 5.7 SUPERANDO O TRANSTORNO DE PÂNICO E A AGORAFOBIA

INTERVENÇÃO	EXEMPLO
Aprenda sobre o transtorno de pânico e a agorafobia.	Medo de suas sensações, alarmes falsos, evolução do medo de espaços abertos e fechados, aprender a evitar ou a reduzir a ansiedade, o papel dos comportamentos de segurança, a importância da exposição de planejamento de seus medos.
Identifique suas sensações temidas.	Tontura, falta de ar, vertigem, desorientação, batimentos cardíacos rápidos, suor, zunidos.
Construa sua hierarquia de sensações temidas.	Liste as situações, da menos à mais provocadora de ansiedade e identifique seus pensamentos, sentimentos e sensações.
Identifique seus comportamentos de segurança.	Você está usando algum comportamento para se sentir mais seguro? Exemplos disso incluem se agarrar a alguma coisa, se contrair, respirar de modo diferente, rezar, pedir que alguém esteja com você, buscar afirmação, buscar saídas, depender de apoio.
Reconheça que a excitação/agitação não leva ao pânico.	Ponha em questão o seu medo de que qualquer excitação leva a um ataque de pânico. Que situações tendem a acionar esses medos de que você terá um ataque de pânico?
Perceba que o pânico não é uma catástrofe.	Ponha em questão as crenças de que o pânico leva a um ataque cardíaco, ao colapso, à perda de controle e a ficar louco.
Pratique passar por um ataque de pânico imaginário.	Imagine como seria ter um ataque de pânico, pratique argumentar contra seus pensamentos de pânico, respire lentamente, distraia-se, observe e distancie-se.
Pratique ter um ataque de pânico.	Reconheça que as sensações dizem respeito à excitação, e não a catástrofes, use a respiração lenta, respire em suas mãos sob a forma de concha, corra no mesmo lugar, supere a excitação, ponha em questão seus pensamentos negativos sobre a excitação e o pânico.
Pratique a exposição às situações temidas.	Passe pela sua hierarquia do medo, identifique suas previsões do que irá acontecer, ingresse nas situações que você teme (por exemplo, *shoppings*, elevadores, caminhadas, multidões) e busque seu pânico. Reconheça que suas sensações são resultado de excitação/agitação, e não o fim do mundo. Não desista até o pânico ter sumido.

você pode até ficar melhor depois de completar esse programa, já que a autoajuda – envolver-se em uma exposição contínua às situações que você teme – treina o seu pensamento para não mais temer o que antes o debilitava.

Você deve planejar com antecedência a relação com todos esses pensamentos negativos que você tem sobre a sua agitação e sensações físicas. Planeje com antecedência para confrontar as situações e sentimentos que você teme. E planeje com antecedência para desistir dos comportamentos de segurança. Superar o seu transtorno de pânico e a agorafobia pode ser uma atitude libertadora, mas exigirá algum desconforto – especialmente quanto a sua vontade de experimentar a ansiedade que sente. Superar o medo de ter medo o ajudará a se sentir menos deprimido – e mais confiante.

QUADRO 5.8 SEU NOVO LIVRO DE REGRAS PARA SEU TRANSTORNO DE PÂNICO E AGORAFOBIA

PASSOS PARA DESENVOLVER O TRANSTORNO DE PÂNICO E A AGORAFOBIA	UMA MANEIRA RACIONAL DE COMPREENDER A SITUAÇÃO
Excitação fisiológica inicial Tontura, dificuldade em respirar, tremores, náuseas, zunidos, batidas rápidas do coração, fraqueza, indisposição, etc.	*A excitação inicial não é perigosa.* É perfeitamente razoável para qualquer pessoa ter algumas experiências desagradáveis ou inesperadas em que se sinta tonto, sem fôlego ou com batimentos rápidos do coração. Quase todas as pessoas têm essas experiências às vezes. Portanto, a chance de que isso seja normal é grande.
Interpretação catastrófica "Estou ficando louco, estou morrendo, estou perdendo controle."	*Nada de terrível está de fato acontecendo.* As pessoas não ficam loucas porque se sentem tontas ou porque o coração esteja batendo rapidamente. A insanidade se define pelo fato de se ouvirem vozes, enxergar vultos ou alucinações de que o mundo esteja conspirando contra você. Os ataques cardíacos e os batimentos rápidos do coração não são a mesma coisa. Seu coração bate rápido quando você está agitado, se exercitando ou fazendo sexo. Estar agitado não é a mesma coisa que perder o controle.
Hipervigilância Você está excessivamente centrado em quaisquer sentimentos internos ou sensações.	*Eu não preciso detectar o perigo porque não há perigo algum.* Você pode pensar que se centrar em seus batimentos cardíacos, respiração e tontura ajudará a perceber as coisas antes que elas saiam de seu controle. Mas é essa atenção excessiva a suas sensações internas que o deixa mais ansioso. Você pode se distrair dessas sensações, dirigindo sua atenção para as coisas que estejam fora de você. Por exemplo, quando você se pega dando atenção a seus batimentos cardíacos, redirija sua atenção aos objetos do ambiente em que estiver. Descreva a cor e a forma de todas as coisas que o cercam.
Alarmes falsos "Isso quer dizer que estou enlouquecendo, perdendo o	*Nada de terrível está acontecendo – mais uma vez!* O aumento dos batimentos cardíacos e a respiração rápida podem simplesmente ser sinais de que você está se sentindo

(continua)

QUADRO 5.8 SEU NOVO LIVRO DE REGRAS PARA SEU TRANSTORNO DE PÂNICO E AGORAFOBIA (continuação)

PASSOS PARA DESENVOLVER O TRANSTORNO DE PÂNICO E A AGORAFOBIA	UMA MANEIRA RACIONAL DE COMPREENDER A SITUAÇÃO
controle, morrendo, tendo um ataque cardíaco."	ansioso. Quantas vezes antes você interpretou mal essas sensações? Por que elas deveriam ser perigosas agora? O seu médico não lhe disse que você estava bem? As pessoas não ficam loucas por estarem ansiosas. Você de fato perdeu o controle porque estava respirando rapidamente ou porque estava tonto?
Ansiedade antecipada Aumento da preocupação antes de eventos em que ficarei ansioso/agitado.	*Não preciso me preocupar, pois não há nada de perigoso na ansiedade ou na agitação inicial.* Qual é o problema de você vir a ficar ansioso? A ansiedade é normal – todos se sentem ansiosos às vezes. Você não fez muitas coisas enquanto estava ansioso? Você acha que se preocupar com a ansiedade impedirá que você fique ansioso? Você deve planejar a tolerância da ansiedade, a fim de aprender que não há nada a temer. Pense na ansiedade como uma agitação que cresce – da mesma forma que a agitação que você sente quando está se exercitando.
Evitação Evitar ou escapar de qualquer coisa que o deixe desconfortável.	*Preciso fazer as coisas que me deixam ansioso.* Evitar as situações que o deixam ansioso apenas aumenta sua ansiedade futura. O que exatamente você prevê que vai acontecer se confrontar essas situações? Essas coisas terríveis de fato aconteceram? Você realmente ficou louco, teve um ataque cardíaco ou perdeu totalmente o controle? Ou você simplesmente se sentiu ansioso e com medo? Por mais que a ansiedade seja desagradável, ela é temporária, normal e não letal. Pode ser momentaneamente mais confortável evitá-la, mas você estará ensinando a si mesmo que o mundo é um lugar perigoso. Você deve fazer uma lista de lugares e de experiências que você está evitando e listá-los em sua hierarquia de situações temidas. Depois, você pode praticar a exposição imaginária e direta. Você vai constatar que enfrentar os seus medos – e acabar com eles – fará com que você se sinta menos ansioso no futuro.
Comportamentos de segurança A dependência de outras pessoas ou comportamentos que você pensa que diminuirão o perigo – por exemplo, precisar estar acompanhado, buscar afirmação, tentar diminuir o impacto de um estímulo, diminuir seu comportamento, a fim de sentir menos agitação.	*Eu não preciso de comportamentos de segurança para controlar coisa alguma, pois não há nada de perigoso acontecendo.* Esses comportamentos de segurança mantêm a crença de que a situação é realmente perigosa. Você pensa: "O único jeito pelo qual superei isso foi por meio de meus comportamentos de segurança". Você deve fazer uma lista de todo comportamento que adota e que faz com que você se sinta mais seguro e, depois, praticar abandoná-lo. O que você prevê que vai acontecer? Você acha que não será capaz de sobreviver à situação sem o comportamento de segurança? O que significará se você de fato passar pela situação sem nenhum comportamento de segurança? Isso quer dizer que a situação é de fato segura? Desistir dos comportamentos de segurança o ajudará a tirar o máximo das práticas de exposição a seus medos.

CAPÍTULO

6

"Nunca é o suficiente" Transtorno obsessivo-compulsivo

O QUE É O TRANSTORNO OBSESSIVO-COMPULSIVO?

Susan tem horror de tocar nas maçanetas das portas de seu apartamento. Ela puxa a blusa que estiver usando e a coloca sobre a maçaneta antes de abri-la. Pensa que as maçanetas podem estar contaminadas e tem medo de passar os germes para os móveis da casa. Toda vez que toca em alguma coisa que julga não estar limpa, ela vai direto até a pia e lava as mãos em um ritual, repetidamente, esfregando bem entre os dedos. Às vezes, o processo leva apenas alguns minutos; outras vezes, ela não se sente limpa se não ficar meia hora lavando as mãos. A seguir, ela se preocupa em não tocar na torneira para fechar a água. Sua casa não é o único local em que ela teme se contaminar. Susan também não gosta de tocar em dinheiro. Evita usar banheiros públicos. Teatros, ônibus, parques e as casas de outras pessoas também são fontes de uma ansiedade paralisante. Para Susan, o risco de contaminação é uma presença constante.

Além da contaminação física, Susan se preocupa com os pensamentos "impuros". Ela teve uma educação católica e, em um momento de sua infância, levava as histórias sobre o diabo muito a sério. Hoje, ela cuida de seus pensamentos de maneira ansiosa, para que neles não apareça essa figura intimidatória. Ela se pergunta se não há uma parte má dela que esteja tentando o diabo. Ela busca o número dele – 666 – em tudo, de números contábeis a listas telefônicas. Tenta, desesperadamente, não pensar no diabo e, com frequência, reza várias "Ave-Marias" para se distrair. Ela evita assistir a filmes – ou mesmo anúncios de filmes – que possam fazer alusão a ele. Reluta em assistir à televisão, porque a imagem do diabo pode aparecer na tela a qualquer momento – mesmo em algo inofensivo, como em um comercial de sabonete. Às vezes, Susan acha que pode estar possuída.

Susan está enlouquecendo? Ela já pensou nessa possibilidade: "Talvez eu esteja esquizofrênica" ou "Talvez eu esteja tendo um colapso nervoso". Seus medos e compulsões exercem um poder tão grande sobre ela que parece impossível se libertar deles. Quanto mais ela tenta se livrar de seus pensamentos indesejados e obsessões, mais fortes eles parecem ficar. Seus amigos não entendem como é isso; acham tudo muito estranho. E isso reforça seu sentimento de ser meio maluca. Susan luta contra essa condição há um bom tempo, sem sucesso, e as coisas parecem não ter solução.

Na verdade, Susan não está nem um pouco louca. Nem está tendo um colapso.

Ela simplesmente tem um transtorno comum de ansiedade, o transtorno obsessivo-compulsivo (TOC). Como acontece com muitas pessoas que têm esse problema, ela tem vergonha e esconde a maioria de seus sintomas. O resultado é que ela se sente totalmente isolada; ninguém poderia entender como ela se sente. Quando ela se sentou em meu consultório e me contou sobre suas preocupações e compulsões, fiquei tocado. Entendi como boa parte do que ela diz tem sentido para ela; muito embora seu pensamento ocorra de modo que pareceria estranho à maior parte das pessoas. A verdade é que há um processo de pensamento consistente e lógico que subjaz aos casos de TOC e que frequentemente escapa aos terapeutas que não se familiarizam com a síndrome. Uma vez entendido o modo como funciona o TOC de Susan (como ele *de fato tem sentido para ela*), poderemos oferecer-lhe ajuda. Seu transtorno, se não for tratado, pode persistir durante anos. Contudo, como todo transtorno de ansiedade, pode ser tratado. Os sintomas de Susan são reais, e há ajuda disponível para que ela aprenda a lidar com eles.

O QUE SÃO OBSESSÕES E COMPULSÕES?

A palavra *obsessão* é frequentemente usada na fala cotidiana para indicar qualquer interesse ou preocupação que alguém considere extrema ou exagerada. Trata-se de uma definição bastante ampla e também subjetiva. Na psicologia, contudo, definimos a *obsessão* como pensamentos ou imagens intrusivos e recorrentes que um indivíduo considera indesejáveis ou desagradáveis e dos quais tenta se livrar. O comportamento pelo qual ele tenta se livrar é conhecido como *compulsão*. A sequência típica que marca o TOC é:

1. surgimento de certos pensamentos que parecem surgir sem razão aparente;
2. sentimento de que tais pensamentos são desagradáveis;
3. urgência em suprimir ou expurgar tais pensamentos da mente e;
4. urgência simultânea de aplacar esses pensamentos por meio de certos comportamentos compulsivos.

Tudo isso é parte do TOC e pode exercer uma influência sobre a maneira como pensamos e agimos.

Exemplos típicos de pensamentos obsessivos são os de que você:

1. corra o risco de ser contaminado;
2. não tenha percebido um erro;
3. tenha inadvertidamente causado dano a alguém;
4. tenha deixado algo inacabado;
5. precise organizar as coisas de maneira específica;
6. esteja prestes a dizer ou fazer algo inadequado.

Com o TOC, a pessoa experimenta esses pensamentos desagradáveis como algo que está além de seu controle. Eles são intrusos indesejáveis que penetram no fluxo de consciência. Os pacientes obsessivos estão, em geral, cientes de que há algo irracional em seus pensamentos (o que os distingue dos psicóticos), mas, ainda assim, os pensamentos não parecem menos impositivos. Frequentemente, há uma urgência em *fazer* alguma coisa, em se comportar de uma maneira tal que satisfaça ou neutralize a obsessão. As compulsões podem incluir verificar as fechaduras das portas constantemente, lavar as mãos repetidamente, evitar qualquer contato com sujeira, perfeccionismo extremo em relação às tarefas, guardar objetos desnecessários ou buscar constantemente o apoio dos outros. As compulsões podem ser também rituais mentais, tais como os de repetir silenciosamente um pensamento, substituir um pensamento indesejável por uma imagem ou repetir silenciosamente um pensamento neutralizador, tal como uma reza ou outra forma de falar consigo mesmo. A crença subjacente é a de que se esses impulsos forem obedecidos, se todos os pequenos rituais forem realizados, os pensamentos indesejados desaparecerão da mente. Infelizmente, isso acontece raras vezes ou, quando acontece, o desaparecimento é bastante temporário.

Você experimenta suas obsessões como *intrusivas*. É como se você se sentisse bombardeado por sua mente, e tentasse *escapar de sua mente* por meio da neutralização, evitando situações que levem às obsessões ou mesmo gritando consigo mesmo para parar de ter esses pensamentos perturbadores, bizarros e – talvez você ache – perigosos. A reação normal aos pensamentos obsessivos é querer impedi-los. Quando Susan veio consultar comigo, sua primeira questão foi: "Você pode me ajudar a me livrar desses pensamentos?". Para ela, os pensamentos eram o problema; se ela apenas pudesse impedir que eles aparecessem, ficaria bem. Ela não precisaria recorrer a um comportamento compulsivo para abordá-los. Eu disse a ela já no início que meu trabalho não era livrá-la dos pensamentos obsessivos. Sua urgência em se livrar deles era mais o problema do que a solução. Mais adiante, neste capítulo, veremos como aprender a aceitar os pensamentos obsessivos em vez de lutar contra eles é fundamental para se livrar de sua tirania.

QUAL É O GRAU DE SERIEDADE DO TOC?

Cerca de 2,5% das pessoas têm TOC em algum momento, e cerca de quatro milhões de norte-americanos sofrem de TOC regularmente. Aproximadamente 80% das pessoas com TOC ficam deprimidas. Os transtornos de ansiedade são também comuns com o TOC – especialmente fobias simples e pânico. A maior parte das pessoas desenvolve o TOC durante o final de sua adolescência ou início da idade adulta, embora haja muitas crianças que tenham TOC. O percurso do problema em geral se dá gradualmente, com aumentos e diminuições ocorrendo ao longo da vida. Contudo, cerca de uma pessoa em cada sete que possuem TOC passarão por uma deterioração progressiva, piorando ao longo do tempo.

Os rituais mais comuns são os de verificação e de limpeza (53% e 50% respectivamente); 36% das pessoas com TOC têm rituais de contagem, 31% precisam se confessar, 28% têm rituais de simetria, 18% têm rituais de guardar e 19% são puramente obsessivas (pensamentos puros). Rituais múltiplos são relatados por 48% das pessoas com TOC, ao passo que 60% relatam obsessões múltiplas.

Para algumas pessoas, obsessões leves são apenas um incômodo. Um paciente meu tinha pequenos rituais de contagem: contava seus passos na calçada, o número de carros que passavam, o número de talheres da mesa. Outra paciente precisava alinhar todos os objetos e móveis de sua casa em ângulos retos. Outro tinha uma tendência a guardar grandes quantidades de alimentos. Tais compulsões podem causar bastante estresse e ser, ocasionalmente, incômodas aos outros, mas não são necessariamente incapacitantes. Contudo, tive um paciente que estava tão subjugado por sua necessidade de contar todo ângulo reto ou canto que via, que mal podia caminhar uns poucos passos além da porta de sua casa. Tornou-se, então, recluso e, ao final do processo, teve de ser hospitalizado. Outra paciente estava tão presa a certos rituais ao comer que, por puro constrangimento, não mais comia na frente de outras pessoas. Outra cliente passava horas no banho. Tudo isso criou sérios problemas para a vida das pessoas. Não é surpreendente que uma boa percentagem de pessoas que sofre de TOC passa por uma situação de conflito com seus parceiros íntimos. Suas obsessões e compulsões interferem na vida do casal e produzem estresse e conflito.

DE ONDE VEM O TOC?

Há uma significativa predisposição genética para o transtorno obsessivo-compulsivo. Gêmeos idênticos são quatro vezes mais propensos do que os não idênticos a reproduzirem o outro em termos de TOC, o que aponta para o componente genético. Há também uma probabilidade maior de anormalidades do nascimento, de traumatismos cranianos, epilepsia, encefalite, meningite e coreia de Sindenham (devido à febre reumática) e uma maior frequência de leves sinais neurológicos. As crianças com TOC têm um índice mais alto de dano subcortical e níveis mais altos de hormônio estimulante da tireoide (TSH).

Os pais de adolescentes obsessivo-compulsivos tendem a ser mais perfeccionistas do que os demais, frequentemente enfatizando questões de responsabilidade. Além disso, o TOC pode ser precedido por experiências da infância em que a criança ou causou dano ou acreditou que seus pensamentos precederam o dano. Isso pode contribuir para a crença posterior de que os pensamentos precisam ser controlados para que não causem consequências negativas. Os sintomas de TOC podem ser maiores pela maior intensidade do estresse.

Como ocorre com outros transtornos de ansiedade, o TOC tem sua fonte na história evolutiva, isto é, está ligado a comportamentos adaptativos primitivos. Mesmo hoje, tais comportamentos podem ter algum valor positivo: lavar-se pode reduzir a contaminação; verificar tudo com cuidado ajuda a detectar erros críticos; guardar coisas pode ser útil para um futuro de escassez. No entanto, essas características nas pessoas que sofrem de TOC são *excessivamente* desenvolvidas, ao ponto de seu valor ser superado pela inconveniência que causam. É mais útil pensar no transtorno como simplesmente uma capacidade superdesenvolvida para detectar ameaças no ambiente, e não como um defeito de personalidade.

Os animais às vezes realizam rituais repetitivos e aparentemente inúteis, mas não a partir de um estado mental que possamos associar ao TOC. A razão para nossa singularidade a esse respeito tem provavelmente a ver com o que descrevi no Capítulo 2 como nossa teoria da mente. Por meio da linguagem e do pensamento conceitual, nós, humanos, desenvolvemos a capacidade de perceber o que os outros estão pensando. Isso também indica que podemos refletir sobre nosso próprio pensamento, avaliando-o de acordo com nossos padrões do que consideramos "normal". Isso pode facilmente levar à crença de que há algo errado com nosso pensamento; de que ele é estranho, neurótico ou confuso, com a urgência colateral de suprimi-lo ou controlá-lo. Nossa teoria da mente torna muitas coisas possíveis para nós (inclusive a civilização), mas pode acabar nos convencendo (de modo não razoável) de que estamos ficando malucos. As pessoas com TOC em geral fazem essa espécie de julgamento sobre seus próprios pensamentos. Elas veem seus pensamentos como sendo ruins, vergonhosos ou "loucos". Pensam que há uma maneira certa de sua mente operar livre de pensamentos indesejados e urgências. Essa é uma das crenças nucleares que devem ser postas em questão se tivermos de escapar à tirania imposta pelo TOC.

COMO PENSAM OS OBSESSIVO-COMPULSIVOS?

As pessoas que sofrem de TOC têm certas maneiras características de avaliar seus próprios pensamentos obsessivos. Essas maneiras em geral tomam a forma de falsas crenças que não só distorcem a realidade, mas fortalecem as obsessões. A seguir, algumas dessas falsas crenças e como a mente as defende tipicamente:

- **Meus pensamentos são anormais.** As coisas que passam em minha cabeça são totalmente estranhas. Outras pessoas não têm pensamentos como estes. Deve haver algo de errado comigo.
- **Meus pensamentos são perigosos.** Imaginar uma certa realidade poderia torná-la verdadeira. Se eu não puder controlar ou eliminar essas imagens de minha mente, haverá consequências terríveis. Quanto mais eu penso sobre coisas ruins, maior a probabilidade de elas acontecerem.
- **Posso controlar meus pensamentos.** Se eu impedir que os maus pensamentos

entrem na minha mente, eles não poderão exercer seu poder sobre mim. Posso influenciar o tipo de pensamento que tenho por meio do esforço e da força de vontade. Dar aos meus pensamentos espaço para atuação é uma opção muito perigosa.

- **Preciso ser perfeito.** Não é tolerável quando as coisas não correm exatamente como preciso que elas corram. O erro mais simples pode acionar uma reação em cadeia na qual tudo vai se perder. Devo estar vigilante sempre.
- **Sou totalmente responsável.** É problema meu que esses pensamentos tenham surgido; preciso ser responsável por eles de modo que nada de ruim aconteça. Isso significa fazer tudo que eu posso para impedir que eles saiam do controle.
- **Preciso ter certeza.** Não posso tolerar não ter certeza sobre as coisas. A incerteza indica uma incapacidade de controle. Se eu quiser me sentir confortável, todos os perigos devem ser identificados e todos os riscos eliminados.

Muito embora você esteja tentando suprimir e neutralizar seus pensamentos, você precisa entender que os pensamentos obsessivos não podem ser *parados*. Sua tentativa de suprimi-los ou controlá-los é conduzida pela crença de que você não consegue suportar pensar sobre alguma coisa que seria desconfortável ou aterrorizadora na vida real. Você teme que seus pensamentos o levarão à ação (*Vou perder o controle e exprimir inconscientemente o que sinto*) ou que seus pensamentos antecipam a realidade (*Se eu pensar que posso ser contaminado, serei contaminado*) – o que chamamos de fusão pensamento-ação. Você é incapaz de ver seus pensamentos somente como pensamentos. Embora eles não sejam de forma alguma uma ameaça para você, sua mente confunde sua presença com o perigo real. Assim, sua incapacidade de controlar seus pensamentos parece aterrorizante. As pessoas usam toda espécie de técnicas para tentar eliminar pensamentos indesejados: distraem-se com outros pensamentos; buscam afirmação nos outros; dizem "pare!" para si mesmas; dilaceram-se com a autocrítica; abusam ou impõem castigos físicos a si mesmas (isto é, dando tapas em si próprias ou se beliscando); tentam se forçar a serem racionais. Nenhuma dessas técnicas de controle de pensamento funcionará. Continuar a aplicá-las, porém (especialmente as tentativas e os fracassos constantes), simplesmente fortalece a crença de que se está sendo vítima dos próprios pensamentos. Basta os pensamentos ruins aparecerem para, por assim dizer, "terminar a festa".

O grande segredo é que os indivíduos obsessivo-compulsivos não são em nada diferentes das outras pessoas quando o assunto é a natureza de seus pensamentos. Todos nós temos pensamentos ou fantasias estranhas, loucas ou repugnantes. Em um estudo, comprovou-se que 90% das pessoas com TOC tinha pensamentos estranhos. É simplesmente a maneira pela qual a mente funciona – da mesma forma que nossos sonhos chegam a nós espontaneamente. Nossas mentes são muito imaginativas. As pessoas com TOC, porém, têm uma visão diferente da *significância* de seus pensamentos e fantasias. Elas tendem a dar muita importância a eles, a tratá-los como onipresentes. Elas acreditam que ter tais pensamentos pode levar à depravação moral, à perda de controle, aos erros ou a outras consequências terríveis. Elas em geral desenvolvem uma sensação inflada de responsabilidade por seus pensamentos, sentindo a necessidade de fazer tudo o que for possível para impedir que eles causem problemas. Em poucas palavras, esse transtorno da ansiedade – como muitos outros – é realmente ansiedade sobre o que está ocorrendo dentro da mente; é um medo de seus próprios pensamentos e sentimentos. As pessoas consideradas normais podem ter os mesmos pensamentos e sentimentos, mas elas os tratam como um mero ruído de fundo. As pessoas que sofrem de TOC, ao contrário, acreditam que seus pensamentos e sentimentos têm um poder absoluto de destruir seu bem-estar.

Além disso, indivíduos com TOC são similares a muitas pessoas com outros transtornos de ansiedade, no sentido de que temem suas emoções negativas. Elas acreditam que esses sentimentos sairão de controle, serão avassaladores e causarão danos indevidos, continuando indefinidamente. Esse medo de emoções – tal como o medo de que você perderá o controle de sua raiva e machucará alguém – leva-o a notá-los, atribuir-lhes importância excessiva e tentar evitá-los.

Sam foi um paciente com TOC que atendi. Ele e sua esposa tinham alguns problemas que traziam alguma tensão ao relacionamento. Todos esses problemas eram muito comuns no contexto da vida conjugal e, quando eles surgiam, Sam e sua esposa trocavam algumas palavras fortes e ficavam bravos – algo também normal. Toda vez que isso acontecia, Sam ficava aterrorizado com a possibilidade de sua raiva fugir do controle. Ele tinha certeza de que se não controlasse os pensamentos hostis em sua mente, se tornaria violento. Ele pensava: "Estou fora de mim, gostaria de matá-la" – e então ficava aterrorizado com o pensamento. Sam nunca havia sido violento com ninguém em toda sua vida, mas não conseguia se livrar desse medo. A situação deixava-o mais ansioso e autocrítico; ele tentava e neutralizava o sentimento, certificando-se de que era um bom marido, defendendo firmemente sua conduta, tentando escrupulosamente eliminar o menor sinal de raiva de sua voz – só para provar a si mesmo que de fato não estava bravo. Mas não funcionava. Ele só ficava mais bravo, o que naturalmente o deixava mais e mais ansioso. Independentemente do esforço que ele fizesse para somente ter "bons" pensamentos, os pensamentos hostis continuavam invadindo sua mente, mantendo-o em um estado mais ou menos constante de terror. Se ele pudesse impedir que esses pensamentos terríveis surgissem, estaria bem, e os problemas de seu casamento poderiam se resolver.

O que Sam não entendia é que qualquer tentativa de controlar o pensamento de fato *mantinha o medo de seus próprios pensamentos*. Quando você diz a si mesmo para não pensar em alguma coisa, o que se produz é o resultado oposto. Se você disse a si mesmo para não pensar em um urso branco, o que acontece? É claro, você imediatamente pensa em um urso branco. Da mesma forma, quando você exige de si mesmo *não* pensar em um certo tipo de pensamento – por exemplo, uma fantasia hostil ou uma imagem sexual que o perturbe – a própria urgência que você coloca nessa demanda virtualmente garante que ela venha a surgir em sua mente. É assim que funcionam nossas mentes, elas são projetadas para nos fazer pensar sobre qualquer coisa importante ou urgente – especialmente em alguma coisa ameaçadora. Assim, quando o pensamento indesejado reaparece – como inevitavelmente acontece – nosso fracasso em suprimi-lo reforça nossa sensação de que perdemos o controle. Isso, por sua vez, aumenta nossa ansiedade e, em resposta a isso, redobramos nosso esforço para expurgar o pensamento "ruim" de nossa consciência. Essa é a própria essência de um círculo vicioso – um pensamento que corre atrás de seu próprio rabo indefinidamente, sem escapatória ou alívio.

Há alguma saída para esse dilema? Há – por meio do *oposto* do controle do pensamento. Há técnicas de aprendizagem para de fato *liberar* o controle de seus pensamentos – até mesmo convidar pensamentos indesejados a invadirem sua mente –, o que pode mudar inteiramente a dinâmica do TOC. Ao se expor gradualmente às fontes de sua ansiedade, você poderá aprender a abraçá-las com igualdade e diminuir drasticamente seu medo em relação a elas.

Exploraremos algumas dessas técnicas um pouco mais adiante, neste capítulo.

COMO É QUE SEU TOC ADQUIRE SENTIDO?

Como é que se desenvolve o transtorno obsessivo-compulsivo e como ele se mantém? Cada passo desse modelo representa algo que você pode mudar. Conhecer o jogo pode dar-lhe mais força para reverter essa situação problemática.

O LIVRO DE REGRAS DO TOC

As pessoas com TOC seguem um conjunto de regras que as guiam para monitorar seus pensamentos, avaliá-los da maneira mais negativa possível e usar técnicas de autocontrole que aumentam suas tendências obsessivas. Examine as regras a seguir e veja se alguma delas se encaixa na sua experiência:

1. **Trate seus pensamentos e sentimentos como singularmente estranhos.** As pessoas com TOC têm pensamentos

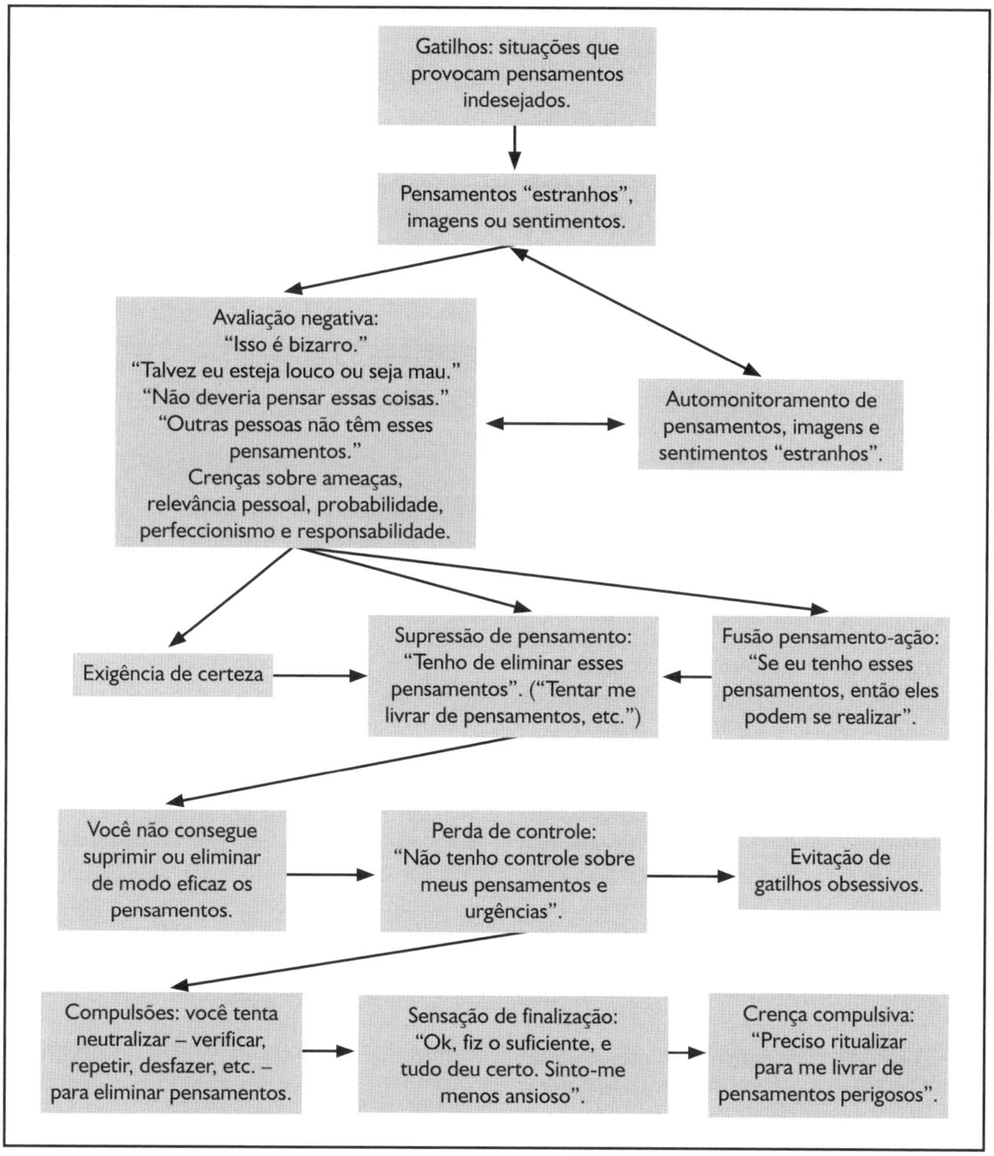

FIGURA 6.1

A natureza do transtorno obsessivo-compulsivo.

e imagens que parecem estranhas e bizarras. Exemplos disso incluem pensamentos de que você pode fazer ou dizer algo inapropriado ("Posso começar a gritar em uma festa"), violento ("Posso me imaginar estrangulando-a") ou bizarro ("Talvez esteja possuído pelo diabo"). O interessante é que 90% do público em geral que não têm TOC também têm os mesmos tipos de pensamentos e imagens. A diferença é que a pessoa com TOC acredita que esses pensamentos são muito estranhos e bizarros.

2. **Monitore seus pensamentos e sentimentos – certifique-se de que você dá conta de todos eles.** Agora que você percebeu que tem esses pensamentos e imagens estranhas e bizarras, você os buscará em sua mente. Essa autoconsciência sobre seus pensamentos e imagens – monitoramento mental – é muito comum em todos os transtornos de ansiedade, mas especialmente no TOC. Se você tem TOC, examina sua mente e sentimentos em busca de qualquer sinal de qualquer coisa que saia do comum. Isso faz com que você seja muito mais propenso a prestar atenção a esses pensamentos e a dar a eles maior importância do que de fato merecem. Quando você os percebe, você os enfoca e dá atenção exagerada a eles.
3. **Examine o conteúdo de suas obsessões intrusivas.** Suas obsessões têm um conteúdo importante para você – por exemplo, medo de cometer um erro, de deixar coisas incompletas ou de se contaminar. A que previsões levam as suas obsessões? "Eu prevejo que ficarei louco se permitir que tenha esses pensamentos" ou "Serei infectado por bactérias mortais se tocar nesse papel."
4. **Avalie seus pensamentos como sendo bizarros, maus, loucos ou perigosos.** Por exemplo, você pode dizer a si próprio: "Esses pensamentos são bizarros; talvez eu esteja louco ou seja mau; não deveria ter esses pensamentos; outras pessoas não têm esses pensamentos". Pelo fato de você se sentir envergonhado por causa de seus pensamentos bizarros, você não os conta aos amigos. Você se sente sozinho: "Ninguém mais tem esses pensamentos ou imagens estranhas". Além disso, você pode se identificar – valorar a si mesmo – com o fato de ter esses pensamentos e imagens: "Se eu não fosse tão mau, não teria esses pensamentos". Um homem tinha imagens de Cristo fazendo sexo e pensava que isso significava que ele era mau e que seria punido por Deus. Percebeu que isso era irracional, mas disse que não conseguia aguentar o fato de ter esses pensamentos.
5. **Presuma que seus pensamentos levarão à ação ou que seus pensamentos são a mesma coisa que a realidade.** Isso se chama fusão pensamento-ação. Você pode dizer: "Se eu tiver esses pensamentos, eles poderão se tornar realidade". Jack Rachman, da University of British Columbia, constatou que as pessoas com TOC frequentemente acreditam que seus pensamentos e imagens são indicadores de realidade: "Se eu tiver um pensamento violento, ficarei violento". Como resultado dessas crença de que os pensamentos se tornam realidade, você pode se tornar desesperadamente motivado a eliminar completamente esses pensamentos.
6. **Tente suprimir todos os pensamentos indesejados.** Você pode dizer para si mesmo: "Tenho de eliminar esses pensamentos". Dada a crença de que esses pensamentos bizarros são um sinal de algo defeituoso e vergonhoso, você tenta se livrar deles – às vezes dizendo a si mesmo: "Pare de ter esses pensamentos" ou "Tente não pensar nisso". Embora isso possa momentaneamente trazer algum alívio, os pensamentos retornam – às vezes com maior intensidade.
7. **Suprima ou elimine esses pensamentos; caso você não consiga, é um mau sinal.** Quando você não consegue suprimir esses pensamentos e imagens,

começa a notar que eles voltam, às vezes mais fortes, confirmando sua crença de que esses pensamentos podem ser inescapáveis. Pelo fato de você acreditar que precisa controlar seus pensamentos – em vez de simplesmente aceitá-los – você pensa que fracassar ao suprimi-los indica que as coisas são melhores do que você anteviu.

8. **Presuma que seu retorno a esses pensamentos indica que você perdeu todo o controle.** Você pode dizer a si mesmo: "Não tenho controle" ou, ainda melhor, "Estou enlouquecendo". Você começa a se sentir mais ansioso e deprimido e busca alguma maneira de eliminar esses pensamentos e imagens indesejadas. Isso, é claro, não funciona.
9. **Continue tentando neutralizar.** Você pode tentar verificar, repetir, desfazer e rezar para eliminar pensamentos e imagens indesejadas. Conforme você se envolve nesses rituais ou comportamentos de neutralização, sua ansiedade pode temporariamente diminuir. É assim que suas compulsões se reforçam.
10. **Mantenha a neutralização até você sentir uma sensação de completude ou finalização.** Você pode continuar seu comportamento compulsivo até o ponto em que pensar: "Ok, fiz o suficiente, e tudo deu certo. Sinto-me menos ansioso". Esse sentimento se torna a regra para quanto tempo as compulsões continuarão.
11. **Reforce sua crença compulsiva antes de precisar ritualizar ou se livrar de pensamentos perigosos.** Já que suas compulsões temporariamente reduzem sua ansiedade, você agora confirmou sua crença de que as compulsões são a única coisa que funcionará para neutralizar suas obsessões. Isso aumenta a probabilidade de que você ficará obcecado e usará as compulsões no futuro.
12. **Evite quaisquer situações que acionem suas obsessões.** Pelo fato de certas situações ou pessoas poderem estar associadas com suas obsessões, você poderá se pegar evitando muitas experiências. Por exemplo, você pode evitar fazer suas contas porque tem rituais de verificação, ou pode evitar se lavar por causa de elaborados rituais de banho, ou, ainda, pode evitar certos filmes porque eles podem provocar certos pensamentos e imagens que o perturbam.

Você pode agora formalizar seu livro de regras do TOC (Quadro 6.1).

SUPERANDO O TRANSTORNO OBSESSIVO-COMPULSIVO

Embora os sintomas do TOC com frequência pareçam profundamente arraigados na personalidade de quem sofre de tal transtorno, ele não é menos suscetível ao tratamento do que qualquer outro transtorno de ansiedade. Os principais passos do tratamento são aqueles que já usamos nos últimos capítulos.

1. Identifique seus medos.
2. Identifique seus comportamentos de segurança/evitação.
3. Construa sua motivação para a mudança.
4. Mude sua relação com a obsessão.
5. Construa uma hierarquia do medo.
6. Avalie a racionalidade de seu medo.
7. Faça uma imagem-teste de seu medo.
8. Pratique a exposição à vida real.
9. Comprometa-se com uma estratégia de longo prazo.

Novamente, passaremos pelos passos, um de cada vez.

Identifique seus medos

As pessoas com TOC em geral têm poucos problemas para identificar seus medos. Eles são bem insistentes, intrometendo-se na vida de quem deles sofre com grande impacto. Qualquer padrão de ansiedade que seja:

QUADRO 6.1 O LIVRO DE REGRAS DO TOC

1. Meus pensamentos são estranhos.
2. Eles representam algo péssimo ou indesejável a meu respeito.
3. Eu não deveria ter esses pensamentos.
4. Eu preciso prestar atenção a esses pensamentos, devo monitorá-los.
5. Tenho de obedecer às minhas obsessões.
6. Se eu permitir que esses pensamentos venham à minha mente, poderei perder o controle.
7. Preciso suprimir esses pensamentos.
8. Se eu notar que tenho esses pensamentos, tenho a responsabilidade de fazer algo a respeito deles.
9. Se não suprimir completamente esses pensamentos, perderei controle.
10. Preciso neutralizar esses pensamentos, distrair-me, fazer algo.
11. Posso parar a neutralização quando sentir que está tudo bem.
12. A única maneira de reduzir minha ansiedade é neutralizar ou ritualizar.
13. Devo evitar situações em que eu me sinta obsessivo ou tenha a urgência de neutralizar.

a) construído em torno de pensamentos indesejados que apareçam em sua mente e que, então;
b) demande alguma espécie de comportamento aberrante para manter-se cercado (isto é, suas obsessões e compulsões, respectivamente), está apto a ser classificado como TOC.

Se você tiver qualquer dúvida sobre o fato de pertencer ou não a essa categoria, você talvez ache útil preencher o teste para transtorno obsessivo-compulsivo de Maudsley, no Apêndice G.

É útil escrever sua própria lista de obsessões. Comece com o medo fundamental (isto é, medo de contaminação, de cometer erros, da falta de ordem, etc.) e depois escreva as previsões que subjazem a tais obsessões. Por exemplo, "Se eu me permitir ter fantasias sexuais, terei problemas" ou "Se tocar nesse jornal que outra pessoa leu, ficarei infectado com bactérias mortais". Busque especialmente a fusão pensamento-ação, a crença de que uma imagem na mente é indicativa da realidade: "Se eu tiver pensamentos violentos, farei algo violento". Inclua quaisquer avaliações que você fizer de seus próprios pensamentos: "Sinto-me terrivelmente envergonhado", "Isso é totalmente bizarro" ou "Sou irrecuperavelmente mau". Finalmente, acrescente um relatório de suas compulsões: que rituais você realiza para se livrar de pensamentos perigosos, as coisas que você evita, qualquer urgência avassaladora que faça com que sua vida pareça estranha para você. É importante começar com um quadro preciso sobre o que o TOC parece e sobre o lugar que ele ocupa em sua vida. Isso o ajudará a desenvolver um programa de tratamento realista e eficaz.

Identifique seus comportamentos de segurança/evitação

Essa parte não é um grande mistério. Com o TOC, seus sintomas são com muita probabilidade seus comportamentos de segurança e evitação. As compulsões – as coisas que você faz para manter suas ansiedades sob controle – são basicamente comportamentos de segurança. Elas são o que você pensa que o protegem de seus medos, como tocar em todos os parquímetros enquanto caminha pela calçada ou colocar tudo em fileiras dentro de suas gavetas. Para outra pessoa, esses comportamentos de segurança e evitação podem parecer estranhos, mas para a pessoa que sofre de TOC, eles são a única maneira de experimentar qualquer sensação de segurança. Susan, que mencionei no começo do capítulo, recusava qualquer contato físico com outras pessoas, com objetos que não fossem seus e mesmo com superfícies em seu apartamento que não tivessem sido higienizadas recentemente. Dan, outro paciente, tinha medo de que pudesse ficar violento quando houvesse um bebê por perto. Por isso, se um bebê estivesse presente, ele saía do local. Tente observar quaisquer pessoas, lugares ou coisas que você evita por causa de seu TOC. Por exemplo, um paciente que temia estar possuído pelo diabo evitava filmes de terror, outro homem que tinha medo de radiação evitava relógios e outra pessoa que temia se contaminar não saía de muito perto de casa porque poderia ter de usar um banheiro público. Outros comportamentos de segurança podem ser maneiras rígidas pelas quais você pensa ter de fazer as coisas; por exemplo, usar toalhas de papel para lidar com objetos ou lavá-los de uma determinada maneira. É possível que você ache que tenha de fazer um ritual até se sentir bem.

Acrescente seus comportamentos de segurança e evitação à sua lista principal de medos. Você pode agrupá-los sob cabeçalhos como "medo de contaminação" ou "medo de confusão". Certifique-se e observe *como* você evita as coisas, e também aquilo que evita (por exemplo, você planeja ter sempre alguma pessoa para fazer as coisas para você?). Quanto mais detalhe puder dar a esses comportamentos, mais útil será a sua lista na implementação de seu plano de tratamento (Quadro 6.2).

Construa sua motivação para a mudança

A chave para superar seu TOC será a exposição, tanto às imagens mentais que você considera perturbadoras quanto às situações da vida real que o deixam desconfortável. Em vez de continuar a evitar essas imagens e situações, você vai se expor a elas deliberadamente. Você vai abdicar do efeito neutralizador de levar em frente suas compulsões e, em vez disso, vai permitir que o mundo o envolva, com toda sua variedade de coisas assustadoras, desordenadas e repelentes. Ao curto prazo, isso talvez não seja agradável. Você sem dúvida se sentirá mais ansioso na primeira vez que confrontar suas obsessões. Você construiu um hábito de vida que durou a vida inteira, pelo qual obedece às mensagens de medo de sua mente – adorando, por assim dizer, o altar do medo. Mudar esse hábito é algo que vai deixá-lo desconfortável. Tocará em seus pontos de maior ansiedade. Parecerá menos uma fuga da prisão do que uma corrida em direção à boca da fera.

Por outro lado, reconheça os benefícios e também os custos. Isso significa admitir o lado ruim daquilo que você vem fazendo até agora. Tive um paciente, Bill, que relutava em começar o tratamento que eu havia elaborado até que ele fez uma lista de benefícios a serem obtidos e deu uma boa olhada nela. A lista era assim (Quadro 6.3).

Bill, de fato, ficou um pouco chocado em ver todas essas coisas escritas. Ele vinha brincando com a situação de o seu TOC ser administrável, que não era um problema com que devesse se preocupar tanto.

QUADRO 6.2 **O QUE EU EVITO POR CAUSA DE MEU TOC**

O QUE EU EVITO POR CAUSA DE MEU TOC:
1.
2.
3.
4.

QUADRO 6.3 CUSTOS E BENEFÍCIOS DE SUPERAR O TOC POR MEIO DA EXPOSIÇÃO

CUSTOS	BENEFÍCIOS
Vou me sentir mais ansioso. Não quero fazer isso.	Posso me tornar menos obsessivo.
Talvez as coisas fiquem piores.	Posso usar meu apartamento sem ter de desinfectá-lo.
Ficarei com nojo e contaminado.	Não vou perder o controle. Posso ter uma vida social com as outras pessoas

Felizmente, recebeu um bom incentivo e apoio de sua esposa. Depois de falar sobre o assunto comigo, ele decidiu que os benefícios do tratamento superavam os custos, e que ele tentaria fazê-lo (Quadro 6.4).

Mude sua relação com a obsessão

Prove que a supressão do pensamento não funciona

Como mencionei antes, qualquer tentativa de suprimir seus pensamentos apenas lhes dão mais força. Contudo, você pode ainda acreditar que não pode se permitir ter esses pensamentos, e que a supressão vai funcionar. Realize essa experiência. Tente não pensar em ursos brancos durante os próximos 15 minutos. Se você pensar em um, levante a mão. Você provavelmente chegará à conclusão de que não consegue tirar os ursos brancos de sua cabeça. A supressão do pensamento não vai funcionar. Por isso, pode ser a hora de desistir dela.

Prove que os pensamentos não podem mudar a realidade

Como disse antes, boa parte do TOC é uma fusão entre pensamento e ação – a crença de que se você tiver um pensamento, ele mudará a realidade. Por exemplo, você pode ter o pensamento de que alguma coisa de ruim vai acontecer para uma pessoa de que gosta. Por isso, tenta suprimir o pensamento ou tenta neutralizá-lo por meio de uma reza. A verdade é que os pensamentos não mudam a realidade. Há uma série de maneiras de demonstrar que a fusão pensamento-ação é falsa. Com frequência, demonstrei isso aos pacientes, dizendo-lhes repetidamente durante a sessão: "Quero ter um ataque cardíaco agora" ou "Quero ser possuído pelo diabo neste momento". Posso pedir para você usar o "poder de seu pensamento" para fazer um livro se erguer da mesa ou fazer com que meu time de futebol perca por um determinado placar. Posso pedir-lhe para repetir várias vezes "Quero ficar louco" ou "Quero

QUADRO 6.4 CUSTOS E BENEFÍCIOS DE SUPERAR O TOC POR MEIO DA EXPOSIÇÃO

CUSTOS	BENEFÍCIOS

estar possuído pelo diabo". Quando você percebe que os pensamentos não mudam a realidade, você estará no caminho para se livrar de seu TOC.

Permita que sua mente divague

Você pode tentar *não monitorar ou controlar seus pensamentos*. Pode praticar permitir à sua mente se afastar das obsessões quando elas ocorrem. Por exemplo, você pode permitir que sua mente centralize a atenção em vários objetos que estejam na peça em que você se encontra, contando e descrevendo diferentes formas e cores. Quando você demonstra a si mesmo que pode ignorar esses pensamentos, seu medo dessas obsessões vai diminuir.

Embora a divagação e a distração possam ser temporariamente úteis (na verdade, você pode já estar fazendo isso), achamos que a exposição direta e prolongada às obsessões que você teme é mais poderosa. Isso porque você aprenderá que pode tolerar essas obsessões até que elas se tornem entediantes.

Modifique a imagem da sua obsessão

Como seria sua obsessão ou urgência se você a transformasse em uma imagem? Susan descreveu a sua como uma nuvem negra, grande e ameaçadora que pairava sobre ela e a sufocava. Pedi a ela para tentar imaginá-la como uma poça bem pequena no chão. Isso era bem menos ameaçador. Depois, pedi a ela para imaginar a obsessão ou a urgência como um personagem baixo, parecido com um palhaço, sentado na cadeira de meu consultório, com suas pernas finas penduradas sem tocar no chão. Sugeri que ela tivesse uma voz fraca e estridente (que eu imitei). Essa foi uma maneira diferente de experimentar a obsessão. Em vez de temer seu pensamento ou urgência, Susan poderia rir deles. Sua tarefa de casa foi pensar na figura do palhaço quando ela tivesse a necessidade de verificar as coisas com urgência. Isso fez com que tal urgência parecesse um pouco tola.

Mude sua relação com a obsessão

Sua relação atual com a obsessão é uma relação em que você é a vítima e ela sua opressora. Você sente que está batalhando contra sua obsessão e que tem de se livrar dela. Essa luta só torna sua obsessão mais forte e mais assustadora. Mas você não precisa se livrar dela. Pense na obsessão como mais um visitante que chega à sua festa – há muitas pessoas presentes e ela é apenas uma delas. Você a acha um pouco estranha, mas percebe que ela tem o direito de estar na festa. Você decidiu que não vai mais discutir com a sua obsessão, que a deixará à vontade. Ela está lá, mas você não está bravo com ela. Trate-a com educação. Pode ser que a obsessão o acompanhe ao longo do dia, mas você não obedece às ordens dela.

Transforme a sua obsessão em uma canção

Quando você tem uma obsessão (por exemplo, "estou contaminado"), ela parece assustadora e avassaladora às vezes. Para eliminar o poder de sua obsessão, você pode praticar tê-la de maneira diferente. Por exemplo, a obsessão "estou contaminado" pode se tornar a letra de uma canção. Jenny praticou cantar suavemente a frase "estou contaminada", o que a ajudou a afastar o poder da obsessão. Era difícil se sentir intimidada por uma canção.

Faça sua obsessão flutuar

Em vez de tentar controlar sua obsessão, você pode dar um passo para trás e observá-la. Pense em sua obsessão como uma folha flutuando sobre a água, com a água fluindo lentamente e o sol nela refletindo. Sua obsessão não é algo que você precisa controlar para julgar: ela simplesmente é. E ela passa por você e flutua para longe. Se você esperar tempo suficiente, a obsessão vai se afastar cada vez mais. As obsessões vêm e vão.

Tome conta de sua obsessão

Esta é uma de minhas metáforas favoritas para lidar com a obsessão. Peço a você para imaginar a obsessão como uma pessoa solitária, sem amigos. Todo mundo diz a ela: "Pare!" – e essa é a única atenção que ela recebe. Agora que você está usando suas técnicas cognitivas, sua obsessão está sentindo que ficará sozinha. Dê uma olhada na história que escrevi, na caixa abaixo, e pense em sua obsessão como alguém que aparece para uma consulta, sem avisar.

Na minha mente

Estava sentado em meu consultório, preocupado com meus impostos, quando ouvi um grito vindo da sala de espera. Esse grito me surpreendeu porque ninguém havia marcado uma consulta para aquele horário. Abri a porta e lá estava um homem muito baixo, com um terno amassado e rasgado, com o cabelo em pé:

– Você precisa me atender agora. É uma emergência.

– Mas você não marcou hora e...

– Eu não preciso marcar hora, preciso? Se estou aqui, por que você não pode me atender?

Cheio de dúvidas e sem qualquer resposta pronta para essa pergunta plausível – e até mais curioso do que perturbado –, disse:

– Está bem. O que você tem em mente?

– É exatamente isso. Exatamente. Eu sabia que você era a pessoa certa. Sabia que você entenderia.

– Entenderia o quê?

– É preciso fazer alguma coisa. E rápido! Não posso esperar mais.

– Fazer o quê?

– Fazer alguma coisa sobre o que eu tenho em mente.

Pensei: "deve ser um amigo fazendo uma brincadeira comigo...".

– Quem é você? – perguntei gentilmente e com cuidado.

– Ora... Não me reconhece? Não? Como é que pode? Tenho um grande problema.

– Já nos encontramos antes?

– Talvez sim, talvez não. Talvez mil vezes ou um milhão de vezes...

– Não reconheço você...

– Ah! Esse é exatamente o problema. Ok, eu posso dizer quem sou. Sou um pensamento intrusivo. Sim, eu sei que parece incrível. Você provavelmente está pensando: "Eu devo estar louco por estar falando com ele". Mas, veja bem: Eu sou real. Estou aqui!

Por um momento, ele pareceu feliz, mas logo ficou desamparado.

– Você "pensa" que é um pensamento intrusivo. Mas parece-se com qualquer pessoa que encontramos comumente na rua.

– Pensar? É claro que eu penso. Penso. Logo, existo. – E começou a rir. E depois a tossir, cada vez mais alto, perdendo o ar. – Não tenho muito tempo – disse. – Olhe – continuou, ofegante, sentando-se e colocando suas pernas pequenas sobre os braços da cadeira –, eu era uma pessoa *importante*. As pessoas prestavam atenção em mim. Elas me analisavam. Se eu tivesse uma tirada daquelas, as pessoas me *interpretavam*. Como se eu fosse a Esfinge. Eu adorava. E elas pensavam: "O que será que ele quis dizer?". Eram horas deitado no sofá, tentando me entender. Escrevendo sobre mim, traçando minha história. "Você se lembra da primeira vez que teve esse pensamento?". Ah, que dias maravilhosos. Dias de classe. Sofisticação. *Interpretação*. "O que será que ele quis dizer?". Eu adorava.

– Parece que foi um tempo memorável para você. – Tentei me solidarizar com ele.

– Sim, as pessoas me levavam a sério. Eu estava sempre ocupado. Não havia hora para todos. Eu estava em todos os lugares: Nova York, Viena, Beverly Hills. Eu aparecia e as pessoas, quero dizer, pessoas bem-formadas, pessoas com diplomas de medicina, levantavam-se e diziam: "Aí está ele! De novo!".

– Isso subiu-lhe à cabeça, não é? – fechei logo a boca depois de dizer isso. Quanta insensibilidade.

– O que você acha? – perguntou, com um certo desprezo, mas triste, como se estivesse perdido nas lembranças do passado, que nunca mais voltaria. – Viajei pelos melhores círculos, não dormia, o que, se você pensar, é o ponto central da questão. Sim, sempre disposto. Vinte e quatro horas por dia, sete dias por semana.

– Então o que aconteceu?

– Bem, em primeiro lugar, nos velhos tempos, quando eu estava por cima, alguém pensou: "Vamos nos livrar dele, completamente". Adorei. Que *convite*! Tentar se livrar de mim completamente.

Ele começou a rir e sua tosse piorou. Havia lágrimas em seus olhos quando ele se lembrava daqueles dias. E continuou:

– Livrar-se de mim! Ah! Ah! Ah! Eles começaram a gritar comigo. Pare. *Pare de pensar*! Mas isso nunca funcionou, então, eles gritavam ainda mais. Todo o dia gritando comigo. Foi o máximo de atenção que já consegui.

– Então o que aconteceu?

– Bem, depois de algum tempo, as pessoas começaram a perceber que gritar estava piorando as coisas. Afinal de contas, você tinha de prestar atenção em mim, e me levar a sério, para gritar comigo. Eu nunca ia embora. E continuava a aparecer. Então, um dia alguém se aproximou, totalmente tranquilo e equilibrado, dizendo: "Por que eu devo levar você a sério?". Esse cara estava usando uma gravata-borboleta. Ele pegou um bloco de papel e disse: "Vamos testá-lo". Todos os dias, testes e mais testes. Eles me barraram com a lógica, perguntando-me: "Quais são as provas?". Disseram-me para sair e testar minhas previsões. Foi um processo exaustivo.

– Então, o que aconteceu?

– Bem, era como ser humilhado todos os dias. Nenhuma das minhas previsões se manteve. E você pode imaginar alguém me dizendo: "Você não é realmente racional". Você pode imaginar como os *outros pensamentos* se sentem a meu respeito.

– O que eles sentiram?

Ele olhou para baixo, um pouco envergonhado:

– Que não tinham nada a ver comigo.

E ele olhou para mim quase que pedindo confirmação para que eu não o julgasse:

– Foi aí que comecei a beber.

– Imagino que isso deve ter sido difícil para você. Em um determinado momento, escreviam livros sobre sua *mensagem secreta*. Agora, você se sente humilhado. É terrível.

– Mas tudo ficou ainda pior.

– Como?

– Um dia alguém simplesmente disse: "Ok. Deixe-o ficar por aí. Vamos em frente, de qualquer maneira". Foi nesse dia que vi um psicólogo simplesmente passar por mim, dizendo: "Se você quiser ir junto, tudo bem. Mas vou fazer o que tenho de fazer com ou sem você".

– Não consigo imaginar nada mais humilhante do que isso.

– Ah, isso não foi nada. Um cara então disse: "Então você se acha muito poderoso. Vamos ver se você consegue fazer isso. Fique em frente ao espelho e apenas repita-se".

– O que aconteceu quando você fez isso?

– Comecei a desaparecer. Virei apenas uma voz vazia. Depois, internei-me em uma clínica de reabilitação para pensamentos intrusivos.

– Uau! Que experiência!

– Mas, você pode me ajudar?

Não tinha certeza do que ele queria. Na verdade, quanto mais tempo eu ficava com ele, mais duvidava de que a situação fosse real. Mas pensei: "Estamos em um belo dia de sol em Nova York. Ele é um turista. Não sei quanto tempo vai ficar na cidade". E disse:

– Vamos pegar um táxi até o Empire State.

Ele gostou da ideia. Começou a se mexer efusivamente e disse:

– Eu nunca fui lá. Vamos!

Descemos as escadas e pegamos um táxi. Ele começou a ficar inquieto: "Veja só o tráfego. É perigoso. Estou com medo". Um sorriso cobriu-lhe o rosto quando viu que eu também estava ficando nervoso, segurando-me à porta do táxi. Quando chegamos ao Empire State, levei-o para dentro de edifício e subimos até a torre de observação, pelo elevador. Havia uma família de Pittsburgh dentro do elevador. Ele olhou para eles e disse em voz alta: "Vocês têm certeza de que esse elevador é seguro?". Sua energia estava crescendo. Era disso que ele precisava. Chegamos ao topo do edifício, e caminhei pelo deque com ele.

Nós estávamos em pé, olhei para ele e disse: "Feche os olhos". Ele os fechou. Percebi que isso o deixava nervoso. Devia ser sua falta de controle. Olhei para o céu de Manhattan. As nuvens se deslocavam à luz do sol: "Abra os olhos". Apontei para o céu do lado oeste: "Não é magnífico?".

Ouvi-o gemer e depois dar um grande suspiro que aos poucos se apagou. Ele tossiu: "Não aguento mais...". Sua voz ficou mais suave. Olhei em volta, mas o deque estava vazio. Pensei ter visto uma sombra, muito pequena, rastejando. Em uma voz muito baixa, mais baixa do que um cochicho, ouvi-o, triste, dizer: "Obrigado por tudo...".

Ele havia ido embora. Senti-me triste. Ele era apenas alguém que gostava de travessuras, mas ninguém mais lhe dava bola. Olhei para os edifícios e vi as nuvens refletidas nas janelas. Senti-me bem, entre as imagens do céu e dos reflexos. Estava em paz.

Conforme essa história ilustra, você pode desenvolver uma maneira inteiramente diferente de se relacionar com um pensamento obsessivo, pensando-o como um personagem bobo que precisa de atenção. Usei esse exemplo com muitos pacientes que tinham TOC e eles adoraram. Eles agora imaginam o pensamento intrusivo como um personagem que os acompanha nas caminhadas, quando estão correndo e quando estão trabalhando. Eles dizem "oi" para o pensamento, em vez de ficarem indignados e de tentarem suprimi-lo. Aceitar o visitante indesejado faz com que você se transforme em um guerreiro zen em relação a seus pensamentos.

Pratique o pensamento, em vez de suprimi-lo

Se você tem medo de pensar "Eu estou ficando louco", pratique dizer essa frase 30 minutos por dia. É importante que você faça isso devagar, concentrando-se no que está dizendo. Não se distraia – será difícil conviver com o pensamento temido. Inicialmente, sua ansiedade vai crescer e depois diminuir. Você constatará que não está ficando louco; na verdade, você vai ficar entediado. Isso deverá provar que você está tendo um pensamento que não é perigoso. Uma enxurrada de pensamentos faz com que sua obsessão se torne entediante. Inicialmente, você vai se sentir mais ansioso, mas ao final do processo ficará cansado dela.

Construa uma hierarquia do medo

Trabalhando com sua lista principal, classifique seus pensamentos temidos, imagens e impulsos, do menos ao mais incômodo. Atribua a cada um valor de 0 a 10, que represente seu nível subjetivo de incômodo (USIs). No último capítulo, quando tratamos sobre transtorno de pânico, a classificação atribuída a um medo dependia não só da própria situação, mas do pânico ou do colapso mental que se previa em reação a ele. Com o TOC, a situação real volta ao centro do palco. A pessoa que sofre de TOC é estimulada por um conjunto particular de circunstâncias do mundo real (embora imaginadas): contaminação, escassez, transtorno, e assim sucessivamente. Em alguns casos, pode haver o medo das próprias reações a uma situação (como no caso de Sam, que temia ficar violento com sua própria esposa). Porém, o medo, nesse caso, não é da ansiedade em si, mas das *consequências* destrutivas das reações ("Se eu ficar violento, machucarei alguém que amo"). Afine-se ao que está no âmago de seu TOC. O que você não consegue tolerar no mundo? Que situação é tão ameaçadora que você deve chegar a extremos compulsivos para evitá-la? Tenha a resposta firmemente em mente antes de atribuir um número a seu medo específico (Quadros 6.5 e 6.6).

Avalie a racionalidade de seu medo

Muito embora você possa não ser capaz de eliminar obsessões poderosas ou compulsões por meio do pensamento, é útil realizar um exame calmo e racional de seus medos. Você pode fazer isso como se fosse outra pessoa. Você pode perguntar a si mesmo: "Como uma pessoa racional – outra pessoa – analisaria essa situação?". Saber a resposta pode lhe dar coragem para progredir.

Por exemplo, faria alguma diferença se você soubesse que praticamente 100% das pessoas têm pensamentos como os seus? Realmente parece *provável* que você esteja louco? Que de todas as pessoas no mundo haja algo especificamente errado somente com você? Tem sentido exigir perfeição de si mesmo quando não pode exigi-la de ninguém mais? Em geral, tenho conversas sobre tais assuntos com meus pacientes de TOC; em muitos casos, é útil para eles apenas ouvir outra perspectiva, diferente daquela com que eles vêm lidando. Por exemplo, discuti com Susan sua crença de que ela seria contaminada se tocasse em alguma coisa em que outra pessoa havia tocado. Ela percebeu que aquilo não tinha sentido à luz de tudo que sabíamos sobre

QUADRO 6.5 HIERARQUIA DA OBSESSÃO

Liste os pensamentos, imagens e impulsos temidos, em ordem, do menos incômodo ao mais incômodo. Na última coluna, escreva o quanto cada um deles o incomoda, de 0 (nenhum incômodo) a 10 (máximo incômodo)

PENSAMENTO/IMAGEM/IMPULSO/MEDO	UNIDADES SUBJETIVAS DE INCÔMODO (0-10)
1. (menos incômodo)	
2.	
3.	
4.	
5.	
6.	
7.	
8.	
9.	
10. (mais incômodo)	

QUADRO 6.6 HIERARQUIA DAS SITUAÇÕES QUE PROVOCAM ANSIEDADE

Liste, em ordem, as situações que lhe provocam ansiedade, da menos incômoda à mais incômoda. Atribua a elas um nível de USIs e, na última coluna, escreva "sim" se você normalmente evita essa situação e "não" se suas ações não são influenciadas pelos seus medos.

SITUAÇÃO	UNIDADES SUBJETIVAS DE INCÔMODO (0-10)	EVITAÇÃO (SIM/NÃO)
1. (menos incômoda)		
2.		
3.		
4.		
5.		
6.		
7.		
8.		
9.		
10. (mais incômoda)		

como as doenças são transmitidas. De modo semelhante, ela entendeu que seu medo de ser possuída pelo diabo era irracional. O conhecimento em si não afastou seu medo, mas afetou sua vontade de tentar um novo caminho de tratamento. E esse tratamento finalmente colocou-a em contato com uma perspectiva mais racional.

A questão talvez mais importante a considerar racionalmente é esta: o que aconteceria se você simplesmente *aceitasse* seus pensamentos intrusivos, como o terapeuta do exemplo anterior? O que aconteceria se você não mais tentasse se livrar deles por meio da neutralização feita com comportamentos compulsivos? O que você prevê que vai acontecer? Boa parte das pessoas que sofrem com TOC jamais considerou seriamente essa questão. E, já que não consideraram, não têm razão para criar qualquer hipótese sobre o que aconteceria – muito embora as hipóteses que eles criam (de desastre iminente) são responsáveis por quantidades enormes de ansiedade. Talvez não seja necessário criar hipóteses de desastres iminentes. Talvez tais hipóteses não sejam realmente *verdadeiras*. Na verdade, já que outras pessoas têm pensamentos similares *sem* desenvolver o TOC, *sem* desastre, é de se pensar que possa haver uma maneira diferente de tratar esses pensamentos, outra maneira de tê-los em mente e que tenha mais sentido. Apenas estar aberto a essa possibilidade é um primeiro passo importante (Quadro 6.7).

Faça uma imagem-teste de seu medo

Da mesma forma que nos capítulos anteriores, você pode usar sua hierarquia do medo para começar a praticar a exposição imaginária em relação a seu medo. Normalmente, faço com que os pacientes comecem com algo que seja lugar comum, algo próximo à base da escala de ansiedade. Por exemplo, se sua compulsão inclui verificar repetidamente a fechadura da porta, você pode começar com a imagem

QUADRO 6.7 POR QUE MINHA OBSESSÃO É IRRACIONAL?

MEU MEDO ESPECIFICO É:
Por que é irracional:

de simplesmente trancar a porta uma vez e ir embora (poderia ser também lavar suas mãos apenas uma vez ou deixar alguns detalhes de um trabalho para fazer depois). Sustente a imagem por 10 minutos e veja o que acontece. É bem provável que haverá um crescimento inicial nos números de seus USIs, seguido por um decréscimo gradual à medida que você se habitua com a imagem temida. Por fim, a imagem provavelmente vai virar algo entediante; que é precisamente o que você quer. Isso começará a provar à parte primitiva de seu cérebro que o mero pensamento de uma porta não trancada não é perigoso. Outro truque que você pode usar é o de, antes de começar, registrar sua previsão do que acontecerá ao longo do exercício. Você pode pensar: "não conseguirei tolerar isso" ou "minha ansiedade vai chegar ao máximo". Será interessante ver se isso de fato acontece. Se não acontecer, você terá começado a desmantelar sua crença no poder da ansiedade.

Sempre é melhor passar gradualmente a imagens que sejam mais perturbadoras. Por exemplo, você pode ter obsessões com a ideia de que vai dizer algo inadequado na frente de outras pessoas (essa é uma obsessão comum). Comece com a imagem de se sentar sozinho em casa e de dizer algo sem que haja ninguém à sua volta. Isso não é muito assustador. A seguir, passe a dizer algo na frente de seu cônjuge, o que pode ser um pouco pior. Depois, diante da sua família ou amigos mais próximos. Depois, diante de um grupo de estranhos em uma festa, e assim sucessivamente. Siga subindo na hierarquia, praticando em todos os níveis. Você pode finalmente chegar à pior coisa em que pode pensar – o pensamento de dizer algo terrível na igreja, por exemplo. Veja como se sente diante de tal situação. O que é importante destacar é que você provavelmente será capaz de se habituar a essa imagem tão prontamente quanto fez com as outras.

Pratique a exposição imaginária o suficiente para que você obtenha resultados consistentes – isto é, toda vez que o fizer, sua ansiedade diminuirá por um período. Você pode usar tanto períodos de longo prazo quanto de curto prazo de exposição. Em geral, quanto mais longa a exposição, mais eficaz ela será: 45 minutos pensando em algo assustador não é nada extremado. Você pode praticar a repetição do pensamento temido muito, muito lentamente, conforme descrito antes. Provavelmente será muito entediante. Por outro lado, mais exposições de curto prazo (digamos, pequenas exposições de 10 minutos) também podem funcionar. A ideia não é necessariamente se sobrecarregar, mas manter a situação o tempo suficiente para que o nível de ansiedade ceda durante cada exposição (digamos, *grosso modo*, chegando a pelo menos 2 na escala de USIs). Quando chegar ao ponto de isso virar rotina, você estará pronto para o grande desafio: aplicar a mesma técnica às situações da vida real.

Pratique a exposição na vida real

É aqui que você coloca seus métodos à prova – de fato experimentando as situações que desencadeiam suas obsessões e respondendo de modo diferente a elas. Em grande parte, essas exposições podem ser planejadas, de modo que elas entrem em um ritmo com que você possa lidar. Por exemplo, quando eu estava tratando Susan por causa de seu medo de contaminação, começamos com a exposição imaginária de manusear uma nota de dinheiro suja. Depois, passamos à exposição direta: Susan manuseou a nota por 30 minutos em meu consultório, chegando ao ponto de esfregá-la levemente em seu braço e em seu rosto. Nesse estágio, registramos seu nível de medo e o assistimos diminuir gradualmente. Na sessão seguinte, ela praticou esfregar suas mãos no carpete de meu consultório. Depois, ela subiu na hierarquia, chegando à cesta de lixo e virando o lixo que estava lá, sem lavar as mãos por quatro horas. Entre as sessões, ela continuou com exercícios similares em casa. Pouco tempo depois, seu nível de ansiedade havia diminuído e suas compulsões se tornaram bem menos insistentes.

Ron era um pessoa com mania de limpeza compulsiva também, mas enfrentava um problema diferente: chegou à conclusão de que ficaria envenenado usando limpa-vidros. Ele percebia que isso era improvável, mas não conseguia se livrar do medo. Eu, então, levei um frasco de limpa-vidros para o consultório e, na frente de Ron, passei o produto em minhas mãos e o esfreguei em meus braços (como uma loção para a pele). Ele ficou surpreso, mas intrigado. Poucos minutos depois, pedi a ele que passasse uma pequena quantidade do produto em sua mão e nada fizesse. Quando o fez, seu nível de ansiedade subiu muito. Pedi a ele para não retirar o produto de sua mão enquanto conversávamos sobre suas outras obsessões. Ao final de sua hora, ele havia quase se esquecido do limpa-vidros, que não mais parecia ameaçador (eu havia verificado com cuidado, anteriormente, se o limpa-vidros era tóxico; em geral, não recomendo contato com produtos de limpeza; exceção feita aos sabonetes). Digamos que sua obsessão seja a de que você vai dizer ou fazer algo inapropriado. Sua hierarquia pode começar com o seguinte pensamento: "Posso dizer algo inadequado". Mas o seu maior medo é o de você estar na igreja e dizer algo inapropriado. Então, começaríamos com um exercício em que você ficaria sentado em casa sozinho, pensando que você poderia dizer algo inadequado – e depois subiríamos na hierarquia nas semanas seguintes, até o ponto de ir à igreja e pensar que você vai dizer algo inadequado. Você pode praticar a repetição silenciosa do pensamento que teme durante 15 minutos.

Você pode estabelecer qualquer número de exposições na vida real por conta própria. Quanto mais sessões planejadas você vivenciar, mais preparado estará para os momentos inevitáveis em que suas obsessões surgem sem aviso. É fácil criar uma situação controlada: tocar algo que você sente ser sujo e depois não se lavar ou entregar um relatório *antes* de verificar 30 vezes se ele não contém erros. Mas uma situação controlada não pode ser *demasiado* fácil. Ela tem de ser algo que inicialmente desperte sua ansiedade; a exposição tem de ser como uma ameaça real, a fim de funcionar. Tente fazer algumas dessas exposições todos os dias, trabalhando-as dentro de sua agenda toda vez que puder.

As oportunidades para exposição também surgem espontaneamente, e é bom responder a tantas delas quanto possível. Por exemplo, a oportunidade para confrontar a contaminação é quase constante: tocar em maçanetas, apertar a mão de outras pessoas, trocar dinheiro, tocar em corrimãos, etc. Sua exposição planejada deve incluir essas situações espontâneas. Acima de tudo, não espere até se sentir pronto. Você jamais estará inteiramente pronto – e essa é exatamente a questão. Você precisa fazer a coisa certa quando estiver se sentindo ansioso, o que significa não estar pronto. Mais cedo ou mais tarde, terá de passar por sua ansiedade para superá-la.

Isso não quer dizer que você não possa ser flexível. Por exemplo, se você achar difícil demais ignorar uma compulsão, tente simplesmente atrasá-la. Se você não suporta a maneira como os móveis estão dispostos porque não estão em linha reta, tente esperar 20 minutos antes de arrumá-los – talvez até mesmo meditando durante esse tempo. Isso deve enfraquecer a compulsão. Quando os 20 minutos passarem, veja se você aguenta mais 20. Considere o fato de que suas compulsões são bastante rígidas. A chave para superá-las pode ser pela modificação em partes, e não a superação de todas de uma vez só. Por exemplo, se tiver a compulsão de se lavar, interrompa o ato de se lavar, fazendo brevemente alguma outra coisa diferente – por exemplo, preparar um lanche. Ou tente um método diferente de se lavar. Muitas pessoas repetem suas compulsões até que chegam à sensação de completude. Portanto, tente finalizar o ritual compulsivo um pouco antes de você sentir essa sensação. Acostumar-se à imperfeição pode ser um passo importante para a libertação (Quadro 6.8).

Comprometa-se com uma estratégia de longo prazo

A maior parte das pessoas com TOC provavelmente jamais ficará sem pensamentos obsessivos ou compulsões. Isso não quer dizer que não possam se libertar da força de tais pensamentos ou compulsões. O importante é que seus pensamentos intrusivos não mais o impeçam de ter uma vida significativa. A chave está na aceitação, em permitir que os pensamentos e compulsões estejam presentes sem atribuir significação indevida a eles. Como acontece com todos os transtornos de ansiedade, dominar o TOC envolve reescrever as regras que a evolução e o condicionamento instilaram. Da detecção, da catástrofe, do controle e da evitação passamos para um novo conjunto de regras que, de fato, funciona: avaliar, normalizar, deixar passar, adotar. Enquanto estas serviram como princípios-guias, o reaparecimento dos pensamentos obsessivo-compulsivos não

QUADRO 6.8 ▶ REGISTRO DE EXPOSIÇÃO

Data:
A que me expus:

DURAÇÃO: 20 MINUTOS	DESCONFORTO (0-10)
Minutos: 1-2	
Minutos: 3-4	
Minutos: 5-6	
Minutos: 7-8	
Minutos: 9-10	
Minutos: 11-12	
Minutos: 13-14	
Minutos: 15-16	
Minutos: 17-18	
Minutos: 19-20	

Nota: Liste seu nível de desconforto em Unidades Subjetivas de Incômodo (USIs), em que 0 representa nenhum desconforto e 10 representa o maior desconforto que você possa imaginar.

será um problema; meramente sinaliza que é hora de alguma manutenção periódica.

Em poucas palavras, você precisa prever alguma possibilidade de recaída; embora "recaída" não seja propriamente a palavra adequada. Você simplesmente tem a tendência para o TOC. Esteja ciente dessa tendência e preparado para lidar com ela quando surgir. Você tenderá mais a experimentar os sintomas do TOC se estiver estressado ou deprimido; mas eles também podem surgir sem nenhuma razão aparente. Não se preocupe com as razões. O que importa é o que você consegue fazer em relação ao TOC. Todos os exercícios que você aprender neste livro podem ser retomados e executados sempre que necessário. A exposição, a aceitação e o afastamento que temos de nossas urgências compulsivas devem ser nossos guias.

RESUMINDO SUA NOVA ABORDAGEM AO TOC

Estamos agora prontos para resumir vários passos dados ao lidar com o TOC. Você terá de descobrir por conta própria qual dessas muitas técnicas melhor funcionam para você – e continuar com o seu planejamento porque o TOC continuará a voltar. O empolgante é que seja possível progredir de fato –, mas também ter em mente que não será um progresso perfeito.

Pergunte a si mesmo: "A maior parte das pessoas acredita nessas obsessões? Por que não? Qual é a evidência a favor e contra minha obsessão? O que eu diria a alguém com uma obsessão similar?". Argumente contra a obsessão até que você se sinta relativamente confiante que esses pensamentos são irracionais. Delineei na Tabela 6.9 os vários pensamentos e sentimentos que você pode ter quando tem TOC e as intervenções e técnicas que você pode usar para se ajudar. Será valioso fazer isso sob a supervisão de um terapeuta cognitivo-comportamental experiente. Tenha em mente que reverter o seu TOC atual não significa que nunca mais terá essa espécie de problema de novo. Contudo, se as técnicas funcionaram na reversão do TOC, então elas muito provavelmente funcionarão de novo (Quadros 6.9 e 6.10).

O TOC pode debilitá-lo. Além disso, você também pode se sentir envergonhado e autocrítico em relação ao problema. Tente manter em mente o fato de o TOC ser uma capacidade que evoluiu para nos proteger – apenas se desenvolveu em demasia. Você não está tentando prejudicar ninguém com o TOC, e não há nada de imoral nele. Muito embora tenha sofrido por muito tempo, você pode melhorar se tiver a ajuda certa.

Muitos dos exercícios que descrevo aqui podem ser difíceis para você – até mesmo impossíveis. Isso é parte do TOC: a crença de que desistir de rituais ou da neutralização é impossível e que sua ansiedade subirá e será avassaladora. Você pode praticar sua autoajuda gradualmente, sempre tendo em mente que não está tentando eliminar as obsessões, mas simplesmente tentando reduzir o impacto que elas têm no controle de sua vida. Continue tentando, pois praticar uma nova maneira de se relacionar com suas obsessões pode ter um efeito positivo significativo. E dê-se bastante tempo para isso.

QUADRO 6.9 COMO LIDAR COM O TOC

PROBLEMA	O QUE FAZER OU PENSAR
Você tem pensamentos e imagens "estranhos".	Todas as pessoas têm imagens e pensamentos estranhos. Isso é normal. Isso não indica nada de errado com você.
Motivação para mudar.	Examine os custos de se ter TOC: sentir-se ansioso, preocupado, fora de controle, envergonhado, enfraquecido no trabalho e nas relações. Você deseja tolerar algum desconforto para mudar isso? Como sua vida melhorará se você de fato mudar isso?
Você tem avaliações negativas de pensamentos e imagens: • Eles são ameaçadores. • Eles representam algo de ruim a seu respeito. • Você acredita que haja uma grande probabilidade de algo ruim acontecer. • Você acredita que precisa de soluções perfeitas.	Esses pensamentos e imagens "estranhos" não querem dizer nada a respeito de você ou de seu futuro. Eles não são ameaçadores. As pessoas não ficam loucas por causa dessas imagens e pensamentos. Eles não representam nada de mau ou fora de controle a seu respeito. Busque todas as evidências sobre o quanto você é respeitável. Ironicamente, as pessoas que pensam que suas obsessões indicam falta de controle ou de decência são excessivamente conscienciosas. Pensamentos não indicam que algo de ruim vai acontecer. A realidade não é determinada por seus pensamentos. Não há soluções perfeitas. Você pode almejar tanto aquilo que é "bom o suficiente" ou "tão bom quanto".
Você acredita que é responsável por eliminar qualquer ameaça.	As crenças infladas sobre a responsabilidade colocam um fardo sobre você. Você não é responsável pela eliminação de qualquer possibilidade de uma negativa – você é responsável por agir como uma pessoa razoável agiria. Como uma pessoa razoável, sem TOC, agiria?
Você acha que precisa suprimir todos os pensamentos e imagens.	A supressão nunca funciona; os pensamentos voltam. Você pode de fato praticar repetir suas piores obsessões. Por exemplo: "É possível que eu me contamine" ou: "É possível que eu possa ter deixado alguma coisa passar desapercebida". Repita isso durante 20 minutos todos os dias, até ficar entediado.

(continua)

QUADRO 6.9 COMO LIDAR COM O TOC (continuação)

PROBLEMA	O QUE FAZER OU PENSAR
Você acredita que não tem controle.	Você está baseando essa crença no fato de que não tem controle sobre seus pensamentos e imagens. É impossível – e desnecessário – controlar pensamentos e imagens. Liste todos os comportamentos e resultados que você controla todos os dias. Você provavelmente descobrirá que tem muito mais a controlar do que pensa ter.
Agir de maneira compulsiva.	Toda vez que você age de maneira compulsiva, você reforça sua crença de que tem de eliminar obsessões e de que as compulsões são a única alternativa para você. Em vez de agir compulsivamente, você pode atrasar tal comportamento, expondo-se às coisas que fazem com que você tenha obsessão, freando completamente a compulsão.
Você continua a ter determinada compulsão até ter uma sensação de finalização.	Você tem adotado atitudes compulsivas até sentir que as coisas estejam acabadas "completamente" ou até que você sinta ter feito o "suficiente". Se agir compulsivamente, tente encerrar tal comportamento antes da sensação de finalização – faça as coisas de maneira imperfeita.

QUADRO 6.10 **REESCREVA SEU LIVRO DE REGRAS DO TOC**

1. **Construa sua motivação.** Reconheça como você ficará melhor sem o TOC. O TOC teve impacto significativo em sua vida. Ele o impede de fazer coisas que outras pessoas facilmente fazem. Pode interferir em seu trabalho, relacionamentos, lazer e muitas outras coisas. Mas para modificá-lo você terá de fazer algumas coisas que são desconfortáveis.
2. **Examine por que suas obsessões são irracionais ou demasiado extremas.** O que a maior parte das pessoas pensaria, já que elas têm os mesmos pensamentos que você. Por que elas não são obsessivo-compulsivas? Talvez elas aceitem seus pensamentos e deem continuidade à vida normalmente.
3. **Examine suas crenças negativas sobre pensamentos intrusivos.** Pergunte-se se você realmente precisa prestar atenção aos pensamentos, se os pensamentos realmente o tornam uma pessoa responsável, se mudam ou sobrecarregam sua realidade ou se você realmente precisa suprimi-los.
4. **Mude seu relacionamento com seus pensamentos.** Seja receptivo a seu pensamento, observe-o flutuar como uma folha sobre a água e tome conta de seu pensamento como se ele fosse uma pessoa sozinha.
5. **Evite automonitorar seus pensamentos.** Você pode praticar permitir que sua mente se afaste das obsessões quando elas ocorrem. Por exemplo, pode permitir que sua mente reenfoque vários objetos do local em que você estiver, contando-os e descrevendo formas e cores. Isso demonstra que não é preciso prestar atenção a seu pensamento.
6. **Pratique o pensamento em vez de suprimi-lo.** Se você tiver medo do pensamento "Posso ficar louco", pratique dizê-lo em voz alta 15 minutos por dia. Você constatará que não vai ficar louco – na verdade, ficará entediado. Isso deve provar que ter um pensamento não é perigoso.
7. **Elimine compulsões.** Identifique um "gatilho" para suas obsessões e compulsões. Por exemplo, se você tem a compulsão de lavar as mãos, o gatilho pode ser sujá-las. Coloque suas mãos em um local sujo – por exemplo, esfregue as mãos no chão ou mexa na cesta do lixo. Suje suas mãos. Depois, não as lave durante uma hora. Tolere a ansiedade. Se você tem medo de cometer um erro, pratique cometer erros nos papéis e fazendo contas. A isso chamamos de exposição com prevenção de resposta.
8. **Atrase suas compulsões.** É difícil eliminar a compulsão inicialmente. Atrase-a. Quando perceber sua obsessão, tente esperar 20 minutos antes de dar início a seu comportamento compulsivo. Isso enfraquecerá o desejo de dar início a tal comportamento.
9. **Modifique a compulsão.** Suas compulsões podem ser bastante rígidas. Romper com elas pode implicar modificá-las. Por exemplo, se você sentir a necessidade de repetir algo indefinidamente, interrompa a repetição; faça algo diferente em meio às suas repetições. Se você tem rituais de se lavar a todo momento, tente uma maneira diferente de se lavar. Muitas pessoas repetem suas compulsões até que atinjam uma sensação de finalização. Tente modificar isso, encerrando a compulsão antes de sentir tal sensação.
10. **Planeje a recaída.** O TOC terá variações de intensidade. Mesmo que você tenha sucesso em revertê-lo, há uma boa chance de que os pensamentos e urgências retornarão. Não fique alarmado. Isso simplesmente significa que você deve, mais uma vez, implementar as técnicas que acabou de aprender.

CAPÍTULO

7

"Sim, mas e se...?" Transtorno de ansiedade generalizada

O QUE É O TRANSTORNO DE ANSIEDADE GENERALIZADA?

Linda parece estar sempre preocupada. Ela se preocupa com o fato de sua filha Diane ter problemas na escola. Não que Diane não esteja em geral bem, mas ultimamente enfrentou alguns problemas em matemática e, uma vez ou duas, chorou depois que algumas outras crianças implicaram com ela. Quando Diane demora para voltar para casa, Linda começa a se perguntar se não houve algum acidente com o ônibus da escola. Linda está divorciada há quatro anos, e Sam, seu ex-marido, às vezes se atrasa ao fazer alguns pagamentos de apoio. Ela se preocupa com a possibilidade de ele parar de fazê-los e que, então, ela não possa ficar na casa onde mora. Linda também se preocupa com o trabalho: se ela não tiver um bom desempenho poderá ser demitida e, provavelmente, não encontrará nenhum outro emprego. Toda vez que adoece, fica preocupada com a possibilidade de o plano de saúde não cobrir os custos. A lista de coisas com que se preocupar parece interminável. Nada em sua vida parece estar tranquilo ou seguro.

Toda essa preocupação tem impacto sobre a saúde e o bem-estar de Linda. Quando vai para a cama, tem problemas para dormir. Ela se vira na cama ou fica tensa, ouvindo seu coração bater. Tenta fazer o melhor que pode para relaxar, mas nada funciona. Ela está certa de que a falta de sono prejudicará seu dia de trabalho. Linda também desenvolveu sintomas físicos, incluindo indigestão e dores de cabeça frequentes. Às vezes, ela sente falta de ar ou tontura. O médico não acha nada de errado nela: "É, principalmente, tensão", diz ele, e prescreve tranquilizantes ou pílulas para dormir, mas Linda não quer começar a tomar remédios. Ela acha que deve ser capaz de lidar com seus problemas sem medicação. Mas até agora ela não descobriu como.

Quando Linda pensa em sua vida, ela percebe que nada de mau realmente aconteceu. Diane é saudável, competente, alegre e tem amigos na escola. Linda sabe que está bem melhor divorciada – e tem vários amigos do sexo masculino. Seu chefe não para de elogiar seu trabalho e, recentemente, ofereceu-lhe um novo cargo e um aumento. Ela não tem uma razão real para se preocupar tanto. Na verdade, o que seus amigos continuam a dizer a ela é: "Sua vida é ótima", "Pense positivo" ou "Não pense tanto nisso". É claro que isso tudo não ajuda; na verdade, pode ser bastante incômodo. "Será que eles não percebem que eu estou tentando parar de me preocupar?", pensa Linda.

"Será que eles imaginam que eu *queira* ser assim?". Uma amiga muito chegada à psicologia amadora disse-lhe: "Acho que você está tentando se punir por causa do fim de seu casamento". Isso deixa Linda furiosa, pois pressupõe que ela esteja *optando* por se preocupar, por causa de culpa ou autopiedade. Ainda assim, parte dela tem o pensamento repetitivo de que isso seja parcialmente verdade: "Há algo que eu esteja fazendo e de que não tenha certeza?", pensa ela. "Será que estou criando sozinha toda essa ansiedade?".

A resposta é sim e não. Linda de fato está passando por um problema bastante comum, ainda que desafiador, conhecido como transtorno de ansiedade generalizada ou, simplesmente, TAG. Cerca de 7% das pessoas experimentam tal transtorno em algum momento, sendo que as mulheres apresentam incidência duas vezes maior que os homens. As pessoas com TAG se preocupam com muitas coisas – ou com tudo – não só com um ou dois problemas específicos. Com frequência, exibem sintomas relacionados: indigestão, fadiga, dores, tensão muscular, tontura frequente e desorientação. Um estudo demonstra que 93% das pessoas com TAG sofrem simultaneamente de outras formas de problemas psicológicos, inclusive dos transtornos de ansiedade descritos neste livro. Sua preocupação crônica pode resultar em náusea, síndrome do intestino irritável e sensação de desesperança. Na verdade, 25% das pessoas que procuram o médico por causa de sintomas relacionados a um problema psicológico têm TAG. A ansiedade e a preocupação podem levá-lo a fumar mais, beber excessivamente, usar drogas, comer descontroladamente ou perder o sono. A maior parte das pessoas que se preocupa evita fazer as coisas que realmente precisam fazer – por isso, se você é uma delas, deve se perguntar o que está evitando. Você pode estar evitando ter contato com as pessoas, fazer o seu trabalho, fazer ligações importantes, buscar novas oportunidades no trabalho ou em sua vida pessoal, ou aprender novas habilidades e se reeducar. Sua preocupação o paralisa: já que você tem medo do futuro, terá um *desempenho* ruim, atingirá menos objetivos e não será uma pessoa sociável.

Pelo fato de a tensão e a preocupação desgastar as pessoas ao longo dos anos, elas em geral buscam primeiro ajuda para suas *reclamações médicas* – via de regra, problemas como náusea, dores musculares, insônia e fadiga. Em três quartos dos casos de TAG a preocupação precede a depressão; que é, em geral, uma depressão crônica de baixa intensidade marcada pelo pessimismo, falta de confiança e dificuldade para aproveitar as coisas. O TAG continuará a existir se não for tratado. Um ano depois de serem diagnosticados (mas não tratados), 85% das pessoas com TAG ainda enfrentam problemas significativos.

Em geral, o TAG começa com a preocupação com algo específico (no caso de Linda foi seu casamento) e depois se expande, assumindo uma gama de preocupações. Quando o problema persiste por muito tempo, as coisas podem começar a parecer um tanto quanto desanimadoras. A depressão pode se agravar tão gradualmente que um indivíduo pode não reconhecer sua presença durante um bom tempo. Mas não é difícil ver como um estado mental preocupado que enfoca o negativo (o que deu errado e dará errado) pode ser ligado à depressão, muito embora, com frequência, seja difícil dizer qual condição é causa da outra.

As pessoas com TAG tendem a esperar muito tempo para buscar ajuda. Elas desprezam sua condição como se se tratasse de uma preocupação cotidiana, do tipo que todos têm. Muitas pessoas que finalmente buscam tratamento percebem que estão sofrendo de TAG há décadas. Durante muitos anos, as pessoas que sofreram de TAG tinham poucas esperanças de um tratamento eficaz. Ocasionalmente, a medicação é útil e, em uma pequena proporção de casos (cerca de 20%), a psicoterapia tradicional produz resultados. Contudo, com formas mais novas de terapia cognitivo-comportamental, temos uma melhor compreensão de como a síndrome de preocupação funciona e de como os pacientes podem trabalhar para reverter seus sintomas. A boa notícia é que cerca de 75%

das pessoas com TAG podem ser ajudadas significativamente com formas mais novas de terapia cognitivo-comportamental.

Linda foi um bom exemplo disso. Ela havia passado por anos de agonia inútil, seja considerando seus sintomas como parte inevitável da vida, ou se culpando pela existência deles. Depois de ela iniciar o tratamento, pudemos identificar sua síndrome e começar a enfrentá-la. Embora o TAG de Linda fosse um problema facilmente reconhecível, e não uma espécie de urgência autodestrutiva, pude ajudá-la a perceber que havia opções que a tirariam do dilema. Em particular, ela foi capaz de identificar algumas das crenças irracionais que sustentavam sua preocupação constante. Uma vez feito isso, ela começou a abandonar tais crenças e viver uma vida normal.

O fato de você sofrer ou não de TAG depende de quanto você se preocupa e do quanto essa preocupação tem impacto em sua vida. Provavelmente seja verdadeiro que todas as pessoas se preocupam alguma vez – é parte da condição humana. Na verdade, quando eles "afrouxam" o diagnóstico para TAG (incluindo pessoas com uma duração menor de preocupação), 24% das pessoas têm TAG. Mas quando ela se torna um transtorno? Em geral, se sua preocupação é verdadeiramente crônica, algo que você não consegue desligar, algo que o impede de aproveitar os bons momentos, as chances são de que você se encaixa no padrão. Outra questão fundamental é a de quanto sua preocupação está afetando suas outras atividades. Quando ela impede você de "funcionar" no trabalho ou prejudica sua relações com os outros, você provavelmente terá razões para se considerar uma pessoa que sofre de TAG. No Apêndice G você encontrará duas ferramentas de diagnóstico que podem ser úteis. Uma é a minha *Lista de verificação de ansiedade de Leahy*, e a outra é o Questionário de preocupações da Penn State University. Preencher tais documentos (e continuar a usá-los semanalmente) pode dar-lhe alguma sensação de como sua síndrome de preocupação se compara à média, indicando se o tratamento pode ser benéfico e fornecendo uma medida de seu progresso à medida que você avança.

DE ONDE VEM O TAG?

Lembro-me de uma conversa que tive com um paciente, Dan, que havia sido uma pessoa preocupada toda a sua vida. Suas preocupações o cercavam dia e noite, e claramente o deixavam em estado deplorável. Ao mesmo tempo, ele colocava tanta energia em se preocupar que me foi impossível não querer investigar o que estava acontecendo. Por isso, fiz-lhe algumas perguntas.

Aqui está o problema: "Você está fazendo milhares de previsões que não se tornam verdade. E agora você está fazendo as mesmas predições novamente? Por quê?".

Consideremos o seguinte diálogo entre Dan e eu – Dan está me contando que durante toda sua vida sempre se preocupou.

Bob: Você está me dizendo que sempre se preocupou. Com que coisas você está se preocupando agora?

Dan: Uma melhor questão seria: "Com o que eu não me preocupo?". Preocupo-me em não ofender as pessoas, porque posso ter sido rude. Preocupo-me sobre o fato de meu trabalho estar no padrão. Preocupo-me em perder meu emprego. E preocupo-me sobre encontrar a mulher certa para viver.

Bob: Parece que há muitas coisas na sua mente. Tomemos sua preocupação em ofender as pessoas. O que o faz pensar que está ofendendo alguém?

Dan: Não sei. Às vezes, eu mesmo fico confuso. Preocupo-me com o fato de não ouvir cuidadosamente as pessoas e passar por presunçoso.

Bob: Essa preocupação o incomoda?

Dan: Sim. Acho que estou preocupado o tempo inteiro. Não consigo me controlar. Posso estar sentado na minha escrivaninha, no trabalho, e me preocupar com o fato de estar com um projeto pronto ou não. Ou posso estar deitado na cama e me preocupar com não conseguir dormir.

Bob: Você acha que, em alguma medida, há vantagem em se preocupar tanto?

Dan: Sei que parece irracional, mas eu acho que pode me ajudar a evitar ser surpreendido por algo ruim. Talvez me preocupando eu consiga controlar a situação antes que ela saia do controle. Talvez eu me motive a fazer as coisas.

Dan havia tocado em um tema fundamental para a psicologia da preocupação. Para entendê-lo, vamos mais uma vez voltar ao mundo de nossos distantes ancestrais que viviam na floresta ou nas savanas. O perigo estava em todos os lugares, frequentemente surgindo de maneira repentina: em um predador que salta da mata, uma doença, um escorregão ao subir em uma árvore ou ao atravessar um córrego. Como vimos, muitos dos nossos medos mais profundos são respostas evolutivas a tais perigos. Mas havia outros tipos de perigo – de maior alcance, voltados ao futuro: a escassez de alimentos em certas estações; a possibilidade de ataques de animais, não no momento, mas a horas ou a dias de "distância". À medida que a humanidade evoluiu, detectar e responder a esses tipos de perigo se tornou cada vez mais importante. Foi útil estudar os padrões do movimento dos animais, tanto para nos protegermos dos predadores quanto para garantir um estoque de caça. Foi importante saber que tipo de clima esperar em determinadas estações, a fim de colher e plantar de maneira eficiente. Armazenar combustível ou alimentos, construir abrigos, fazer ferramentas ou roupas para uso futuro – tudo isso exigiu planejamento, o que, por sua vez, implicava pensar sobre o futuro. E é isso exatamente o que as pessoas com TAG tendem a fazer em excesso. Estão sempre pensando à frente, tentando antever o que pode dar errado, o que pode ser uma ameaça. Esse instinto indubitavelmente manteve muitos de nossos ancestrais vivos e capacitou a raça humana à sobrevivência.

Se não fosse a capacidade de se preocupar, seria improvável que nossos ancestrais primitivos fossem capazes de cultivar a terra. Imagine se você tivesse de plantar e não planejar o futuro, não ter sementes, não arar a terra, não irrigar a terra quando possível. Ou imagine se seus ancestrais nunca guardassem nada, se tivessem de viver apenas com o estritamente necessário. É a capacidade de se preocupar – de planejar, de pensar à frente e de tomar decisões antes de algo terrível acontecer – que permitiu a nossos ancestrais avançar. A civilização se construiu, parcialmente, a partir dessa capacidade. É por isso que geralmente penso nas pessoas que se preocupam como pessoas conscienciosas.

Nesse contexto, é claro, a preocupação tem muito sentido. A pessoa que se preocupa, mesmo que de maneira ineficaz, está simplesmente tentando antever e evitar o perigo. Mas, nesse caso, o perigo não está caindo de uma árvore ou surgindo na figura de um crocodilo faminto. Trata-se mais do futuro: como você vai enfrentar a fome? Quais são as consequências sociais de cometer um erro? O que você precisará ter com você se for migrar? Todas essas habilidades e competências têm a ver com ser capaz de usar sua imaginação. Muito mais importante do que isso é o fato de elas exigirem que você *preste atenção* ao que está em sua imaginação. Para certos tipos de pessoas, imaginar um problema indica que de fato há um problema que precisa ser enfrentado. Preocupar-se é simplesmente se preparar para o pior; é a única maneira de evitar todas as coisas terríveis que poderiam acontecer. Essa é uma descrição perfeita da atitude subjacente que Dan teve ao reconhecer o fato diante de mim – sua crença na *eficácia* da preocupação. Preocupar-se foi uma estratégia para evitar a catástrofe.

É claro que sabemos que em nossas vidas hoje esse estado de espírito *não é* em geral eficaz, mas sim paralisante. Isso ocorre porque essa é uma maneira fraca e irreal de lidar com o gerenciamento do risco. Preocupar-se, afinal de contas, é algo que realmente diz respeito ao risco – é uma ferramenta para detectá-lo e administrá-lo. Todavia, se sua capacidade de avaliar os riscos de maneira acurada está prejudicada, seus instintos de precaução não terão muita utilidade. Você superestimará alguns riscos e provavelmente não perceberá outros. Se você tratar todos os riscos igualmente, provavelmente acabará se trancando no porão e usando um traje de borracha para se proteger da radiação. Ou – em caso menos extremo – acabará como Linda, preocupando-se todo o tempo a respeito de tudo. Você terá uma sobrecarga de riscos e será incapaz de lidar com qualquer coisa de maneira eficaz.

Da perspectiva da psicologia evolutiva, então, uma mente que se preocupa tem sentido; mesmo que o contexto tenha mudado significativamente desde a época dos caçadores-coletores. Mas, por que algumas pessoa se preocupam mais do que as outras? Por que algumas pessoas têm maior dificuldade em avaliar os riscos de maneira precisa? Não sabemos todas as respostas. Porém, sabemos que há uma certa predisposição genética ao transtorno – de acordo com um estudo, um número equivalente a 38% de casos. Isso não quer dizer que você está condenado a ser uma pessoa que se preocupa de maneira crônica. Há sempre maneiras de alterar sua perspectiva, de modo que sua preocupação não exerça controle sobre sua vida. Mas se você tem uma tendência já arraigada a se preocupar – especialmente se você sempre foi mais ou menos assim – as chances são as de que você nasceu com uma certa predisposição. É bom reconhecer isso, porque, quanto mais claramente você enxergar e aceitar isso, mais capaz será de lidar com o problema.

Há outros fatores também, sendo o histórico familiar um dos principais. Se seus pais se divorciaram quando você era jovem, sua chance de desenvolver o TAG é aproximadamente 70% maior. Isso provavelmente ajuda a explicar por que muitas pessoas que se preocupam tendem a ter obsessões com a possibilidade de um relacionamento acabar, de perder a casa, de insegurança financeira. Se seus pais eram "superprotetores", você terá maior probabilidade de desenvolver o TAG. Uma de minhas pacientes, Priscilla, falou sobre o fato de como, quando criança, sua mãe a cercava com conselhos: "Não atravesse a rua sozinha"; "Não fale com estranhos"; "Não saia ao sol sem usar chapéu". Todos conselhos razoáveis, mas que, com a mãe de Priscilla, assumiam um caráter extremo. Sua mãe também tendia a se obcecar diante da possibilidade de desaprovação de outras pessoas, a falar abertamente sobre preocupações financeiras e a falar de suas ansiedades no trabalho – tudo isso na presença de uma criança pequena que não entendia nada do que era dito. Assim, além do componente genético, Priscilla tinha a mãe como modelo. Quando cresceu, havia desenvolvido o hábito de ver o mundo como uma vasta selva de desastres potenciais.

Acontecimentos recentes podem também agravar a tendência para o TAG. Dave era uma pessoa equilibrada no ensino médio, na faculdade e para além desses locais. Tinha um bom trabalho, uma vida social ativa e parecia gerenciar as coisas muito bem. Depois, casou-se com Vicky, com quem teve dois filhos. Repentinamente, surgiram muitas novas responsabilidades. Ao mesmo tempo, foi promovido no trabalho, e as exigências aumentaram. Começou, então, a se preocupar: "E se eu não for bem no trabalho? E se não conseguir sustentar minha família? E se eu for demitido? E se eu virar um escravo do meu trabalho e não tiver tempo para as crianças?". Logo, passou a desenvolver todos os sintomas do TAG: insônia, tensão, irritabilidade e problemas estomacais. Rompimentos ou problemas de grande monta podem desencadear esses sintomas (divórcios, doenças repentinas, um rompimento com o parceiro), mesmo nas pessoas com históricos anteriores de ansiedade.

Na maior parte dos casos de TAG, possivelmente há uma combinação desses fatores. Você pode ter herdado uma tendência à preocupação, mas também tem tido experiências que a exacerbam. Pode ter tido pais que foram superprotetores ou que projetavam suas próprias preocupações na família. Pode ter experimentado um ou vários traumas quando criança, o que pode ter aumentado suas sensações de insegurança. À medida que você amadureceu e assumiu maiores responsabilidades, pode ter percebido que a conscientização acerca das coisas passou a ser preocupação intensa; uma sensação de responsabilidade levada a extremos. É interessante que cerca de metade das pessoas que se preocupa de maneira crônica começa a ter esse perfil durante a infância ou a adolescência, ao passo que a outra metade começa a se preocupar na idade adulta.

A MENTE PREOCUPADA

Como já mencionamos, a principal premissa da pessoa que se preocupa é a de que as coisas são uniformemente perigosas. Nenhum risco é tolerado. É aqui, na mente da pessoa que se preocupa, que as quatro regras da ansiedade entram em cena: detecte o perigo, transforme-o em catástrofe, controle toda a situação e evite o desconforto. Seguir esse conjunto de regras interfere na capacidade de avaliar riscos de uma maneira equilibrada e racional; ignora o fato de que tudo o que fazemos (ou não fazemos) implica riscos. Começar um relacionamento implica o risco de ele acabar; ter dinheiro acarreta o risco de perdê-lo, e ir a uma festa traz o risco de ser rejeitado. A mente preocupada tenta se resguardar dessas possibilidades, identificando os riscos tão rapidamente quanto possível e coletando tantas informações quanto for possível sobre suas terríveis consequências. Isso faz com que relutemos em nos comprometer inteiramente com qualquer curso de ação. Além disso, o processo nunca para: a mente continua a coletar um número cada vez maior de informações inquietantes. Como as pessoas que se preocupam sabem, essa tendência de sempre ver o lado ruim tende a destruir toda avaliação equilibrada dos reais prós e contras de uma situação. Ironicamente, pesquisas de fato demonstram que 85% das coisas com que as pessoas se preocupam têm um resultado neutro ou positivo.

Sendo uma pessoa preocupada, você faz a si próprio as seguintes perguntas – todas centradas no perigo, no risco e no controle pessoal:

- Qual é o risco de algo ruim acontecer?
- Que informações posso obter que me digam qual é o risco?
- Estou conseguindo as informações *a tempo* de agir?
- Alguma informação importante está faltando?
- Há precauções que eu possa adotar para reduzir os riscos?
- Conseguirei evitar o problema, *antes de ele ocorrer*?

Quais são as consequências de continuar a se preocupar o tempo todo? Há, é claro, muitas: ansiedade crônica e depressão, falta de alegria, efetividade reduzida no trabalho, vida social restrita, relacionamentos mais difíceis, sono ruim e um número de doenças físicas relacionadas ao estresse. Em vez da morte que esperamos evitar com a preocupação, acabamos sofrendo milhares de pequenas mortes diariamente. Como retorno da suposta segurança em relação à catástrofe (uma segurança dúbia, na melhor das hipóteses), perdemos a oportunidade de viver nossa vida ao máximo. As pessoas preocupadas encontram dificuldades em viver o momento presente – vivem em um mundo futuro que, na verdade, raramente acaba sendo tão ruim como pensaram que seria. E, de fato, quem se preocupa, se preocupa até com o fato de se preocupar demais. Pensa que precisa se preocupar para evitar surpresas, mas pensa que precisa parar de se preocupar, porque isso o deixa louco.

Há também uma relação interessante entre preocupações e emoções. Observe que quando você se preocupa é quase sempre na forma de linguagem. Você faz alguma espécie de afirmação para si próprio a respeito do futuro: "Eu posso perder meu emprego" ou "Tenho certeza de que esse nódulo será maligno". Quando você faz tais afirmações, está pensando em *termos abstratos* – a linguagem é essencialmente uma abstração da realidade. Você raramente se preocupa com imagens visuais, que tendem a ser mais emocionalmente evocativas para você. E, quando pensa em termos abstratos, você temporariamente abandona suas emoções, centralizando-se mais em pensamentos do que sentimentos. Em poucas palavras, a preocupação, além de ser uma estratégia para se defender do desastre, é também uma maneira de bloquear emoções. Em termos fisiológicos, ela ativa a parte cortical de seu cérebro (a parte "racional") e bloqueia a amígdala (a parte emocional). Quando suas emoções estão causando desconforto, a atividade racional da preocupação é uma maneira certeira de desligá-las. Você, essencialmente, anestesia seus sentimentos desagradáveis.

O anestésico, é claro, é apenas temporário. Os pesquisadores constataram que quando as pessoas se preocupam, suas respostas físicas e emocionais são suspensas por um período curto – mas depois voltam novamente na forma de ansiedade. De certa forma, é como se sua ansiedade ficasse encubada por um período curto de tempo. O estímulo original da ansiedade se perde, ao passo que a própria ansiedade continua, produzindo inquietude, tensão e surgimento de crises – e a necessidade de buscar mais "perigos" com que se preocupar. Subjacente a isso, está a hipótese de que você não suporta ficar infeliz, ansioso, assustado ou desconfortável, que esses sentimentos devem ser

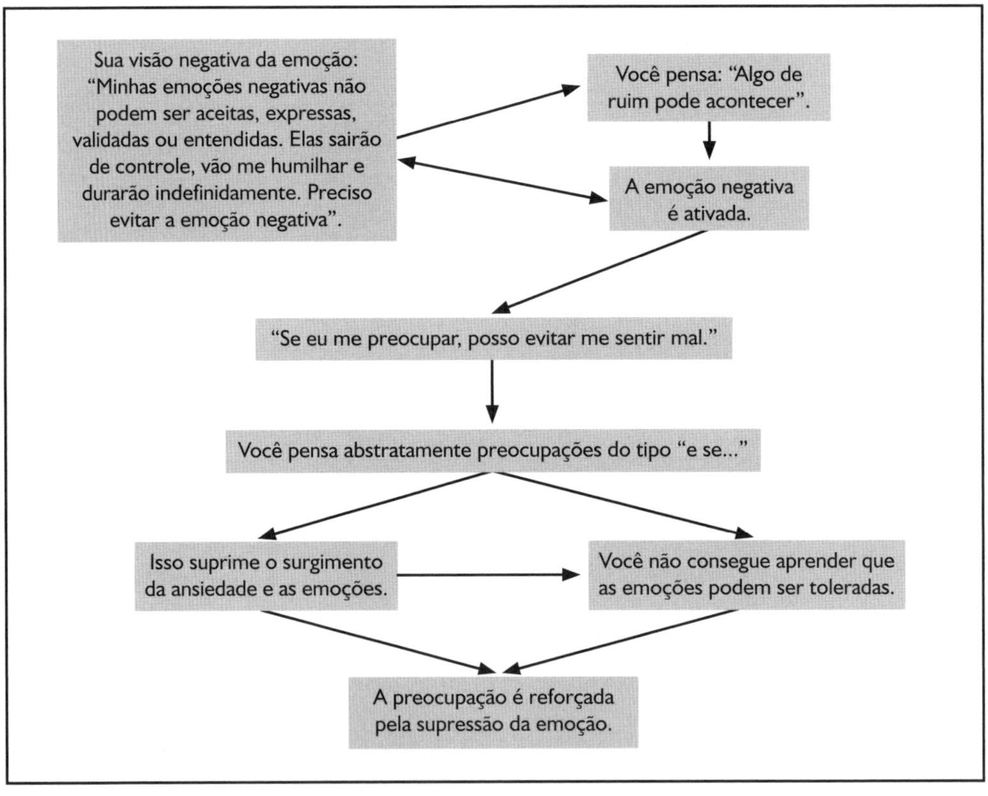

FIGURA 7.1

Como a preocupação o ajuda a evitar suas emoções.

evitados a todo custo. Ao ter sucesso em bani-los (temporariamente), você reforça duas crenças muito fortes:

1. a de que você pode se livrar do desconforto por meio das preocupações;
2. a de que as emoções negativas não podem ser toleradas.

Na verdade, seu relacionamento com a preocupação é similar àquele do alcoólatra com o álcool: você precisa dela para atenuar a dor. A diferença é que aqui a droga é *pensar*: você tenta pensar em um modo de sair do desconforto. Você está pensando, não sentindo. Você pensa que precisa pensar, mas, como veremos, você realmente precisa é sentir e chegar a um acordo com suas emoções.

Para neutralizar o sofrimento causado por sentimentos difíceis, tais sentimentos devem ser confrontados – eles devem ser *sentidos* a fim de ser libertados. Você tem de passar por seu desconforto para superá-lo. É por isso que seu tratamento para o TAG implicará entrar em contato com emoções subjacentes. Somente dessa forma sua agonia poderá se dissipar.

Outro aspecto importante a entender sobre o TAG – que também será crucial no desenvolvimento de um programa de tratamento – é que ele traz uma *incapacidade de relaxar*. Uma constante nas vidas das pessoas que se preocupam é a tensão, tanto física quanto mental. Isso ocorre porque elas estão em um estado constante de prontidão para o perigo, como se estivessem caminhando por um terreno hostil em busca de predadores e inimigos. Normalmente, um estímulo ameaçador produz essa reação por pouco tempo apenas. Se nada de mal de fato se materializa, a pessoa tende a se habituar a isso e, depois, relaxa. As pessoas com TAG, contudo, nunca chegam a esse ponto. Elas continuam hiperalertas para o perigo, sempre o vendo como se fosse a primeira vez. É quase como se estivessem constantemente enfrentando ameaças. Seus sintomas são como as respostas que as ameaças físicas normalmente produzem: tensão muscular, irritabilidade, inquietude, suor. É como se algo de ruim estivesse realmente prestes a acontecer. Quando seu cérebro envia essa mensagem, toda espécie de atividade fisiológica é acionada, mais adrenalina é liberada, os ritmos da respiração e do coração se aceleram, os rins trabalham mais rapidamente, etc. Já que o corpo não está equipado para manter isso por tempo indeterminado, você eventualmente entra em colapso por causa da exaustão. É como se fosse preciso dar uma resposta do tipo "encare ou fuja" todos os dias. Mas os perigos nesse caso estão, em grande parte, em sua mente.

Observe que, com o TAG, a mente está seguindo as mesmas regras básicas que se aplicam a todos os outros transtornos de ansiedade: detecte, catastrofize, controle e evite. Primeiramente, sua mente busca perigos possíveis, tentando prevê-los com a maior antecedência possível. A seguir, transforma a ameaça em catástrofe, presumindo o pior cenário possível e fazendo dele a base para suas previsões (a preocupação parece estar acompanhada do pessimismo). Depois, você começa o estágio do controle, verificando toda e qualquer informação, não descansando nunca, incomodando os outros, tentando cobrir todas as situações. E você dirige seu controle à sua própria mente, dizendo a você mesmo para parar de se preocupar. Isso não funciona. Ao mesmo tempo, você evita as situações que acionam a sua preocupação: uma tarefa desagradável, uma conversa difícil, uma visita ao médico. Mais uma vez, nosso trabalho será o de substituir essas regras com um conjunto de regras para a libertação da ansiedade que tenham mais sentido.

O LIVRO DE REGRAS DA PREOCUPAÇÃO

É hora de escrever seu livro de regras da preocupação. Esse é o livro que está na sua cabeça e que o deixa acordado à noite e o mantém preocupado o dia inteiro (Quadro 7.1).

Analisemos cada uma dessas regras da preocupação.

QUADRO 7.1 O LIVRO DE REGRAS DA PREOCUPAÇÃO

1. Você precisa ter certeza *absoluta*.
2. Há *perigo* em toda a sua volta.
3. Você tem de estar pronto para responder.
4. Você precisa ter controle.
5. Se uma preocupação surgir na sua cabeça, *você tem de fazer algo a respeito*.
6. Você precisa evitar *qualquer desconforto emocional*.
7. Você precisa da resposta *neste momento*.
8. Você não consegue viver o *momento presente*.
9. Você precisa evitar fazer coisas que o deixam ansioso.

1. **Você precisa ter certeza absoluta.** Você não para de dizer a si mesmo: "Eu sei que as chances são de uma em um milhão – mas pode ser que seja a minha vez!". Você está certo, pode ser. Mas você teria de ter muito azar. É improvável que aconteça, e exigir certeza só fará com que você se preocupe mais.
2. **Há perigo em toda a sua volta.** Mas há muito mais segurança e normalidade do que você pensa. Quase todas as suas preocupações se provaram falsas. E, afinal de contas, se as coisas fossem tão terríveis e o mundo tivesse acabado, você não estaria lendo um livro agora.
3. **Você tem de estar pronto para responder.** Você não pode baixar a guarda. Você tem de estar pronto para responder a qualquer ameaça que possa acontecer. Fique superalerta. Mantenha seus olhos e ouvidos abertos. Mas a consequência disso é que você está sempre se sentindo ansioso e irritável; e mal pode relaxar.
4. **Você precisa ter controle.** Estar no controle a todo momento é um sinal do quanto você é responsável. Você sente que essa é a única maneira de evitar que coisas terríveis aconteçam. Por isso, tente controlar tudo a seu redor. A consequência é que você fica louco pelo controle, e continuamente tenta controlar coisas que não estão sob seu comando. Para você, não estar no controle é estar em situação de perigo.
5. **Se uma preocupação surgir na sua cabeça, você tem de fazer algo a respeito.** Você acha que precisa estar no controle. Mas não precisa. Pode se sentar, tranquilo, e dizer: "Há outros pensamentos".
6. **Você precisa evitar qualquer desconforto emocional.** Mas a realidade da vida é que todos nós sofremos, fracassamos, e ficamos surpresos se coisas ruins acontecem. Passar a vida se preocupando apenas aumenta o sofrimento.
7. **Você precisa da resposta neste momento.** Você presume que isso é necessário toda vez que não tem imediatamente a resposta de como as coisas vão se desenrolar. É como se você sentisse que algo terrível estivesse se aproximando rapidamente – a relação vai acabar, você será rejeitado, toda a sua vida vai mudar. Por que você precisa da resposta agora? Talvez você não obtenha a resposta até que tudo o que tiver de acontecer aconteça. E talvez a resposta não seja tão má.
8. **Você não consegue viver o momento presente.** Você vive em um futuro que nunca acontece. Como resultado, você

perde o que está acontecendo a seu redor e que poderia ser aproveitado. Você não vive uma vida em que aceita e aproveita a experiência corrente. Você está sempre vivendo em outro lugar – o futuro – algo que quase nunca acaba sendo tão ruim quanto você previa.

9. **Você precisa evitar fazer coisas que o deixem ansioso.** Você espera até ficar *pronto*, mas os dias, semanas e até anos passam e você ainda não se sente pronto. Você não percebe que tem de fazer as coisas agora – mesmo que você não esteja pronto para elas. Pode ser que a motivação para fazer algo venha *depois de você começar a fazê-lo*.

Muito bem. Vamos reunir tudo o que vimos até agora na Figura 7.2. Se você é uma pessoa preocupada, provavelmente verá um pouco de si mesmo nesse esquema. Seus pais podem ter sido superprotetores,

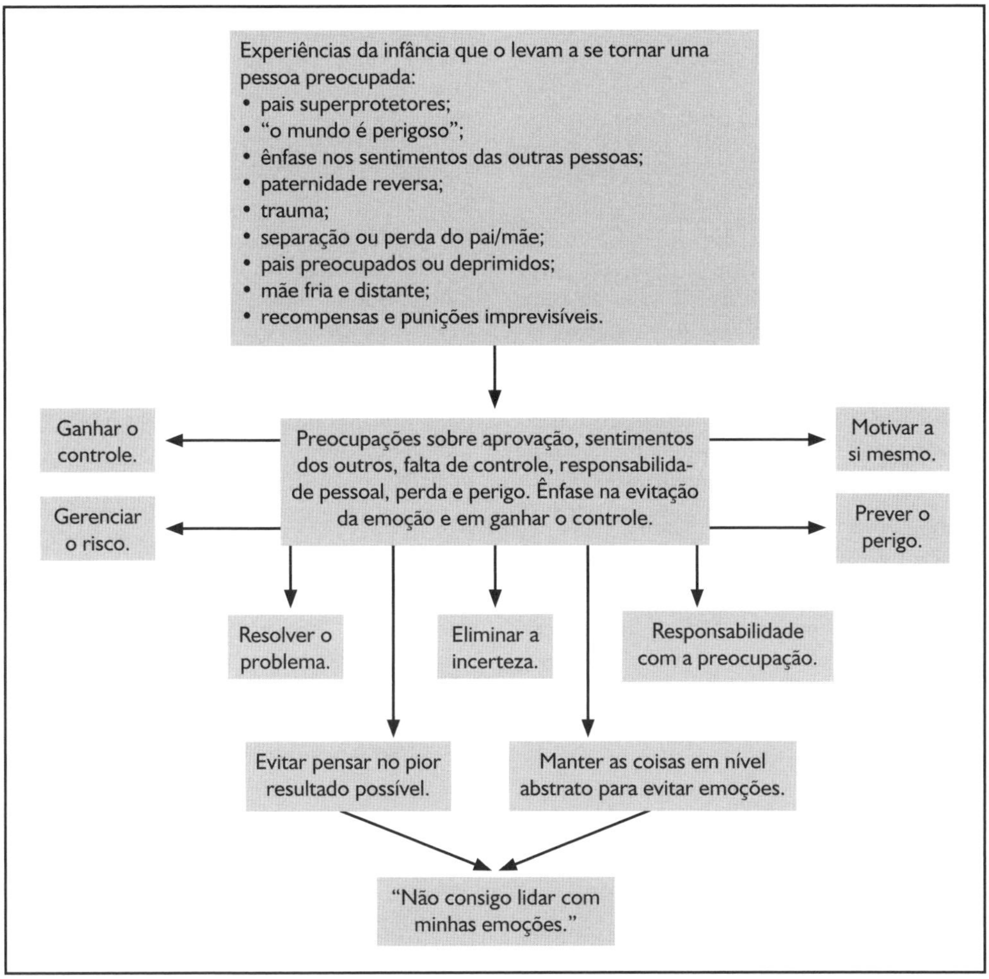
Experiências da infância que o levam a se tornar uma pessoa preocupada:
• pais superprotetores;
• "o mundo é perigoso";
• ênfase nos sentimentos das outras pessoas;
• paternidade reversa;
• trauma;
• separação ou perda do pai/mãe;
• pais preocupados ou deprimidos;
• mãe fria e distante;
• recompensas e punições imprevisíveis.
Preocupações sobre aprovação, sentimentos dos outros, falta de controle, responsabilidade pessoal, perda e perigo. Ênfase na evitação da emoção e em ganhar o controle.
Ganhar o controle.
Gerenciar o risco.
Motivar a si mesmo.
Prever o perigo.
Resolver o problema.
Eliminar a incerteza.
Responsabilidade com a preocupação.
Evitar pensar no pior resultado possível.
Manter as coisas em nível abstrato para evitar emoções.
"Não consigo lidar com minhas emoções."

FIGURA 7.2

Como se tornar uma pessoa preocupada.

continuamente apontando o perigo, se preocupando diante de você, ou não lhe dando orientações claras sobre o que leva à punição e o que leva à recompensa (fazendo, portanto, a vida parecer imprevisível). Sua mãe ou seu pai podem ter sido frios e distantes, fazendo com que você se sentisse desconfortável com suas próprias emoções, ou podem ter confiado a você os problemas deles – de modo que teve de cuidar deles. Você pode ter passado por algum trauma quando criança e lidou com ele se preocupando sempre com a possibilidade de algo similar estar por acontecer. Desenvolveu, então, um conjunto de preocupações sobre o que as pessoas pensavam, sobre o perigo, sobre a responsabilidade e sobre estar no controle. Você, então, ativou a preocupação como uma maneira de evitar o risco, de prever o perigo, de resolver problemas, de motivar a si mesmo, de eliminar a incerteza e de, finalmente, evitar emoções difíceis.

Ironicamente, já que as coisas ruins *não acontecem*, você conclui que sua preocupação está *funcionando*. Se algo de ruim acontece, você conclui que precisa se preocupar ainda mais. Você não aceita o fato de que coisas ruins vão acontecer de qualquer modo, mesmo se você se preocupar. É algo que não se pode evitar e não há o que fazer. Mas a melhor maneira de estar pronto para alguma coisa ruim é ser capaz de resolver problemas que de fato existem – e ser capaz de viver uma vida que valha a pena. Porque você vive em um mundo de perigo e de perda, que existe em sua cabeça – você não se dá conta inteiramente das coisas maravilhosas que estão bem diante de você. Um de seus pés está fora da realidade.

SUPERANDO SEU TAG

A boa notícia é que há muitas coisas que você pode fazer para superar sua ansiedade e sua preocupação. Observe como eu as mencionei – ansiedade e preocupação – porque estarei falando sobre o surgimento da ansiedade (batimentos cardíacos rápidos, tensão, sentir-se agitado) e a preocupação (o modo como você pensa). Tenha em mente o fato de que, quando você está se preocupando, você está pensando em termos abstratos, tentando resolver ou evitar problemas, e está temporariamente bloqueando suas emoções. Então, veremos novamente técnicas que você pode usar para acalmar o surgimento da ansiedade e maneiras de acalmar sua mente ansiosa.

Pelo fato de o TAG ser muito menos específico em seus sintomas do que a maior parte dos outros transtornos de ansiedade (é por isso que é chamado de transtorno de ansiedade *generalizada*), nossos procedimentos para superá-lo serão um pouco diferentes daqueles utilizados nos capítulos anteriores. Preocupar-se é um processo que tende a ocorrer sempre; não só quando certas situações assustadoras surgem. Ele se mistura com qualquer atividade mental que ocorra na sua mente. Assim, tem menos sentido construir uma hierarquia do medo em que você se expõe a situações específicas de uma maneira controlada. É também difícil isolar comportamentos específicos de segurança ou evitação, já que a preocupação realmente é seu comportamento de segurança. É o que você faz para ficar temporariamente seguro e evitar o que você realmente mais teme. Você escapa da sua ansiedade por meio da preocupação.

Seu hábito de se preocupar é simplesmente a maneira como sua mente aprendeu a pensar sobre tudo. É uma espécie de ansiedade flutuante que se liga a qualquer coisa que apareça. Para superá-la, você precisa ensinar à sua mente outras maneiras de pensar (ou de não pensar sobre as coisas). Há uma série de maneiras para fazer isso, que provaram ser eficientes para quem sofre de TAG. Coloquei-as em uma lista de 13 passos.

Construa sua motivação

Você provavelmente é mais ambivalente do que pensa sobre se livrar da preocupação. De um lado, ela o está desgastando, arruinando a possibilidade de aproveitar a vida, interferindo em seus relacionamentos, mantendo-o acordado à noite e deixando-o deprimido. De outro lado, você pode estar abrigando uma crença secreta – secreta até mesmo para você – de que a sua preocupação vai protegê-lo e ajudá-lo a resolver os problemas. Começar com uma lista de prós e contras pode ser útil. Escreva tantas vantagens quanto puder lembrar sobre a preocupação (tal como "Preocupar-me ajuda a entender as coisas" ou "Se eu não me preocupasse, nada seria feito"). Ver as vantagens de suas preocupações por escrito pode mudar a maneira como você se sente em relação a elas. Elas podem até parecer um pouco tolas, o que é bom. Faça uma lista dos incômodos e dos fardos que as preocupações trazem à sua vida. Você não deve ter muita dificuldade para pensar neles, se for honesto. Quando olhar as duas listas, nelas deverá encontrar excelente motivação. Discutir sua lista com um amigo ou terapeuta pode ser útil também.

Por exemplo, Ellen pensava que precisava se preocupar em ser uma boa mãe para garantir que nada de terrível acontecesse a seus filhos. Ela também pensava que precisava se preocupar em ser capaz de fazer seu trabalho no escritório – e prever as coisas que poderiam dar errado, de modo que pudesse impedir coisas ruins de acontecer. A questão, porém, é saber se preocupar-se com as coisas foi a melhor estratégia.

Uma melhor estratégia seria fazer uma lista de coisas que ela *poderia fazer*. Por exemplo, ela poderia se certificar de que alguém estivesse em casa quando seus filhos chegassem e de que eles tivessem o número do celular dela. Mas ela não poderia saber com certeza como as outras crianças reagiriam a seus filhos. Por isso, tinha de escolher entre se preocupar com alguma coisa que ela não podia controlar e desistir do controle e da certeza. Nós também elaboramos uma lista do que fazer no trabalho – incluindo uma lista de coisas a serem feitas todos os dias e que estivessem na sua lista de tarefas. Preocupar-se em fazer as coisas era muito diferente de fazer as coisas. Se você fizer as coisas, terá menos com o que se preocupar.

Lembro-me de ter passado pela mesma experiência recentemente. Eu havia concordado em escrever um artigo introdutório para uma edição especial de uma publicação científica. Constatei que estava procrastinando a entrega do artigo e, então, me preocupando em me atrasar. Recebi um aviso do editor da publicação: "Bob, onde está o artigo?". Fiquei preocupado com isso. Decidi fazer uso do meu próprio remédio: "Qual é a lista de coisas a fazer hoje?" e "O que posso de fato fazer hoje?". Decidi fazer um esboço do artigo e comecei a me sentir melhor, desenvolvendo mais a motivação para escrevê-lo. Não é interessante que a motivação tenha vindo assim que eu tomei a iniciativa? Não foi a preocupação que me motivou, mas a ação.

Tenha isto em mente: ação é diferente de preocupação. *Não se preocupe – aja!*

Uma razão pela qual o esforço de desistir de se preocupar pode parecer aterrorizante é que você está enfocando a meta errada. Muitas pessoas vêm até mim dizendo: "Ajude-me a me livrar das preocupações". Não é de se surpreender que elas não estejam se sentindo muito otimistas. Livrar-se de uma preocupação inteiramente é uma tarefa impossível. Só pensar nisso já é algo avassalador, justamente porque se trata de uma tarefa *impossível*. Você nunca será capaz de eliminar a preocupação de sua vida. Contudo, se você pensar que precisa, estará batendo na porta errada. A meta não é se livrar das preocupações, mas continuar funcionando apesar delas. As preocupações vêm e vão, aparecem na mente, passam e desaparecem de novo. O importante é aprender a não se identificar com elas, aceitá-las ou acreditar no que dizem. Mesmo que as preocupações estejam ativas na sua mente, elas não precisam ser um problema. Você não tem de se sentir incomodado com elas. E não precisa obedecê-las.

O que você fará, portanto, é se afastar de suas preocupações. Você não precisa se exaurir lutando contra elas. Se entender isso desde o começo, terá certamente alguma confiança de que poderá ser bem-sucedido. Esse é um motivador poderoso.

Desafie seu pensamento

É útil decidir o quanto você acha que suas preocupações são racionais. Decidir que elas são *irracionais* não impedirá que elas continuam acontecendo. Mas pode diminuir a urgência com a qual você responde. Por exemplo, uma paciente minha, Ellen, consumia-se com a preocupação sobre um relatório em que estava trabalhando, convencida de que seu chefe não gostaria dele. Ela estava tão enredada com a preocupação que não conseguia fazer nada. Ao mesmo tempo, o prazo de entrega do relatório se aproximava. Dei-lhe uma lista de questões que geralmente usava na terapia cognitiva. Aqui estão elas, junto com as respostas de Ellen (Quadro 7.2).

Outras questões que você pode perguntar – ou coisas que você pode fazer – para desafiar suas preocupações são as seguintes:

- A preocupação vai mesmo me ajudar?
- Que conselho você daria a um amigo?
- Como eu poderia lidar com a preocupação se ela ocorresse?
- Quais são algumas boas razões para que eu não precise da preocupação para que tudo funcione?
- Quantas vezes me enganei no passado ao me preocupar?
- Com o que me preocupei no passado e que hoje não me preocupo mais?

Escrever isso ou uma lista similar de questões juntamente as suas respostas pode ajudar. É bom ver no papel as voltas que sua mente dá (em vez de ouvi-las ecoar de maneira caótica em sua cabeça). Isso faz com

QUADRO 7.2 DESAFIE SUAS PREOCUPAÇÕES

Preocupação: "Jamais conseguirei terminar isto"

PERGUNTA	RESPOSTA
Quanto eu acredito nisso?	75%
Qual é a evidência dessa preocupação?	Na verdade, não dei início a isso. Sinto-me nervoso e com medo de não ter tempo.
Qual é a evidência contra essa preocupação?	Fiz tarefas como essa antes. Frequentemente, sinto-me nervoso antes de alguma coisa ficar pronta. Em geral faço uso da procrastinação e, depois, faço o que tenho de fazer.
Que ação posso realizar hoje?	Posso começar a delinear os passos a serem dados e me comprometer em realizá-los. Posso começar a coletar informações.
Quais são as vantagens e desvantagens de fazer essas coisas hoje?	Vantagens: Sinto-me como se estivesse progredindo. Posso tirar minha mente da preocupação. Descobri que não é tão difícil quanto pensei que seria. Desvantagens: parece difícil. Não quero fazer isso.
Qual é a vantagem de fazer o que eu não quero fazer, mas precisa ser feito?	Se eu fizer coisas sobre as quais estou ansioso, constatarei que posso tolerá-las e que não estou desamparado. Posso me sentir mais capacitado.
Qual é o próximo passo?	Delinear a tarefa.

que tudo pareça menos impositivo e mais administrável. Você talvez não se sinta uma pessoa muito racional quando se preocupa. Mas pode *fingir* ser racional, pelo menos durante um tempo, e ver como é.

Estabeleça um horário para se preocupar e teste suas previsões

Uma das técnicas mais incomuns que usamos para a preocupação é estabelecer um horário e um local específico para se preocupar. Você notou que parece estar preocupado todo o tempo e que sente não ter controle sobre sua preocupação. O estabelecimento de um tempo para se preocupar permite que você limite sua preocupação a um horário e local específico – e coloque suas preocupações de lado até o momento definido. É uma maneira de dar um tempo à preocupação e de aprender a se afastar dela por enquanto.

Estabeleça um período de 20 minutos a cada dia – obviamente não antes de dormir. Sente-se em uma cadeira e escreva quais são suas preocupações específicas. Mantenha registros de sua preocupação, de modo que possa entender que se preocupa com a mesma coisa repetidamente. Você vai pensar: "Mas e se eu tiver uma preocupação em um momento diferente do que o do horário da preocupação?". Ok. Escreva sua preocupação em um pedaço de papel e deixe-o de lado até o "horário da preocupação". Você constatará que é capaz de fazer isso e que, quando chegar o horário da preocupação, não estará mais preocupado de fato.

Depois da primeira semana de horário específico para a preocupação, use tal horário para listar suas preocupações como previsões. Por exemplo, "Não vou conseguir fazer o que tenho para fazer", "João ficará bravo", "Meus filhos não estão seguros" ou "Jamais vou conseguir dormir". Essas são previsões suas. Todo dia – e ao final de cada semana – volte e escreva os resultados reais. Muitas de suas previsões terão sido falsas; por exemplo, você terá feito o que tinha de fazer e seus filhos chegarão seguros. Algumas de suas previsões podem estar certas; mas, se você é como a maioria das pessoas preocupadas, até as previsões negativas (por exemplo, "Eu não vou fazer isso a tempo") não serão uma catástrofe (Quadro 7.3).

Valide suas emoções

Como vimos, parte da estratégia de se preocupar é evitar emoções dolorosas.

QUADRO 7.3 **REGISTRO DA PREOCUPAÇÃO**

Na primeira coluna, especifique o que você acha que vai acontecer e quando você acha que vai acontecer. Na coluna central, classifique os seus USIs associados às predições, em que 0 indica nenhum incômodo e 10 indica incômodo máximo. Na última coluna, liste exatamente o que de fato aconteceu, e depois compare sua previsão ao resultado real.

PREVISÃO	USIs (0-10)	RESULTADO REAL

Toda vez que você se preocupa, você está no mundo do pensamento, isolado do mundo do sentimento. Preocupar-se é essencialmente sua escapatória do sentimento. Essa não é uma relação saudável de se ter com as emoções. Você pode ter desenvolvido a percepção de que certas emoções (ansiedade, raiva, frustrações, tristezas) sairão de controle. Você pressupõe uma necessidade de ser racional a toda hora. Você pode até ter vergonha da maneira como se sente. Mas todas as pessoas têm sentimentos similares aos seus. Ninguém é racional sempre; nem deve ser. As emoções cumprem uma função importante: elas informam-lhe sobre suas necessidades. Sua mente racional pode ajudá-lo a compreender o modo como atender a essas necessidades – mas sem que suas emoções guiem o processo, temos um barco sem leme. Em poucas palavras, você precisa validar suas emoções. Você não só tem direito a elas como o fato de ser capaz de senti-las é absolutamente crucial para superar seu TAG.

Uma técnica útil é manter um diário de suas emoções. Toda vez que você tiver ciência de um sentimento (tristeza, ira, ansiedade, confusão, medo, desesperança, felicidade, curiosidade, empolgação), anote-o, juntamente com a situação que o produziu. Tente não comentar sobre o sentimento de maneira alguma (se ele é prazeroso ou não, por que o sentiu, se se justifica, o que significa psicologicamente), somente fique com o sentimento em estado puro. Esta última observação é importante porque qualquer dessas distrações pode retirá-lo do mundo do sentimento e jogá-lo de volta ao mundo do pensamento. Carregue o diário com você ou faça questão de escrever nele durante 10 minutos por vez – se possível, várias vezes por dia. A cada intervalo, registre os principais sentimentos de que se lembra. Mantenha esse processo durante um mês. Quando você analisar esses registros mais tarde, começará a perceber determinados padrões; começará a reconhecer seu principais sentimentos e a ver o que os aciona. Mais importante, você terá menos medo de senti-los. Quanto mais você estiver apto a senti-los, menos você precisará mantê-los sob vigilância.

Ideias úteis para manter em mente o que diz respeito às suas emoções são as seguintes: Suas emoções indicam que você está vivo. Todas as pessoas têm sentimentos difíceis. Os sentimentos são temporários e não o matarão. Não há problema em ficar confuso, porque a vida é complicada. Os sentimentos não são fatos e não machucam as pessoas. Apenas os comportamentos podem machucar alguém. Seus sentimentos mudam de intensidade. Já que são temporários, passarão, e você vai se sentir de maneira diferente.

Aceite o controle limitado

Uma das crenças ocultas mais poderosas que está por trás da preocupação é o poder de controlar tudo em sua vida. Você pode, por exemplo, ficar preso no trânsito e começar a se preocupar pelo fato de que isso fará com que você se atrase para o trabalho. Você sente uma forte e quase irresistível urgência de fazer algo, muito embora não haja nada a fazer. Na verdade, você está se preocupando com o fato de que deveria estar fazendo algo para corrigir a situação. Essa preocupação agora se acumula sobre as outras, relativas a perder uma reunião importante ou seja o que for. Com frequência, não percebemos o quanto nosso sentimento de precisarmos fazer algo pessoalmente, de sermos responsáveis por resolver uma situação ruim, aumenta nosso nível de tensão. Quando nos rendemos a essa responsabilidade, erguemos um fardo. A questão de você se atrasar ou não para o trabalho foi provocada por um engarrafamento e não por você. Por isso, não há razão para se preocupar.

O fato é que dificilmente algo em nossa vida acontece conforme o planejado. Ainda assim, continuamos a planejar e a nos comportarmos como se nossas vidas dependessem de o plano transcorrer perfeitamente. Nós, de fato, acreditamos que temos o poder de fazer isso acontecer. Contudo, a realidade é a realidade, independentemente de nós a controlarmos. Se não podemos controlá-la, não há sentido em protestar, criar obsessões, reclamar, buscar afirmação ou, nosso tema atual, se preocupar. Nenhuma dessas ações vai mudar o que é. Essa é a questão da famosa oração da serenidade: "Deus, dai-me a serenidade para aceitar as coisas que não posso mudar, a coragem para mudar as coisas que posso e a sabedoria para saber a diferença entre ambas". Pode-se, facilmente, imaginar essa oração sendo dita por uma congregação de pessoas que vivem a se preocupar.

Quais são as limitações que você pode aceitar? Você pode aceitar não estar no controle, a possibilidade de se decepcionar, o fato de que as coisas podem não acontecer exatamente como planejadas?

Considere aceitar a realidade como algo *dado* – pois é isso que ela é. Se for desagradável, injusta, incerta e desconhecida, então você tem de aceitá-la como é, mesmo se você não gostar dela ou não conhecê-la – e mesmo se não puder controlá-la. A realidade é o que é, e protestar, se preocupar, ruminar ou buscar afirmação não mudará o que ela é. Você pode protestar contra ela, pode reclamar e pode bater pé. Mas a realidade é o que é. Por isso, mude sua atitude, desista da luta por um momento e aceite que você não sabe ou não controla todas as coisas – e liberte-se.

Inspire, expire. Deixe as coisas serem como são.

Aceite a incerteza

A maior parte de nós está bem ciente de que nada no mundo é certo. Ainda assim, essa é uma das mais difíceis verdades para as pessoas que sofrem de TAG aceitarem. Qualquer coisa no futuro sobre a qual não tenham absoluta certeza é sinal de que a preocupação começará. Já que tudo é praticamente incerto, isso quer dizer que, para a pessoa que sofre do TAG, a preocupação é uma constante.

Como aceitar serenamente a incerteza da vida? Linda, que encontramos no começo deste capítulo, foi uma das pessoas para quem isso foi difícil. Ela se preocupava, por exemplo, que uma certa sequência de eventos ocorressem – sua filha ficaria doente, ela teria de ficar em casa para cuidar da menina, não iria trabalhar, a paciência de seu chefe se esgotaria, ela seria demitida, perderia sua casa, ficaria na rua sem dinheiro e, por fim, ela acabaria como uma pessoa sem-teto. "É mesmo? Sem-teto? Você acha que isso de fato vai acontecer?", perguntei. E ela respondeu: "Sei que é improvável, mas *poderia* acontecer. Não há garantias de que não vá acontecer".

Tive de admitir que isso era verdade: não havia garantias. É claro que Linda estava ignorando outros riscos, tais como o risco de que se preocupar agravaria seus problemas de saúde e aumentaria suas chances de desorganização financeira, para não mencionar a implicação na sensação de segurança de sua filha. Ela também ignorava o fato de que quase todo cenário distante que ela pudesse imaginar, qualquer desastre, de um acidente de automóvel à queda de um cometa na soleira da porta de sua casa, *poderia* acontecer. Ela estava se apegando a uma preocupação em particular porque esta havia sido acionada por suas emoções, principalmente em torno de sua filha e de seu trabalho, o que tocava suas inseguranças mais profundas. Mas o que Linda estava exigindo para se sentir segura era que *toda* incerteza, a mínima possível, fosse eliminada. Quando ela compreendeu isso e percebeu sua impossibilidade, foi capaz de se afastar um pouco do pesadelo imaginado.

Linda pode analisar as probabilidades e perceber que era bastante improvável que seu chefe ficasse bravo a ponto de demiti-la. Mas disse: "Sei que é improvável, mas eu poderia ser escolhida". Independentemente do quanto se questione a ideia de que "pode ser demitida", isso é ainda possível. Independentemente da improbabilidade, pode acontecer. Independentemente do quanto haja garantias de que não vá acontecer, poderá, ainda assim, acontecer. Linda poderia ser, por azar, a pessoa escolhida.

Mas você também já tem algum azar por ter o transtorno de ansiedade generalizada. O fundamental aqui é aprender a aceitar a incerteza como parte de viver a vida completamente. Aqui estão os sete passos da aceitação – e da prática – da incerteza:

- Pergunte a si mesmo: "Quais são as vantagens e desvantagens de aceitar a incerteza?". A vantagem é que você vai se preocupar menos e viver mais o momento. As desvantagens são as de que você poderia – apenas poderia – não prestar atenção a algo que poderia ter feito para impedir que alguma coisa ruim acontecesse.
- Em que áreas de sua vida você *atualmente* aceita a incerteza? Você aceita a incerteza ao dirigir o carro, ao comer em um restaurante, em uma festa, quando começa um projeto novo ou mesmo quando começa uma nova conversa. Você aceita muitas incertezas porque foi necessário para a sua vida. Aceitar a incerteza que subjaz à sua preocupação específica será apenas a repetição da mesma coisa.
- Você está equiparando a incerteza a um resultado negativo? Sabemos que 85% das coisas com que as pessoas se preocupam têm um resultado positivo. A incerteza não indica resultados terríveis. Na verdade, é neutra.
- Se você tivesse de fazer uma aposta, como você apostaria? Se você pensa que "é possível que essa mancha na pele seja câncer", quanto você apostaria em tal possibilidade? Você pode constatar que se apostou seu dinheiro naquilo que primeiro lhe vem à mente, poderá mudar de ponto de vista.
- Qual seria a vantagem de dizer "Está bom o suficiente para mim"? Se você aceita as probabilidades razoáveis que as pessoas razoáveis aceitam, você poderá viver uma vida mais livre da ansiedade. Se nada for bom o suficiente para você, sua vida não será boa o suficiente. Você será uma pessoa cronicamente preocupada.
- Pratique *repetir* para si mesmo: "É possível que algo de ruim aconteça". Repita isso lentamente, várias vezes, por 20 minutos, todos os dias. Repita sua preocupação específica: "É possível que seja câncer" ou "É possível que eu seja demitido". Você descobrirá que é difícil prestar atenção à sua preocupação durante 20 minutos. Torna-se entediante.
- Pergunte a si mesmo: "Eu de fato tenho a necessidade de alguma incerteza?". Sim, uma necessidade de incerteza. A vida seria entediante. Você assistiria ao mesmo programa de televisão se ele fosse inteiramente previsível, ou a um jogo esportivo se sempre soubesse o resultado antes de o jogo ocorrer – e se soubesse antes do jogo o que exatamente aconteceria? Duvido. Seria muito entediante.

Abandone o sentido de urgência

Intimamente relacionada à exigência de controle e de certeza está a urgência para descobrir as coisas *agora*. Você acorda no meio da noite e pensa: "Será que aquela mulher que eu conheci sairá comigo?" ou "Tenho de conseguir aquele emprego a que me candidatei". Repentinamente, você precisa saber a resposta de imediato. Você começa a pensar sobre o assunto, pesando os pontos positivos contra os negativos, passando da esperança ao desespero. Você fica deitado durante horas, mas em vez de fazer alguma coisa, seus pensamentos apenas geram mais e mais ansiedade. Pela manhã, você está em farrapos; mas, é claro, não está mais perto de saber a resposta do que estava quando acordou.

Por que você faz isso? Você pode não saber de uma boa razão para o assunto ser ajustado agora, ainda que na sua mente ele deva ser. De alguma forma, uma crença de que você não mais pode descansar antes de saber como será o futuro se alojou em sua consciência. Essa urgência vem da convicção de seu cérebro primitivo de que você está enfrentando uma situação de emergência, como um ataque de um animal selvagem. Mas não se trata de uma emergência. Em primeiro lugar, porque não há maneira de descobrir o que vai acontecer, a não ser esperar para ver. Também não há maneira de saber se o que acontece será bom ou ruim. E mesmo que você soubesse tudo isso, não haveria muito a fazer a respeito de problemas no meio da madrugada, na cama.

Tente enlouquecer

Como muitas pessoas que se preocupam, você acha que as suas preocupações serão tão avassaladoras que você perderá o controle e ficará insano. Quando começa a se preocupar, você tenta parar, mas isso não funciona. Então, você teme perder o controle. Nesse exercício, você intencionalmente tenta se preocupar tão intensamente que ficará insano. Intensifique sua preocupação, dê os exemplos mais absurdos e tente enlouquecer.

Bob: Quero que suas preocupações cheguem a um extremo tal que você corra o risco de ficar louca. A única maneira de superar seu medo de perder o controle é ver o que acontece quando você perde o controle.

Linda: Não posso simplesmente perder o controle dessa forma.

Bob: Por que não? Simplesmente dê início a suas preocupações: sobre Diane, sobre seu ex-marido, seu emprego, o que o seu chefe pensa de você, sobre não finalizar o seu trabalho. Inunde-se com essas preocupações até perder totalmente o controle.

Linda: Não vou enlouquecer?

Bob: Jamais vi alguém enlouquecer por se preocupar assim. Mas o que você acha?

Linda: Parece algo difícil. Mas, ok, vou tentar.

Bob: Deixe-se inundar por suas preocupações, repita todos os seus "e se..."

Linda: (ficando um pouco nervosa) Ok. E se Diane for raptada? E se um carro atropelá-la? E se ela ficar doente e ficar... ainda mais doente? Deixe-me ver. E se meu ex-marido não enviar o pagamento e eu não puder pagar todas as contas e... Não consigo pensar em nada.

Bob: Deixe-me ajudá-la. E se ele não enviar o dinheiro e você for despejada?

Linda: Ok. Fui despejada. Estou na rua. Não consigo cuidar de Diane. Espere...

Bob: O que aconteceu?

Linda: (sorrindo) Isso parece impossível. Não consigo imaginar isso acontecendo. É algo muito extremo.

Bob: Percebi que você está sorrindo. Já ficou louca?

Linda: (sorrindo) Não ainda. Mas quem sabe o que pode acontecer?

Pratique os seus piores medos

Mencionei antes que sua preocupação é uma maneira de evitar o impacto emocional daquilo com que você se preocupa. Em vez de ter uma imagem de acabar como uma pessoa sem teto, você se preocupa com as maneiras pelas quais você pode ser demitido e os problemas financeiros que isso pode criar. Linda teve o mesmo tipo de preocupação, de que ela acabaria sendo demitida, de que seu ex-marido pararia de lhe enviar dinheiro e de que ela poderia, ao final do processo, acabar vivendo na rua. Todavia, ela não deixava sua mente chegar à imagem de si própria como sem-teto. Esse era o pior resultado possível.

A fim de testar a ideia de que não pode aguentar a possibilidade de enfrentar o pior resultado, você pode praticar a imagem do pior resultado. O que é importante aqui é obter uma clara imagem visual de si mesmo na situação. Para Linda, a imagem era uma foto de Diane com ela, sentadas em suas malas na calçada. Pedi, então, à Linda para pensar nessa imagem e relatar para mim uma história detalhada do que aconteceria.

Linda: Vejo Diane e eu sentadas aqui, muito indignadas, e eu pensando: "Para onde vou?". Mas... Não consigo imaginar isso acontecendo de fato. Tenho minhas economias e a minha família nos ajudaria.

Bob: Então a pior imagem parece muito distante? Tudo bem. Vamos brincar com a pior imagem. Continue a me contar a história.

Linda: Bem, estou sentada lá, preocupada. Sou eu mesma. E depois eu penso: "Teremos de ir para um abrigo para pessoas sem-teto". Chamo a polícia para descobrir onde fica o abrigo. E acho que vamos para lá.

Bob: E o que acontece?

Linda: Eu acho que eles nos deixam entrar e nos dão duas camas portáteis e comida.

Conforme Linda imaginava o pior cenário possível, ela começava a se sentir menos ansiosa. Tudo parecia muito implausível, muito improvável. Havia muitas razões para ela não acabar sem um lugar para morar. E, na verdade, porém, mesmo pensar sobre ir para um abrigo e ficar em uma cama portátil e ganhar comida não foi a catástrofe que ela achou que seria. Enfrentar os seus piores medos e praticá-los pode ajudá-lo a superar suas preocupações. Se você consegue enfrentar o seu pior medo, não precisará se preocupar com ele ou evitá-lo.

Faça o que você está evitando

Como muitas pessoas que se preocupam, Linda evitava coisas que a deixassem ansiosa (todos os transtornos da ansiedade implicam a evitação de emoções indesejadas). Conforme eu aprendia mais sobre a situação de Linda no trabalho, comecei a perceber o grande número de coisas que ela evitava por causa da ansiedade. Ela evitava planejar uma tarefa do começo até o fim, porque isso poderia sobrecarregá-la; evitava falar com os colegas sobre o trabalho caso se sentisse minimamente insegura sobre seu próprio papel. Ela evitava pedir esclarecimentos a seu chefe. E evitava começar uma tarefa, porque estava muito carregada de ansiedade. Como muitas pessoas que trabalham em escritórios, Linda usava o computador como uma maneira de escapar. Quando chegava ao trabalho, verificava as notícias, buscava no Google alguns temas de seu interesse e fazia compras *on-line*. Ela finalmente admitiu para mim que passava cerca de duas ou três horas por dia navegando. Quando sentamos e somamos tudo, percebemos que ela estava fazendo isso por um período equivalente a cerca de 18 semanas de trabalho por ano – cerca de 3/8 de seu tempo total de trabalho.

Elaboramos uma estrutura na qual Linda faria seu trabalho primeiro e depois navegaria na internet como recompensa. Duas horas de trabalho, e depois dez minutos para bobagens – essa era a regra. Linda tentou executar o plano, e não desistiu dele. Quase imediatamente, ela começou a progredir mais no trabalho do que em qualquer momento anterior. Quando ela percebeu que era possível ficar preocupada com uma tarefa e executá-la mesmo assim, sentiu-se livre de mil maneiras diferentes. O melhor de tudo é que sua preocupação relacionada ao emprego, tanto em casa quanto no próprio trabalho, diminuiu drasticamente.

Pratique o relaxamento

Já que surge de medos primitivos, a preocupação sempre envolve tensão. Essa tensão está no corpo e também na mente: quando a mente percebe o perigo, o corpo se prepara para combater ou lutar. Quando não há perigo real, não há também mais necessidade de o corpo ficar tenso; com efeito, o que o corpo mais precisa nos momentos entre as crises é relaxar. É por isso que as técnicas de relaxamento podem ser extremamente úteis para as pessoas que sofrem de TAG. Voltar-se à tensão corporal pode ter um efeito poderoso sobre a tensão mental, e vice-versa; as duas estão inevitavelmente ligadas em um círculo de influência mútua. As técnicas mais eficazes de relaxamento se voltam tanto para o corpo quanto para a mente.

Há uma técnica que constatei ser especialmente eficaz na redução da tensão física e do surgimento dos problemas. Chama-se *Relaxamento muscular progressivo*, e é descrito com maiores detalhes no Apêndice A. É algo bastante fácil de fazer. Você começa se sentando em uma cadeira confortável ou se deitando em um lugar confortável. Lenta e gentilmente, passe pelos grupos musculares de seu corpo, primeiro tensionando e depois liberando a tensão em cada músculo. No começo, preste atenção à sua respiração. Inspire ao tensionar cada músculo, segure a tensão por cerca de 5 segundos e expire enquanto relaxa. Você pode pensar de maneira *tensa* enquanto inspira, e de maneira *relaxada* enquanto expira. Espere 15 segundos entre cada grupo muscular. Você passará por seus antebraços, depois pelos braços e pernas, do lado esquerdo e do direito. Depois, exercitará sua barriga, ombros, costas, peito, pescoço, face, sobrancelhas e boca – todos os lugares que considerar tensos. Sempre vá devagar, e lembre-se de pensar de maneira *relaxada* enquanto estiver liberando a tensão.

Essa técnica pode produzir um efeito muito calmante. Entretanto, seu maior efeito não será imediato; ele apenas será sentido na prática contínua. Enquanto praticar, esteja ciente de qualquer tensão específica que possa sentir em seu corpo. Concentre-se mais nessa área. Por exemplo, neste momento quando me inclino para a frente, digitando em meu computador, noto uma leve tensão em meu ombro direito. Reclino-me, tensiono e relaxo o ombro. Sinto-me melhor. Tensão e relaxamento: uma boa prática.

Pratique *mindfulness*

Uma maneira de trabalhar contra os efeitos debilitantes da preocupação é acalmar a mente. Talvez a melhor maneira de fazer isso seja praticar *mindfulness*, que não é uma forma de pensar, nem uma tentativa de suprimir o pensamento, mas uma prática de sair de nossos pensamentos e ingressar no momento presente, de observar o que está acontecendo no momento sem comentar, julgar ou interpretar. É um exercício que tem relevância especial para quem se preocupa. Quando nos preocupamos, construímos cenários de ansiedade a partir do passado (de coisas ruins que aconteceram) e do futuro (coisas ruins que imaginamos que venham a acontecer). Mas o passado e o futuro são construções de nossa mente, de nossas lembranças, que podem ser distorcidas, e de nossa imaginação fértil. O que é real é o presente; até aprendermos a viver, teremos pouca paz. A agitação causada por nossa contemplação do passado e do futuro some no momento presente. É por isso que praticar *mindfulness* pode ter um impacto poderoso: interrompe a sequência de pensamentos voltados ao passado e ao futuro e que nos mantêm em um constante estado de pânico interno.

A técnica de *mindfulness* está realmente no âmago de muitas disciplinas conhecidas coletivamente como meditação. Esse é um tema amplo, muito além de nosso escopo. Contudo, as técnicas essenciais usadas para cultivar *mindfulness* são simples, práticas e bastante acessíveis a todos. Elas são práticas em muitos níveis. Se você estabelecer períodos de tempo, todos os dias, para a meditação, você constatará uma calma que será sentida durante todo o seu dia. Se você praticar *mindfulness* em momentos de estresse, provavelmente constatará que sua capacidade de lidar com o estresse aumentou. E o que você aprende com esses períodos de prática será bastante útil na alteração de sua perspectiva; que é aquilo de que trata nossa abordagem à ansiedade (para maiores informações sobre esse assunto, ver o

Apêndice E, que inclui algumas instruções básicas e uma lista de recursos que você pode utilizar).

Preste atenção a seus pensamentos

O estado de *mindfulness* é especialmente bom para isso. A preocupação é, em grande medida, um hábito. As pessoas que se preocupam o tempo todo estão acostumadas a considerar seus pensamentos como reflexos da realidade, um mapa dos perigos que devem evitar a fim de se sentirem seguras. Toda nossa ansiedade está construída sobre essa hipótese. Mas se formos conscientes em relação a nossos pensamentos, se os considerarmos apenas eventos do presente, então esses pensamentos não mais terão a mesma força. Seu conteúdo não mais importa. Serão apenas eventos da mente, e não descrições de ameaças reais. A chave para considerá-los dessa maneira, sem o seu aspecto assombroso, é parar de lutar contra eles e apenas observá-los. Se prestarmos atenção a nossos pensamentos de maneira consciente, teremos uma nova perspectiva a seu respeito. Tomaremos distância, em vez de nos identificarmos com eles. Como já vimos neste livro, distanciar-se de nossos pensamentos de ansiedade é fundamental para dominar a ansiedade.

Essa é mais uma coisa que você pode fazer durante o horário de preocupação. Quando você se sentar se preocupando conscientemente sobre tudo que existe, faça uma lista de todos os pensamentos ansiosos que passam por sua mente. Em geral, não haverá tantos pensamentos assim em um determinado momento, pois eles tendem a se repetir. Depois, examine esses pensamentos um a um, deixando que cada um deles cale fundo em você, em vez de lutar contra eles. Use o tempo para estudar sua experiência sobre o pensamento: como ele o faz reagir, que ansiedades provoca, o impacto que tem sobre seu corpo (é importante estar consciente dessa questão em especial). Continue fisicamente presente. Tente prestar atenção a cada pensamento no momento, sem ficar preso ao ponto para onde ele se desloca. Afinal de contas, *trata-se apenas de um pensamento*. Se seus pensamentos fossem realidade, você estaria morto há muito tempo. (O Apêndice E, *Mindfulness*, traz algumas sugestões que podem ser úteis para a observação dos pensamentos.)

RESUMINDO NOSSA NOVA ABORDAGEM AO TRANSTORNO DE ANSIEDADE GENERALIZADA

Examinamos uma série de técnicas muito eficazes que, quando usadas de maneira combinada, *consistentemente*, durante um período de tempo, devem ter um impacto sobre seu transtorno de ansiedade generalizada. Você precisará desenvolver novos hábitos de relaxamento, aceitação e pensamento e um modo de lidar com sua sensação de urgência, incerteza, controle e risco. Isso não acontecerá de um dia para outro e você provavelmente tenha alguns acessos de preocupação. Não se preocupe com eles – simplesmente continue usando essas técnicas.

Revisamos algumas das coisas que você precisará manter em mente – que estão listadas no Quadro 7.4. Você precisará fazer algumas dessas coisas todos os dias durante muitas semanas, a fim de progredir como deseja. Não espere a perfeição ou eliminar suas preocupações nesse exato momento. Progrida aos poucos.

QUADRO 7.4 REESCREVA SEU LIVRO DE REGRAS PARA O TAG

1. Relaxe sua mente e relaxe seu corpo. Pratique o relaxamento muscular e o pensamento consciente. Aprenda como viver o momento e livre-se de seus pensamentos e tensão.
2. Examine as vantagens de abandonar a preocupação. Seja honesto consigo mesmo sobre os vários motivos que o levam à preocupação. Parte de você quer diminuir a preocupação, parte sente a necessidade de se preocupar para se sentir preparado. A chave aqui é saber se sua preocupação levará à ação produtiva. Se não levar, será energia mental inútil.
3. Tenha em mente que um pensamento é um pensamento – não corresponde à realidade. Mantenha seus pensamentos *em mente* e reconheça que a realidade não é a mesma coisa que seus pensamentos. À medida que você se tornar um observador cuidadoso de sua respiração, poderá praticar a simples *observação* de seus pensamentos. Você pode relaxar e dizer: "É só mais um pensamento". E depois praticar dizer: "Deixe-o ir embora".
4. Pergunte a si mesmo se suas preocupações são realmente racionais. Pratique as técnicas de terapia cognitiva. Examine as evidências a favor e contra tal prática, pergunte-se sobre qual conselho daria a um amigo e reveja quantas vezes você esteve errado no passado.
5. Crie um horário para a preocupação, escreva suas previsões e mantenha um diário de preocupações para testar o que de fato aconteceu. Você constatará que suas preocupações são quase sempre falsas previsões e poderá inseri-las em seu horário de preocupação, que, espero, fará com que você se entedie.
6. Valide suas emoções. Mantenha um diário de suas emoções, tanto das positivas quanto das negativas. Identifique por que suas emoções têm sentido, por que elas não são perigosas e por que outras pessoas teriam muitos dos mesmos sentimentos. Valide-se.
7. Aceite suas limitações. Você não pode controlar ou saber de todas as coisas. Não depende de você. Você pode aprender a *aceitar a incerteza* e *aceitar limitações*. Quanto mais você aceitar o que não pode fazer, maior sua sensação de capacitação no mundo real.
8. Perceba que não há urgência. Você não precisa saber agora. Nada acontecerá se você não souber. Mas você pode enfocar o aproveitamento do momento presente – e fazer o melhor do momento que está diante de você.
9. Pratique a perda de controle. Em vez de tentar parar e controlar sua preocupação, deixe-se inundar pelas preocupações, entregue-se às preocupações, repita a preocupação, entedie-se com as repetições constantes do mesmo pensamento dedicado à preocupação. Você ficará entediado e menos preocupado.
10. Tente ficar louco. Você não pode enlouquecer por causa de sua preocupação. Mas pode aprender que abandonar a necessidade de controlar permite que você supere seu medo de perder o controle.
11. Pratique os seus piores medos. Imagine o pior resultado e repita-o. Você constatará que com o tempo suas imagens e pensamentos se tornarão entediantes. Pense nisto: a "cura" é o tédio.
12. Pratique a incerteza. Inunde-se com os seus "e se..." até se entediar consigo mesmo.

CAPÍTULO

8

"Estou tão envergonhado!" Transtorno de ansiedade social*

O QUE É O TRANSTORNO DE ANSIEDADE SOCIAL?

Ken, que tem vinte e poucos anos, ficava ansioso diante de outras pessoas desde a infância. Ele era baixo para sua idade e se lembra de que os meninos mais altos o humilhavam e debochavam dele. Durante todo o ensino médio e a faculdade ele foi tão tímido que não convidava as garotas para sair; nunca teve uma namorada "firme". Tinha alguns poucos amigos na faculdade, mas em geral estava sozinho. Passava bastante tempo em seu quarto. Sentia-se estranho nas festas ou em grupos sociais e, por isso, os evitava. Raramente falava em aula, muito embora fosse um bom aluno e conhecesse a matéria estudada; sentia-se pouco à vontade diante do professor e dos outros colegas. Quando era chamado a contribuir, entrava em pânico e seu coração disparava. Ele pensava: "Vou parecer um idiota. E se eu tiver um branco? Vou parecer um imbecil". Para evitar isso, ele se sentava sempre no fundo da sala, tentando não ser notado.

Depois da faculdade, as coisas pioraram. Pelo menos lá ele se sentia à vontade com alguns poucos rostos familiares no dormitório ou no refeitório. Já o mundo do trabalho provou ser muito mais intimidador. Fazer uma entrevista para um emprego era uma tortura. O trabalho que ele finalmente conseguiu não implicava muito contato com outros empregados; boa parte do dia ficava sozinho em um pequeno cubículo. Sua vida se tornou um quadro de isolamento. Ele trabalhava durante o dia, voltava para casa à noite, preparava o jantar ou encomendava algo para comer. Lia, assistia à televisão ou navegava na internet. Tinha fantasias sexuais, mas nunca saía com ninguém. Queria sair com alguma mulher, mas não sabia como proceder e não tinha força de vontade para descobrir. Sua vida era solitária e vazia – e ele não antevia o fim de sua tristeza. Ken, na verdade, tinha alguns amigos na cidade, conhecidos da faculdade. Ocasionalmente, eles saíam juntos nos finais de semana, frequentando bares. Mas essa foi uma época de ansiedade para Ken. Ele sabia que seus amigos saíam para encontrar mulheres, e pensar nisso o deixava aterrorizado. Ele tomava algumas doses de álcool e às vezes fumava maconha, mas, mesmo assim, era-lhe extremamente difícil participar de qualquer espécie de conversa, especialmente se houvesse mulheres.

"Como é que você começa a falar com uma pessoa estranha?" – perguntou-me na primeira consulta. E prosseguiu: "É forçar a barra se dirigir a uma mulher e se apresentar.

* N. de R.T. Também chamado de "Fobia social".

Será que ela não vai pensar que você está se aproximando dela com segundas intenções e ficará ofendida? Além disso, sempre tenho a impressão de que não tenho nada a dizer. Todos esperam que os 'caras' sejam autoconfiantes e tranquilos, mas eu não sou. Acho que as mulheres percebem o quanto eu sou inseguro. É por isso que elas não se interessam muito por mim. Não sei por que continuo a sair. Sinto-me um idiota diante de todos. É uma situação embaraçosa".

Não somente as mulheres produziam essa reação em Ken. Ele enfrentava problemas ao tentar participar de qualquer evento social. Detestava estar em meio aos grupos de indivíduos que só brincavam, riam e falavam de esportes. Tinha horror da hora do almoço no refeitório e de ter de se sentar à mesa com outros empregados (ele tinha a impressão de que demorava demais para mastigar sua comida e que os outros debochavam disso). Tentava participar das reuniões do trabalho sem dizer uma só palavra. Hesitava em pedir informações em lojas ou ter de perguntar algo a um estranho. Ele pareceria um tolo se o fizesse. Ficava nervoso até ao usar um banheiro público: ficar ao lado de alguém ao urinar impedia-o de fazê-lo, pois considerava a situação extremamente embaraçosa. O pior de tudo é que, toda vez que não se sentia à vontade com outras pessoas, sua voz e suas mãos tremiam e ele começava a suar. Tinha a impressão de que sua inaptidão para o convívio social era algo facilmente notado por todos.

Quando Ken veio consultar pela primeira vez, estava deprimido. Ele havia começado a beber e a fumar maconha sozinho. Seu desempenho no trabalho havia caído. Ele achava que nada poderia ajudá-lo. Disse-me que estava certo de que eu não gostaria de trabalhar com ele, pois ele era um grande "fracassado". Sequer se sentia digno de ser meu paciente!

Felizmente, consegui ajudar Ken, e ele conseguiu superar seus problemas de maneira notável. Contudo, persiste a questão de que o transtorno de ansiedade social (TAS), também conhecido como "fobia social", não é apenas um dos transtornos de ansiedade mais comuns, mas um dos mais prejudiciais. Embora as pessoas que sofram de TAS em geral não sejam percebidas na população, sendo consideradas simplesmente "tímidas", as consequências do transtorno podem ser bastante severas. Esses indivíduos são menos propensos do que os outros a se casarem ou a terem relacionamentos. Eles ganham menos dinheiro e tendem a ter menos sucesso em suas carreiras. Tendem mais a estarem desempregados. Seus índices de uso de álcool e de substâncias é mais alto, e são mais propensos à depressão e a tentativas de suicídio. São também mais propensos do que a média a sofrer de um dos outros transtornos de ansiedade discutidos neste livro.

Em um estudo realizado nos Estados Unidos com 8.000 pessoas entre 15 e 54 anos, a prevalência do TAS foi de 13%. As pessoas que sofrem de TAS tendem a ser do sexo feminino, embora ambos os sexos compareçam igualmente na prática clínica. Não está claro o motivo pelo qual os homens buscam mais o tratamento, mas uma possibilidade é que eles acreditam que sua timidez não esteja de acordo com o papel "masculino" e, por isso, consideram o problema mais grave. A idade em que se estabelece o TAS varia consideravelmente entre a infância e o final da adolescência, embora, o que é interessante, o paciente adulto típico não busque ajuda antes de chegar próximo aos 30 anos. O atraso pode se dever em parte aos sentimentos de constrangimento e vergonha que acompanham o transtorno. Mas as pessoas que sofrem de TAS podem também ser lentas em reconhecer sua condição. Na cultura em geral, ser "tímido" não necessariamente é considerado uma anormalidade. Um estudo indicou que cerca de 40% dos adultos pensavam ser tímidos, ao passo que 95% admitiam ser tímidos pelo menos às vezes. Se a timidez é a norma, as pessoas com TAS podem ser menos propensas a buscar ajuda. Além disso, devido ao fator isolamento, a ansiedade social com frequência é menos um problema para as outras pessoas do que o é para quem dela sofre. Por isso, há menos pressão por parte das outras pessoas para que se busque ajuda. As situações mais comuns que as pessoas com TAS temem ou evitam são as de falar em público ou interações mais formais (70%), falar informalmente (46%), afirmarem o que pensam (31%) e serem observadas pelos outros (22%). Finalmente, devido à natureza crônica do problema, as pessoas que sofrem de TAS podem tender a acreditar que buscar ajuda é inútil, que sua ansiedade social é simplesmente uma parte inalterável de sua personalidade.

Por todas essas razões, pode ser difícil determinar se a sua ansiedade social chega ao nível de um transtorno ou se meramente representa sua porção normal e humana de timidez e reserva. Parte da resposta, é claro, será subjetiva: as ansiedades sociais deixam-no em péssima condição? Elas restringem seriamente sua vida? Ou são elas algo com que você pode conviver mais ou menos confortavelmente? Somente você pode responder a essa pergunta – mas também pode ser útil fazer uma autoavaliação "objetiva". A Escala de ansiedade social de Leibowitz é um teste diagnóstico que o ajudará a avaliar sua ansiedade social em um contexto clínico (você o encontrará no Apêndice G). Esse teste pode também permitir que você identifique sintomas dos quais não esteja totalmente ciente e relacione uns sintomas aos outros.

DE ONDE VEM O TAS?

Se você leu os capítulos anteriores, saberá onde começa a resposta: o TAS vem de muito tempo atrás, de nossa história evolutiva. Em um ambiente primitivo, havia um claro valor de sobrevivência em não ser atacado por outros seres humanos. Ir contra estranhos ou mesmo contra os membros da própria tribo poderia levar a uma violência inesperada. Portanto, as pessoas adotavam um comportamento submisso, cuja proposta era a de garantir aos outros que você não constituía uma ameaça. Esses comportamentos são exibidos por muitos animais também: por exemplo, um cachorro, ao encontrar outro cachorro mais dominante (que tenha maior *status* na matilha), baixa suas orelhas, abaixa-se, olha para baixo, não late e nem mostra seus dentes. O sinal que envia é "não se preocupe, não o estou desafiando". Da mesma maneira, os humanos primitivos que não desafiassem os mais agressivos ou dominantes tinham, provavelmente, mais chances de sobreviver. Por exemplo, gestos comuns de apaziguamento quando se entra no território de estranhos é o de oferecer presentes, curvar-se, baixar a cabeça, saudar, ou até mesmo se abaixar, colocando-se em posição inferior à pessoa que se está cumprimentando. As situações que fazem com que nos sintamos socialmente ansiosos muitas vezes envolvem desafios potenciais aos outros – tais como encontrar um estranho (especialmente fora de casa), ficar em pé diante de um grupo, confrontar alguém que esteja em posição de autoridade ou ter de se afirmar diante de alguém. A estratégia provou ser eficaz: a tendência era que os tipos mais impulsivos ou agressivos se matassem. Assim, uma certa quantidade de comportamento de deferência passou a fazer parte da personalidade dos seres humanos. Ninguém chuta um cachorro que está dormindo ou um cachorro submisso.

Esse comportamento está refletido virtualmente em toda cultura humana. Quando entramos na casa de um estranho, ou estamos na presença de alguma autoridade, o costume quase universal é o de se curvar, de falar com serenidade e, em geral, apresentar sinais de deferência. Esses gestos são conhecidos como gestos de apaziguamento. Eles demonstram a dignidade e o *status* da outra pessoa, ao mesmo tempo em que sinalizam a ausência de qualquer intenção de hostilidade. Em muitas culturas, o protocolo inclui oferecer presentes como sinal de respeito. Vemos isso em nossa própria cultura hoje. Quando visitamos alguém, levamos presentes. Esticamos a mão e cumprimentamos os estranhos como sinal de intenção amistosa. Mesmo quando confrontamos as pessoas em relação às quais não temos muita afeição, sentimos o impulso da cortesia e da polidez (pelo menos, inicialmente). Pode haver uma variedade de motivos por trás de tudo isso, mas certamente uma parte disso está relacionada à nossa urgência inata de nos relacionarmos bem com os outros como estratégia de sobrevivência.

As pessoas que sofrem de TAS, é claro, levam esse comportamento para muito além do ponto de sua eficácia. Por exemplo, elas normalmente não chegam a ter algum sentimento maior de segurança por se comportarem com deferência. Apesar de seus gestos submissos, continuam a temer o fato de serem criticadas (isto é, atacadas) pelos outros. Isso pode ocorrer porque o fato de se ter medo (em contraposição à mera sinalização de respeito) é mais convincente em um contexto primitivo. Ou evitar toda a interação social pode, para alguns, ter sido a maneira mais simples de reduzir o risco de confronto. De qualquer modo, uma falta de assertividade, embora possa envolver algum sacrifício, certamente reduz o perigo de retaliação. E as pessoas que sofrem de TAS são não assertivas.

Uma predisposição ao TAS pode, às vezes, ser observada na infância. Estudos demonstraram que as crianças diferem em seu temperamento, algumas delas demonstrando o que se chama de inibição comportamental. Isso inclui a timidez, a precaução, o cansaço e o não gostar de novidades ou mudanças. Essas crianças entram em estado de alerta ou ficam chocadas com mais facilidade. Esse temperamento faz com que tenham a tendência a desenvolver o TAS quando crescerem ou quando chegarem à idade adulta.

Por outro lado, não se chegou à conclusão de que o componente genético determinante em casos reais de TAS seja tão grande; um estudo estimou a causação genética em apenas 17%. De modo claro, outros fatores são importantes – um deles sendo o histórico familiar. Mesmo que você tenha uma predisposição, a dinâmica familiar provavelmente influencia o fato de você desenvolver ou não o transtorno. As pessoas que sofrem de TAS tendem a vir de famílias com um histórico de conflitos retidos, isto é, havia tensões em casa, mas ninguém foi estimulado a expressar quaisquer sentimentos. O transtorno parece estar ligado aos pais, especialmente às mães, que eram nervosos, deprimidos ou respondiam menos ao sofrimento das crianças. Com frequência, os pais que são socialmente ansiosos não estimulam seus filhos a interagir com os outros, ou a se aventurar no mundo. É quase como se fosse um treinamento para a timidez. Seus efeitos podem durar a vida inteira.

Os pais de indivíduos patologicamente tímidos tendem a ser mais críticos e controladores, e apoiam menos seus filhos. Eles tendem a se sentir envergonhados pelos problemas sociais de seus filhos. Tendem a atribuir a timidez de um filho a uma personalidade anormal, mais do que a uma resposta natural a situações de estresse ("Por que você é tão nervosa, minha filha? Você tem medo de falar com as pessoas?" em vez de "Não se preocupe, todas as pessoas ficam um pouco ansiosas quando têm de falar diante de um grupo".). As crianças tendem a internalizar tais explicações de seus comportamentos e, inevitavelmente, a se condenarem por isso. Empregar a culpa ou a vergonha para "corrigir" o comportamento tímido ("O que há de errado com você?") pode conduzir a criança à paralisia social.

É possível, é claro, que as circunstâncias da vida durante a idade adulta contribuam para o desenvolvimento do TAS. Entretanto, evidências sugerem que isso raramente é um fator importante. Casos verdadeiros de TAS (em oposição à mera timidez) tendem a alterar muito a vida. Se você tem TAS, provavelmente tem um longo histórico de ansiedade social, seja ela genética, seja ela decorrente do ambiente. Algumas pessoas podem cair em situações em que a ansiedade social se torna um problema. Talvez seu emprego tenha implicado uma transferência de um local seguro e confortável para um local tenso e pouco amistoso. Ou você passa por um divórcio e repentinamente se descobre vivendo sozinho sem sua família ou uma rede de apoio. Essa, contudo, é mais a exceção do que a regra. As pessoas com TAS tendem a criar suas circunstâncias de isolamento. Esse isolamento reforça a crença de que elas serão rejeitadas.

COMO É O PENSAMENTO DO *TAS*?

A essência do TAS é o medo de ser *avaliado negativamente pelos outros*. Esse medo é o que torna quase todo encontro social repleto de ansiedade: falar em público, pedir informações em geral, sair para jantar, se aproximar de pessoas do sexo oposto, fazer pedidos, usar banheiros ou vestiários públicos, falar em sala de aula, fazer ligações telefônicas, ser apresentado a pessoas novas, submeter-se a uma entrevista de emprego, reuniões, apresentações e festas. Em qualquer dessas ocasiões, você pode imaginar a possibilidade de tropeçar, falar mal ou parecer um bobo e de que as pessoas vão criticá-lo ou desprezá-lo. Como resultado, você tende a tremer, ficar vermelho, suar, gaguejar, ficar com a boca seca ou ter tiques nervosos; quando fala, você pode se atrapalhar com as palavras ou ter um branco. Você teme que os outros percebam esses sinais de estranheza e o julguem por eles, o que só serve para intensificar sua ansiedade (o TAS difere do transtorno de pânico porque este é um medo dos efeitos de seu pânico sobre você mesmo, ao passo que, no TAS, o medo é de como os outros vão avaliá-lo). Como resultado disso, você tende a evitar os encontros sociais quando possível. Você pode estar só e triste, mas isso parece de alguma maneira mais seguro do que interagir com outras pessoas. Você se acostuma a uma vida de isolamento.

No âmago dessa síndrome está uma maneira de pensar que podemos descrever como *foco em si mesmo excessivamente*. As pessoas que sofrem de TAS tendem a ter uma imagem negativa de si, o que se torna a parte mais importante de sua experiência. Esse *foco em si mesmo* – como se você desse um passo para trás e ficasse observando a si mesmo – aumenta o pensamento autocrítico em geral. Na verdade, em um estudo, o ato de simplesmente fazer com que pessoas ansiosas se sentassem diante de um espelho por um longo período, ou pedir que pensassem em si mesmas e em seus sentimentos, aumentou o pensamento autocrítico. Se você sofre de TAS, quando chega a uma festa, você não está realmente prestando atenção às pessoas que estão lá, mas no que você parece ser para elas. Você exagera a atenção que lhe é dispensada, pensando apenas em seus próprios pensamentos, sentimentos e sensações, acreditando que as outras pessoas podem de fato perceber o que você percebe. Você presume que as outras pessoas estão sempre notando o que lhe acontece – sua ansiedade, seu desconforto. Sua imagem de si mesmo se baseia na perspectiva das outras pessoas, mas está enfocada em você; é o *eu* como objeto. Esse *eu* imaginado que os outros supostamente estão vendo está sempre sendo comparado a um *eu* idealizado, que é a pessoa que você acha que deveria ser. Essa pessoa é invariavelmente equilibrada, segura de si, charmosa, confiante, ao passo que você mesmo é desajeitado, bobo e inapto. A diferença entre os dois é o desprezo que você imagina que os outros sentem por você, além do próprio desprezo que você sente por si mesmo.

Infelizmente, esse modo extremamente introspectivo de analisar a situação contém algumas distorções críticas. Uma delas é a de que ele distorce suas percepções do que está acontecendo com outras pessoas. Por exemplo, em uma festa você pode ficar tão concentrado no modo como as pessoas o enxergam que de fato não consegue perceber alguns sinais sociais importantes: como os outros de fato estão respondendo, o que eles estão dizendo ou fazendo. Você não aprende nada sobre eles e nem expressa qualquer interesse por eles – apesar do fato de que a interação social bem-sucedida se baseia em grande parte em ser agradável aos outros. Você não sente nem expressa tal comportamento pelos outros, pois está preocupado com o modo como eles o percebem. Em poucas palavras, você vive em um mundo centrado em si mesmo.

Pode acontecer de você ter o seguinte pensamento negativo: "Ela não gostou de mim na festa", mas não se importar muito com isso. Por exemplo, você pode dizer a si mesmo: "Eu não a conhecia mesmo, que diferença isso faz?". Ou pode então dizer: "Bom, talvez eu não estivesse na minha melhor condição, mas tenho muitas amigas. E ela nem me conhece". Contudo, as pessoas com *TAS* não consideram a avaliação social dessa maneira. Ao contrário, frequentemente têm as seguintes crenças, que servem como *regras*:

- Se eu estiver ansioso, as pessoas perceberão minha ansiedade.
- Se as pessoas perceberem que estou ansioso, então pensarão que sou um fracassado.
- Sempre devo aparentar ter controle da situação e ser confiante.
- Tenho de conseguir a aprovação de todos.
- Se não conseguir, é porque não sou perfeito ou sou inferior.
- É terrível não ter a aprovação das pessoas.
- Há uma maneira certa – uma maneira perfeita – de fazer as coisas socialmente.
- Eu devo sempre fazer as coisas de maneira perfeita quando estiver ao redor das outras pessoas.

As pessoas com TAS também acreditam que é útil se preocupar com as interações sociais. Elas acreditam que sua previsão do fracasso social poderá ajudá-las a evitar que algo mau aconteça, mas elas também acreditam que sua ansiedade será fonte de incapacitação. Exemplos dessas crenças sobre a preocupação:

- Se eu me preocupar com isso, poderei ser capaz de encontrar um jeito de garantir que não farei papel de bobo.
- Minha preocupação vai me preparar e me proteger.
- Se eu me preocupar, poderei me planejar com antecedência e praticar o que direi.
- Mas se eu me preocupar demais enquanto estiver lá, interagindo com as pessoas, poderei me distrair e fazer papel de bobo.

Há também crenças típicas que fazem com que você use *comportamentos de segurança* que você acha que o impedirão de parecer um tolo:

- Se eu segurar o copo com firmeza, minha mão não vai tremer.
- Se eu falar bem rapidamente, as pessoas não vão pensar que eu sou um fracassado e não tenho nada a dizer.
- Se eu beber algumas doses, terei melhor desempenho.

Infelizmente, esses comportamentos de segurança são distorções que só fazem as coisas piorarem. Por exemplo, segurar um copo com força aumenta a probabilidade de que sua mão trema. Falar rapidamente faz com que você perca o fôlego e fique mais ansioso; também faz com que as outras pessoas pensem que você está dominando a conversa. Beber antes de algum encontro social não permite que você aprenda a interagir sem beber. Aumenta, também, a probabilidade de que você aja de maneira inadequada ou se torne um alcoólatra.

Outra distorção diz respeito às suas ideias a respeito de como as pessoas o estão julgando. Você não sabe como, mas cria hipóteses. Um paciente meu foi ao funeral de alguém que ele mal conhecia. Quando estava na igreja, percebeu que era o único homem sem gravata. Sentiu-se tão mal que teve de ir embora. A verdade era que quase ninguém havia notado, e se o tivessem notado, não teriam dado muita atenção ao fato; afinal de contas, ele estava bem vestido, com paletó e camisa social. Outro paciente tinha de palestrar em uma conferência. Não queria parecer nervoso, então decidiu evitar o fato, e escreveu seu discurso, lendo-o durante a palestra. Ele pensava que isso o deixaria mais seguro; porém, a palestra acabou sendo empolada e entediante. Um estudo realizado com pessoas que têm TAS demonstrou que elas tendem a sorrir com menos frequência. As pessoas que não sorriem nas situações sociais não geram muitos sentimentos positivos nos outros. Assim, muito embora você se preocupe em causar uma boa impressão, o resultado é o oposto. Você tende a não enxergar o modo como se apresenta.

Ken, pessoa já apresentada aqui, certa vez teve uma lição sobre tal assunto. Havia um grupo de rapazes na faculdade que nunca pareceu gostar muito dele. Ele se sentia pouco à vontade quando se aproximava deles. Mais tarde, quando havia progredido na relação com seu TAS, passou por um desses rapazes na cidade e conversou com ele. O homem reconheceu que quando estavam na faculdade, o grupo considerava Ken um sujeito de boa aparência, inteligente e refinado, mas muito presunçoso. "Não é possível" – surpreendeu-se Ken. "Como eles puderam pensar que eu era alguém presunçoso? Eu me sentia muito inferior a todos eles." A verdade é que a preocupação de Ken com sua própria "inferioridade", refletida em seu comportamento reservado, havia passado ao grupo a ideia de introspecção e indiferença. Não é de todo incomum que a timidez seja interpretada como presunção.

Tudo isso é parte de uma certa espiral descendente que é endêmica para as pessoas que sofrem de TAS. Quanto menos confiantes se sentem, pior a impressão que causam; quanto pior a impressão, menor a resposta positiva que obtêm dos outros; quanto menos positiva a resposta, mais sua confiança diminui. Ao se isolarem, cortam qualquer possibilidade de recompensa; isso faz com que se sintam cada vez mais sós e os isola ainda mais. Pelo fato de anteverem o modo como as pessoas os avaliam, evitam a intimidade com elas; como resultado, não permitem que os outros os conheçam. Tudo se torna um ciclo que se autoalimenta: seu medo faz com que você se comporte de uma maneira que traz à tona exatamente aquilo que você mais teme.

Infelizmente, as agonias do TAS não estão necessariamente confinadas às situações sociais. A ansiedade social pode dominar seu pensamento mesmo quando você está sozinho. Ou você fica ruminando sobre o seu último encontro social (o *post-mortem*) ou se preocupa com o próximo. No primeiro caso, você examina o que aconteceu, revendo seu desempenho para entender como se saiu (em geral mal, na sua avaliação); você pensa sobre todos os erros que cometeu e sobre como tais erros fizeram com que você parecesse um bobo aos olhos dos outros. Quando você pensa sobre o encontro seguinte, preocupa-se com o modo como vai se sair, ou planeja o modo como causará a impressão certa. Talvez você ensaie o que dirá a uma mulher com quem gostaria de sair, ou a seu chefe quando for pedir uma promoção. Infelizmente, sua preparação tende a abandoná-lo quando o momento se aproxima. Isso ocorre porque ela é produto do medo, e um estado de espírito em que há medo não conduz, em geral, a uma comunicação confiante, tranquila e eficaz.

As pessoas que sofrem de TAS, em geral, apelam a uma série de comportamentos de segurança, que elas acreditam protegê-las de situações embaraçosas ou de críticas. Memorizar um discurso, ou escrevê-lo de antemão, por exemplo, é uma estratégia comum, embora raramente produza o efeito desejado de equilíbrio ou de confiança em si mesmo. Colocar as mãos nos bolsos para que os outros não vejam que você está tremendo é outra estratégia. Falar rapidamente ou em voz alta, a fim de parecer confiante (ou de maneira artificialmente lenta para parecer tranquilo) também – embora sugira mais insegurança do que qualquer outra coisa. Um paciente meu insistia em usar uma jaqueta mesmo nos dias mais quentes, para que ninguém o visse suando. Isso só fazia com que ele parecesse estranho (e, é claro, suasse ainda mais). Independentemente de qualquer resultado efetivo de curto prazo que possam ter, esses comportamentos são de pouca ajuda a longo prazo. Eles apenas reforçam a crença central de que só se pode ter sucesso socialmente quando se mascara todo sinal de insegurança (mais tarde, analisaremos esse comportamento que nada ajuda).

Um dos comportamentos de segurança mais autodestruidores é a dependência de álcool ou de drogas como um incentivo à confiança. Randy, um paciente meu, começou a tomar algumas cervejas em casa antes de sair. Ele acreditava que isso não só resolveria sua ansiedade, mas também o tornaria mais interessante para as outras pessoas. Embora houvesse poucas evidências de que esse fosse o caso, ele continuou a fazer uso de álcool, até que raramente se encontrava com alguém sem que estivesse mais ou menos bêbado. Algumas vezes se comportou inadequadamente, o que resultou no fim de um relacionamento com uma mulher com quem vinha saindo. Outra paciente, Jeane, se sentia tão apavorada ao ter de ir a festas na casa de outras pessoas que tentava fazer as festas sempre em sua casa. Para se fortalecer, tomava algumas doses antes da ocasião e algumas outras durante a festa. Não raro, isso começava a aparecer: a comida queimava, os pratos caíam e assuntos esquisitos eram objetos da conversa. As pessoas pararam de aparecer aos jantares em sua casa. A maior parte de nós conhece histórias como essas, algumas delas não muito agradáveis. O que começa como tentativa de mascarar os sintomas de TAS pode acabar como um caso sério de alcoolismo ou abuso de drogas.

A questão mais importante a se entender sobre o TAS é que, embora ele pareça dizer respeito ao que as pessoas pensam de você, na verdade, remete a algo mais profundo: o que você pensa de si mesmo. Sim, as pessoas com TAS se preocupam com as opiniões dos outros, mas todos nós nos preocupamos, e não há nada de errado com isso; é fundamental para que vivamos bem. A diferença é que as pessoas que sofrem de TAS acreditam ser, na verdade, inadequadas, indignas, inferiores, incompetentes e entediantes. Uma barreira constante de autocrítica está presente em suas mentes, e é isso, mais do que qualquer outra coisa, que aciona a ansiedade social. Quem não teria medo de enfrentar estranhos, ou pessoas razoavelmente estranhas, se tivesse certeza de que eles o desprezariam – e que *merecesse* ser desprezado? Nas páginas seguintes, apresento uma série de técnicas que você pode usar para lidar com o seu TAS. Embora sejam variadas, todas se baseiam, em última análise, na sua capacidade de se libertar da autocrítica, de abandonar a crença de que você nada merece.

Algumas das típicas distorções de seu pensamento estão descritas no Quadro 8.1. Você perceberá que tem preocupações antes das interações, um enfoque em si mesmo durante as interações e um *post-mortem* autocrítico depois.

UMA VISÃO GERAL DO TRANSTORNO DE ANSIEDADE SOCIAL

Vamos tentar elaborar uma visão geral do processo e da experiência do transtorno de ansiedade social. Na Figura 8.1, apresento um esquema detalhado que descreve o que já vimos sobre o TAS. Analise essa figura e veja se alguns desses processos lhe são familiares. Pode ser que nem todos se apliquem a você – mas você pode começar a entender melhor sua ansiedade social se compreender como as coisas se encaixam.

A fim de esclarecer sua leitura do esquema adiante, examinarei cada um dos passos.

1. **Causas do TAS.** Inclui a história evolutiva da submissão às hierarquias de dominação e ao medo de estranhos. Há uma determinação genética moderada do TAS. Durante a infância, essa disposição herdada se expressa cedo na inibição comportamental e no medo de estranhos, bem como na sensibilidade à rejeição. Além disso, as pessoas que desenvolvem o TAS vêm de famílias que são excessivamente controladoras que não oferecem apoio e que são críticas.
2. **Autoimagem e crenças sobre os outros.** As pessoas com TAS frequentemente têm baixa autoestima e acreditam que os outros as estejam rejeitando e sejam críticos em relação às suas fraquezas. Como resultado, as pessoas com TAS buscarão sinais de rejeição, vasculhando as outras pessoas em busca de falta de interesse que estas possam sentir por elas. As pessoas com TAS enfocarão os sinais de sua própria inaptidão e acreditarão que todas as pessoas estão fazendo o mesmo.
3. **Pensamentos distorcidos negativos.** As pessoas com TAS tendem a fazer

a leitura da mente ("Eu acho que sou um fracassado"), a personalização ("A razão pela qual você está bocejando é a de que você acha que sou entediante") e a prever o futuro ("Vou ter um branco"), e acreditam que todos os erros que cometem diante dos outros são absolutamente terríveis ("Seria uma catástrofe se eu perdesse minha linha de raciocínio e se as pessoas

QUADRO 8.1 PREOCUPAÇÕES TÍPICAS DA ANSIEDADE SOCIAL

DISTORÇÕES TÍPICAS DO PENSAMENTO	ANTES DE ENTRAR NA INTERAÇÃO	DURANTE A INTERAÇÃO	DEPOIS DA INTERAÇÃO (O *POST-MORTEM*)
Leitura da mente.	As pessoas vão perceber que estou muito nervoso.	Ela consegue perceber que eu estou ansioso. Vê minhas mãos tremendo.	Todos viram que eu estava nervoso e que estava perdendo minha linha de raciocínio.
Previsão do futuro.	Terei um branco.	Jamais vou conseguir ter um bom desempenho nesta conversa.	Continuarei a me atrapalhar quando encontrar novas pessoas.
Filtro negativo.	Minhas mãos vão tremer.	Acabo de perder minha linha de raciocínio.	Não contei a história da maneira certa.
Desconto dos aspectos positivos.	Muito embora algumas pessoas gostem de mim, sempre há pessoas que não gostam.	Ainda que eu esteja bem agora, ainda é possível que eu me atrapalhe.	Muito embora as pessoas parecessem interessadas no que eu disse, ninguém me convidou para sair.
Catastrofização.	Se eu parecer ansioso, será simplesmente horrível.	Se eu continuar a me sentir mais ansioso aqui, ficarei totalmente incapaz de falar.	Não consigo suportar o fato de que ela não parecia interessada em mim.
Personalização.	Aposto que ninguém tem esses medos de falar.	Consigo ver que todos estão concentrados em mim e que estão percebendo que estou bastante nervoso.	Provavelmente eu era a única pessoa da festa que era muito desinteressante.
Rotulação.	Sou inapto.	Devo ser um fracassado.	Agi como um fracassado.
Pensamento "tudo ou nada".	Continuo a me atrapalhar quando encontro pessoas.	Todo o meu desempenho até aqui foi um desastre.	Atrapalhei-me todo – nada de positivo aconteceu.

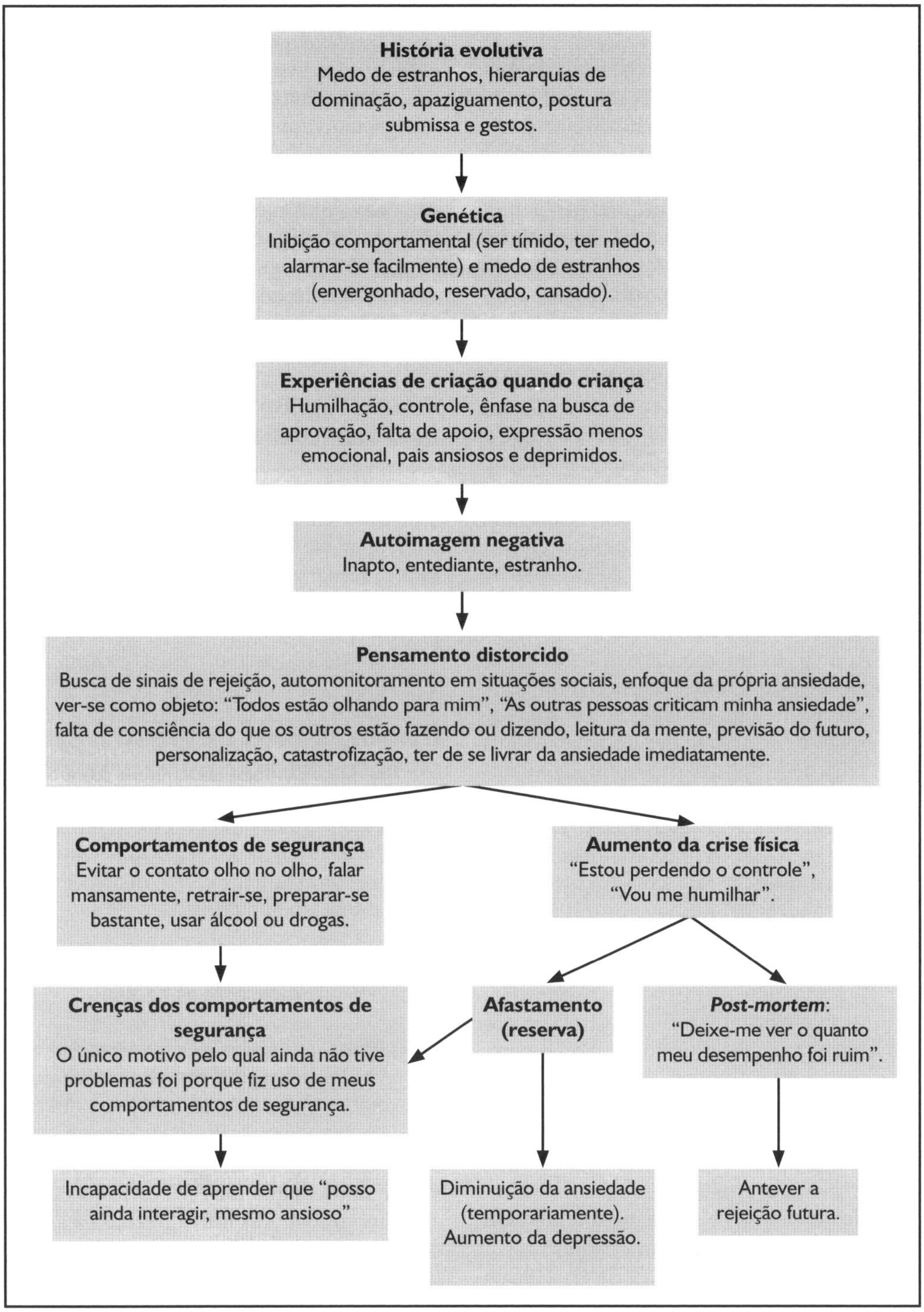

História evolutiva
Medo de estranhos, hierarquias de dominação, apaziguamento, postura submissa e gestos.
Genética
Inibição comportamental (ser tímido, ter medo, alarmar-se facilmente) e medo de estranhos (envergonhado, reservado, cansado).
Experiências de criação quando criança
Humilhação, controle, ênfase na busca de aprovação, falta de apoio, expressão menos emocional, pais ansiosos e deprimidos.
Autoimagem negativa
Inapto, entediante, estranho.
Pensamento distorcido
Busca de sinais de rejeição, automonitoramento em situações sociais, enfoque da própria ansiedade, ver-se como objeto: "Todos estão olhando para mim", "As outras pessoas criticam minha ansiedade", falta de consciência do que os outros estão fazendo ou dizendo, leitura da mente, previsão do futuro, personalização, catastrofização, ter de se livrar da ansiedade imediatamente.
Comportamentos de segurança
Evitar o contato olho no olho, falar mansamente, retrair-se, preparar-se bastante, usar álcool ou drogas.
Aumento da crise física
"Estou perdendo o controle", "Vou me humilhar".
Crenças dos comportamentos de segurança
O único motivo pelo qual ainda não tive problemas foi porque fiz uso de meus comportamentos de segurança.
Afastamento (reserva)
Post-mortem: "Deixe-me ver o quanto meu desempenho foi ruim".
Incapacidade de aprender que "posso ainda interagir, mesmo ansioso"
Diminuição da ansiedade (temporariamente). Aumento da depressão.
Antever a rejeição futura.

FIGURA 8.1

As causas da ansiedade social.

pensassem que eu sou ansioso"). Assim, a pessoa que dá uma palestra pensará que todos podem perceber que ela está ansiosa (leitura da mente); se alguém na audiência estiver falando com outra pessoa, é sinal de que a palestra está ruim (personalização); elas preveem que perderão a linha de raciocínio (previsão do futuro) e acreditam que é absolutamente terrível que as pessoas pensem que elas são ansiosas (pensamento catastrófico).

4. **Crenças negativas sobre a ansiedade.** As pessoas com TAS acreditam que, em qualquer momento que fiquem ansiosas, sua capacidade de pensar e de desempenhar seu papel será muito prejudicada, e elas acreditam que todas as pessoas podem notar sua ansiedade. Acreditam que não podem falar ou interagir com as pessoas se estiverem ansiosas. Pensam que têm de se sentir confortáveis, calmas ou confiantes antes de fazer qualquer coisa. Consequentemente, acreditam que precisam tanto eliminar sua ansiedade quanto escondê-la dos outros. Já que a ansiedade delas não é eliminada, se tornam mais agitadas e ansiosas, temendo perder o controle e ser humilhadas. Elas têm medo de sua própria ansiedade.
5. **Dependência dos comportamentos de segurança.** Ao antever a rejeição e a ansiedade, as pessoas com TAS usam estratégias para evitar que pareçam ansiosas. Isso inclui preparar-se excessivamente ou ler um discurso palavra por palavra, evitar o contato olho no olho, baixar a voz ou usar álcool ou drogas. A dependência desses comportamentos de segurança reforça a crença de que não podem jamais parecer ansiosas e mantém a crença de que serão rejeitadas no futuro, a não ser que eliminem quaisquer sinais de ansiedade.
6. **Reserva e evitação.** As pessoas com TAS podem se tornar tão ansiosas que abandonarão a situação. Se elas sentem que estão muito estranhas ou desconfortáveis, elas irão embora de uma festa, por exemplo. No futuro, provavelmente evitarão situações que julguem provocar ansiedade.
7. ***Post-mortem.*** Depois das interações sociais, as pessoas com TAS revisam seu "terrível" desempenho, enfocando sinais de sua estranheza ou da possível rejeição exercida pelos outros. Isso contribui para sustentar a crença de que elas são inaptas e precisam se preocupar, a fim de se prepararem para o pior no futuro.

O LIVRO DE REGRAS DA ANSIEDADE SOCIAL

Ok, vamos escrever o seu livro de regras da ansiedade social – as regras a que você obedece e que garantirão que você se sentirá tímido, constrangido e que farão com que você evite qualquer interação com outras pessoas. Assim, basta seguir estas regras para se sentir ansioso ao máximo (Quadro 8.2).

OLHANDO MAIS DE PERTO O SEU LIVRO DE REGRAS DA ANSIEDADE

Vamos analisar cada uma das suas regras de ansiedade para garantir que você entenda como está fazendo com que se sinta sempre pior do que precisa.

Antes de interagir com as pessoas

1. **Pense em todas as maneiras em que você possa parecer um bobo e ansioso.** Antes de passar por qualquer situação, você pode revisar em sua mente todas as maneiras pelas quais possa parecer estranho, incompetente ou fora de controle. Por exemplo, você pode prever que terá um branco, que suará profusamente, que suas mãos vão tremer e que falará coisas que não têm sentido.
2. **Ensaie em sua mente o quanto você vai se sentir ansioso.** Agora você pode pensar que sua ansiedade fugirá do

QUADRO 8.2 O LIVRO DE REGRAS DA ANSIEDADE SOCIAL

Antes de interagir com as pessoas:

1. Pense em todas as maneiras em que você pode parecer um bobo e ansioso.
2. Ensaie em sua mente o quanto você vai se sentir ansioso.
3. Tente preparar todos os tipos de comportamentos de segurança para esconder sua ansiedade.
4. Apresente, se possível, uma desculpa para evitar as pessoas.

Quando estiver junto a outras pessoas:

1. Presuma que elas podem ver todo sentimento de ansiedade e pensamento que você tiver.
2. Coloque sua atenção no quanto você vai se sentir ansioso.
3. Tente esconder seus sentimentos de ansiedade.

Depois de interagir com as pessoas:

1. Reveja o quanto a interação foi péssima.
2. Presuma que as pessoas estão agora falando sobre o quanto você é estranho.
3. Enfoque todos os sinais de imperfeição presentes no modo como você se apresentou.
4. Critique a si mesmo por não ter tido um comportamento perfeito.

controle, chegando a níveis catastróficos. Você pode prever que não será capaz de suportá-la e que terá de escapar o mais rápido possível.

3. **Tente preparar todos os tipos de comportamentos de segurança para esconder sua ansiedade.** Já que seu livro geral de regras lhe diz para estar preparado para o pior, você pode pensar em todas as superstições que o ajudam a se sentir seguro. Por exemplo, você pode preparar um texto em que esteja escrito palavra por palavra aquilo que você vai dizer, pode usar uma jaqueta para não demonstrar que está suando, pode segurar firmemente o copo para que ninguém veja suas mãos tremendo e pode falar tranquila e lentamente de modo que ninguém perceba que você está ansioso.
4. **Apresente, se possível, uma desculpa para evitar as pessoas.** O ideal, se você quer manter sua ansiedade, é evitar as pessoas. Sente-se sozinho, não fale a não ser que falem com você, não olhe as pessoas nos olhos e, se possível, não saia.

Quando estiver junto a outras pessoas

1. **Presuma que elas podem ver todo sentimento de ansiedade e pensamento que você tiver.** Sua experiência na leitura da mente será útil. E você também pode presumir que é sempre o centro das atenções – e do pior tipo de atenção. Tudo o que você estiver sentindo e que faz com que você se sinta mal está imediatamente claro para todas as pessoas a seu redor. Você sequer precisa dizer alguma coisa. Elas conseguem ver todos os seus pensamentos ansiosos, toda sensação de ansiedade, todo sentimento de dor psíquica que você tem. Em termos de ansiedade, você é transparente.
2. **Coloque sua atenção no quanto você vai se sentir ansioso.** Em vez de ouvir o que está sendo dito, ou olhar em volta para ver o que está realmente acontecendo, é sempre melhor (se você quiser ficar nervoso) enfocar todos os pensamentos e sensações de ansiedade que tiver. Continue pensando: "Será que estou realmente ansioso?",

"Meu rosto ficou vermelho?" ou "Estou suando?".

3. **Tente esconder seus sentimentos de ansiedade.** É essencial, ao construir sua ansiedade e de modo que ela chegue a níveis próximos do pânico, que você se certifique de que ninguém jamais saiba que você está desconfortável e ansioso. Esconda toda sensação e sintoma que você tem. Use uma jaqueta para esconder seu suor, seque suas mãos constantemente, de modo que ninguém tenha de tocá-las se estiverem suadas, fale com uma voz grave, de modo que ninguém saiba que você está prestes a desabar.

Depois de interagir com as pessoas

1. **Reveja o quanto a interação foi péssima.** O *post-mortem* é essencial para lembrar o quanto o seu desempenho é ruim. Assim, você poderá aprender a evitar parecer ansioso de novo. Você precisa ser responsável por sua ansiedade. Por isso, pense de novo sobre como você pareceu tremer, ou em ter dito a coisa errada ou em ter havido uma pausa na conversa porque (você presume) todos estavam pensando no quanto você é ansioso e entediante. Continue a realizar esse procedimento de *post-mortem*, a fim de se certificar de que nada escape.
2. **Presuma que as pessoas estão agora falando sobre o quanto você é estranho.** O bom em encontrar pessoas é poder falar mal delas depois. Por isso, você pode presumir que todas as pessoas que encontra estão agora falando e rindo de você. Elas estão mandando *e-mail* a estranhos, ridicularizando-o. Essa é finalidade da vida delas agora.
3. **Enfoque todos os sinais de imperfeição presentes no modo como você se apresentou.** Enquanto você pensa no seu péssimo desempenho, não se deixe levar por pensamentos como "Todo mundo fica ansioso" ou "Sou apenas um ser humano". Não, você não é apenas humano: você deve sempre parecer perfeito e ter o controle da situação. Qualquer coisa que esteja abaixo do perfeito indica que você está se aceitando como um fracassado. É importante continuar pensando nesses termos: tudo ou nada. Ou a perfeição ou nada.
4. **Critique a si mesmo por não ter tido um comportamento perfeito.** Já que não é preciso dizer que você não foi perfeito, deve passar a maior parte de seu tempo se criticando. Ensine a si mesmo uma lição que jamais esquecerá. Diga a si mesmo que é inferior, fracassado, que está *sempre* estragando as coisas, e que não há nada em toda a sua vida que você tenha feito corretamente.

Quando estiver junto a outras pessoas, você pode ao menos se orgulhar do fato de que domina essas regras e das muitas habilidades inerentes a uma pessoa nervosa.

SUPERANDO O SEU TAS

Assim como o Transtorno de Ansiedade Generalizada (TAG), o Transtorno de Ansiedade Social (TAS) tem uma ampla gama de sintomas. Uma vez que ele se baseia em uma ansiedade fundamental, profundamente arraigada, em relação a outras pessoas, o TAS é um transtorno bastante abrangente. Você estará trabalhando para mudar não só comportamentos específicos, mas a maneira geral como vê a si mesmo em relação às outras pessoas.

Nosso método será o mesmo utilizado para qualquer transtorno de ansiedade: desafiar o pensamento que o sustenta. Há muitas maneiras de se fazer isso, da reflexão sobre algumas de suas crenças centrais a exercícios que você pode de fato fazer e que testam tais crenças. Eles não precisam ser praticados em uma determinada ordem, mas você deve tentar usar o número máximo deles, já que se sustentam e se reforçam reciprocamente. Juntos, esses passos constituem um treinamento, especialmente se você estiver trabalhando com um terapeuta cognitivo experiente. Uma boa notícia é que mais de 75% das pessoas com TAS podem ser ajudadas de maneira significativa pelo tratamento adequado (frequentemente em 20 sessões), com a maioria dos pacientes mantendo a melhora em período bastante posterior.

Analisemos os passos, um a um.

Construa sua motivação

As pessoas com TAS muitas vezes sentem que não há esperança em mudar. A ansiedade relacionada a situações sociais parece ser parte de sua natureza. Além disso, seu impulso mais forte é o de evitar o estresse da interação social; a ideia de se submeter a essa interação, quando além do necessário, parece insuportável. Isso ocorre porque elas são incapazes de imaginar alguma coisa diferente da agonia como resultado de tais encontros. Não conseguem perceber que é possível entrar em uma situação geradora de ansiedade e não experimentá-la como algo que cause dor.

É verdade que a fim de fazer essa mudança você terá de experimentar um desconforto moderado. Você pode ter de se forçar a participar de situações difíceis quando seu impulso for o de fugir delas. Pode-se pedir que você confronte pensamentos e imagens desagradáveis, e que abandone a segurança do isolamento. Se você passou a fazer uso de drogas ou de álcool para amenizar a dor, poderá ser necessário fazer algum trabalho relacionado à adição. Por outro lado, os benefícios decorrentes de se libertar do TAS são consideráveis. Eles incluem não só um aumento da sensação de conforto em situações sociais, mas também a liberdade de ser mais assertivo, ter maior efetividade no trabalho, melhorar relações e acabar com a solidão. Esses benefícios podem se ampliar a todas as áreas de sua vida. Superar a sua ansiedade social pode ajudá-lo a superar a depressão, o abuso de substâncias e a dependência dos outros, e pode melhorar drasticamente sua capacidade de ter melhores relacionamentos.

Pare de criar hipóteses sobre o que os outros pensam

Este passo pode ser também chamado de "não seja um leitor de mentes". Seu desconforto na presença dos outros se baseia em geral no que você presume que eles estejam pensando a seu respeito. Você pode se sentir nervoso ao falar em uma reunião. Você presume que os outros podem identificar seu nervosismo porque suas mãos estão tremendo ou porque sua voz está vacilante; e, portanto, olharão para você com desdém. Em primeiro lugar, as outras pessoas provavelmente não estejam nem um pouco cientes do seu estado mental (elas não leem a sua mente, também). Em segundo lugar, simplesmente não é verdade que a maior parte das pessoas veja o nervosismo com algo digno de desprezo. A maior parte das pessoas é bastante solidária com o nervosismo, pois já ficou nervosa em um determinado momento. Não há razão para presumir que elas deixarão de gostar de você ou sentir qualquer outra coisa que não solidariedade.

Há muitas maneiras de estar errado em relação ao que as outras pessoas estão pensando. Lembre-se da história de Ken, cujos colegas interpretaram sua timidez como presunção – eles pensaram que ele os desprezava. Ou tome uma situação em que duas pessoas em uma plateia estejam sorrindo uma para a outra enquanto você fala. Você presume que elas estejam debochando de você, quando, na verdade, riem porque uma delas está soluçando. Ou você sai de uma festa convencido de que todos só estão esperando para comentar sobre o quanto você se comportou de maneira ridícula. Na verdade, tudo o que disseram foi "parece uma pessoa legal", e é só. Nada disso prova que todos gostarão de você o tempo todo. Mas indica duas coisas:

1. não há modo de saber o que as pessoas realmente pensam, e;
2. se você sofre de TAS, é praticamente certo que o que você imagina que as pessoas pensam a seu respeito é muito pior do que aquilo que elas de fato pensam.

É até mesmo possível que as pessoas não estejam pensando em você – elas podem estar pensando sobre o quê as outras pessoas pensam delas.

Ironicamente, muitas pessoas com TAS podem ter bons amigos. Elas dirão: “Meus verdadeiros amigos me conhecem porque confio neles”. Mas, pelo fato de as pessoas com TAS se isolarem com frequência e só raramente compartilharem sua vida interior com os outros, encontram muito poucas possibilidades de descobrir que os outros de fato gostam delas.

Busque um *feedback* positivo

As pessoas com TAS tendem a evitar olhar para os outros ou examinar suas faces em busca de expressões de negatividade: tédio, desprezo ou perturbação. Se é isso o que você está procurando, provavelmente vai se convencer de ter encontrado. Mas você pode, em vez disso, fazer um esforço consciente para buscar sinais positivos. Observe quando as pessoas sorriem para você ou o cumprimentam; tente reconhecer esses gestos. É importante responder a elas para fazer com que se sintam à vontade. Você atrai respostas positivas por meio de comportamento positivo. Se você olhar os outros nos olhos e sorrir, quase sempre ganhará um sorriso de volta. As outras pessoas também são tímidas e buscam incentivo em você. Quase todos os meus pacientes socialmente ansiosos subestimam as reações positivas que obtêm. Eles partem do princípio de que ninguém gosta deles, e reagem de acordo com isso. Então ninguém gosta muito deles por tal atitude. Outra profecia a respeito de si mesmo que acaba por se cumprir.

Uma de minhas pacientes se sentia especialmente ansiosa ao ficar perto de homens. Ela evitava olhá-los nos olhos e falava com eles em tom de voz muito baixo. Ela estava tão centrada em sua própria condição que raramente notava alguma coisa nos homens. Pedi a ela, como exercício, que começasse a perceber a cor dos olhos e da camisa dos homens que encontrasse. Isso fez com que ela saísse de sua introspecção. Também pedi a ela que deliberadamente verificasse se algum dos homens estava sorrindo para ela. Para sua surpresa, muitos estavam; quando ela os olhava para verificar a cor dos olhos e da camisa, eles percebiam e sorriam para ela. Isso a ensinou a redirecionar sua atenção dos sinais de rejeição para os sinais de aceitação. Como já disse, você tende a achar o que procura.

Você também pode reconhecer seus próprios êxitos. Dê crédito a si mesmo toda vez que ampliar seu nível de bem-estar ao ir a uma festa, iniciar um diálogo, sentar-se próximo dos outros, fazer perguntas a eles sobre eles próprios e for assertivo por interesse próprio. Reforçar sua atitude positivamente por conta própria é importante, constrói sua confiança. Toda vez que você fizer alguma coisa para se ajudar (por exemplo, toda vez que colocar uma das técnicas deste livro em prática), deve reconhecer seu próprio esforço. Durante muito tempo, você esteve ocupado se colocando para baixo, sendo seu pior crítico, agindo como um inimigo. Pense em mudar de lado.

Preste atenção ao que está sendo dito

Muitas pessoas socialmente ansiosas enfrentam problemas em acompanhar o que está sendo dito em uma conversa. Isso ocorre porque elas enfocam o que as outras pessoas pensam delas, ou porque mergulham em sua própria ansiedade, ou planejam o que vão dizer a seguir, a ponto de perderem o foco do diálogo, o que faz com que fiquem muito mais ansiosas. Há tanta conversa ocorrendo em sua cabeça sobre si próprio e sobre o que os outros pensam que é difícil prestar atenção ao que está sendo dito. Uma maneira eficaz de lidar com sua ansiedade é enfocar o *conteúdo* do que está sendo dito. Se alguém estiver falando sobre seu emprego, veja se você consegue acompanhar os detalhes e se eles são ou não importantes.

Retire o foco de pensamentos como "O que ele pensa de mim?" ou "Talvez eu deva falar sobre aquilo que aconteceu com minha irmã" e passe para "O que ele está dizendo agora?" ou "Eu concordo com isso?". Uma técnica que acho útil é pedir à pessoa com TAS para buscar saber o máximo de informações sobre a pessoa com quem fala. Fazer muitas perguntas, solidarizar-se com seus sentimentos ("Parece que isso foi empolgante para você") e continuar a perguntar. Ocasionalmente, repita, parafraseando, aquilo que a outra pessoa estiver dizendo: "Então, você está nesse emprego há quatro anos". Essa atitude é duplamente benéfica, pois retira sua mente de sua ansiedade ao mesmo tempo em que o capacita a acompanhar o diálogo e responder de modo mais inteligente. Isso pode diminuir drasticamente seu estresse na situação, tornando-o menos tímido, e, além disso, fará com que você perceba que as pessoas adoram falar com alguém como você, que faz muitas perguntas. Você pode ser a pessoa mais popular em uma festa, porque sabe ouvir – por fazer muitas perguntas e demonstrar muito interesse.

Outra técnica – boa para quando você não está em meio a uma conversa – é descrever para si mesmo o ambiente físico que estiver à sua frente. Se estiver sentado em uma festa, por exemplo, em vez de pensar no quanto você está ansioso, ou no quanto está constrangido e, como consequência, no fato de ninguém falar com você, simplesmente respire fundo, relaxe e verifique o que você está vendo: quem está na sala, o que estão usando, quem está falando com quem, como são os móveis e os quadros das paredes. Isso retira sua mente de seu ritmo obsessivo e autoinvestigativo e dissipa sua tensão. A propósito, não há nada de errado em se sentar sozinho durante um tempo. Talvez você considere o fato de estar sozinho por um instante como algo depreciativo, sinal da rejeição dos outros por você. Na verdade, estar sozinho significa pouco ou nada – você só está quieto por algum um tempo. Aceite isso e não haverá problema algum.

Dê a si mesmo a permissão de ficar ansioso

Uma das coisas mais difíceis sobre a ansiedade é o sentimento de que você precisa se livrar dela. Esse sentimento é quase um fardo maior do que a própria ansiedade. Quando você fica ansioso na presença dos outros, você imediatamente sente que tem de esconder ou suprimir tal sentimento. Mas, por quê? Isso é vergonhoso? Trata-se de algo fatalmente debilitante? É algo pelo qual os outros o condenarão? A ansiedade é parte natural da vida. Todos se sentem ansiosos às vezes e todos entendem isso. Admitir para si mesmo (e para os outros) que você não está se sentindo à vontade em um determinado momento não é algo vergonhoso. Na verdade, pode ser algo bastante libertador. Você não mais precisa fingir. Pode, tranquilamente, ser uma pessoa normal, comum, ansiosa. É parte do aprendizado estar mais no presente, permitindo que o "que é" seja o que é.

Você pode também sentir que sua ansiedade tem de ser totalmente eliminada antes de você fazer qualquer coisa. Essa é uma crença verdadeiramente paralisante. Se você esperar sua ansiedade parar antes de se testar em qualquer situação social, você acabará evitando-a como um todo. Nunca aprenderá que a ansiedade pode existir, que ela não é algo a ser temido; que, na verdade, ela não tem consequências terríveis para além dela mesma. Com efeito, o mais importante que você pode fazer para superar a ansiedade é fazer algo que o deixe de fato ansioso e fazê-lo *enquanto* você se sentir ansioso (mais informações sobre esse assunto, a seguir). Pense na sua ansiedade como um amigo levemente estranho e falante que está sempre a seu lado. Ele pode ser um pouco atrapalhado, pode fazer coisas um pouco desagradáveis às vezes, mas isso não é um grande problema. Você pode ainda sair com outras pessoas, mesmo estando esse amigo a seu lado. O importante é que *ele não é você*. Você não precisa controlá-lo, e não precisa deixar que ele o controle. Da mesma maneira que ocorre com todos os outros transtornos de ansiedade, não se trata de eliminar a ansiedade. Trata-se de fazer as pazes com ela.

Desista do *post-mortem*

Se você é como a maior parte das pessoas que sofre de TAS, passa boa parte do tempo pensando sobre seus fracassos, fiascos e falhas sociais. Se você acabou de voltar de um encontro ou evento social que não foi muito bem, você provavelmente começará logo a elaborar o *post-mortem*: examinará todas as coisas erradas que fez, lembrará de todas as situações constrangedoras e rejeições que sofreu, revivendo todo momento doloroso. Mas imagine que você tenha decidido desistir de tudo isso, adiando o *post-mortem* para outro momento. Não há mesmo urgência; você pode certamente transferir tudo para daqui a um ou dois dias. Mas essa ideia de que você *precisa* avaliar seu desempenho é uma ilusão. Você acha que será capaz de examinar seus erros, aprender com eles e corrigi-los da próxima vez. Mas as coisas não funcionam assim. Seus esforços para gerenciar a ansiedade são o que o deixam em uma situação problemática, em primeiro lugar. Examinar todos os seus erros apenas alimenta sua ansiedade; sustenta sua imagem de si mesmo como alguém socialmente inapto, como um "fracassado". Seria provavelmente mais útil examinar o houve de positivo na experiência: todas as coisas que você fez corretamente, a coragem que demonstrou ao agir socialmente apesar de seus medos, as oportunidades de autoaceitação que estão sendo oferecidas a você. Se você conseguir analisar tudo com senso de humor, melhor ainda. Você certamente terá muitas oportunidades de fazer melhor da próxima vez. Mas seu sucesso dependerá de sua capacidade de *aceitar* suas falhas – e não de massacrar-se pela autocrítica excessiva.

Seja realista acerca de sua autoimagem

Você provavelmente se vê como uma pessoa basicamente inapta, incompetente, desinteressante ou carente de habilidades sociais de qualquer tipo. Considere o seguinte: como você se sente com as pessoas com quem fica à vontade e em quem confia? Muitas pessoas com ansiedade social podem ser criativas, inteligentes e responsáveis, desde que se sintam tranquilas. Há alguma evidência de qualidades positivas suas? Em caso positivo, então você pode se perguntar: "Quando me sinto melhor?". Por exemplo, um homem com TAS que pensava ser entediante para os outros nas situações sociais era, na verdade, muito bem informado, tinha um grande senso de humor e era um homem respeitável e afetivo.

Você pode por em questão o seu pensamento negativo acerca de si mesmo. Quais são as evidências favoráveis e as contrárias a sua visão negativa? Você exige perfeição? Você é tão duro com outras pessoas como é consigo mesmo? Não houve coisas que correram bem? Não há sempre uma próxima vez? Você consegue se dar crédito por tentar, ou por ter de fato tentado, fazendo algo para se ajudar?

Enfrente o seu pior crítico

Todos temos em mente a imagem de nosso pior crítico. Para Ken, era qualquer pessoa que dissesse a ele que era um idiota por se sentir ansioso. Por isso, pensei que devíamos enfrentar seu pior crítico e derrotá-lo. Aqui está o *role play* que eu e Ken elaboramos:

Pior crítico: (interpretado por Bob)	Você deve ser uma pessoa inferior por se sentir ansioso.
Ken:	Não, isso é o que você pensa. Muitas pessoas maravilhosas e criativas se sentem ansiosas. Faz parte do fato de sermos humanos.
Pior crítico:	Você deveria deixar de ficar ansioso agora mesmo.
Ken:	Isso parece uma espécie de norma moral. Estou desobedecendo os dez mandamentos?

Pior crítico: Não, mas não gosto de ansiedade.
Ken: E o que eu tenho a ver com isso?
Pior crítico: Você deve fazer com que me sinta bem sempre. Deve sempre ter minha aprovação.
Ken: Não vejo razão alguma para fazer você se sentir bem. Essa é uma tarefa sua. Sinto muito por você não se sentir bem.
Pior crítico: Não posso suportar o fato de você estar ansioso.
Ken: Então quer dizer que você está ansioso com a minha ansiedade?

Quando Ken conseguiu enfrentar seu pior crítico, percebeu o quanto a situação era absurda. O seu pior crítico estava cheio de distorções, regras morais e exigências. Ken pôde optar por deixar seu pior crítico em uma situação terrível. Por que não? O crítico jamais fez coisa alguma pelo bem-estar de Ken.

Crie uma hierarquia do medo

Agora chegamos a algumas das técnicas ou exercícios específicos que você pode usar para abordar sua ansiedade social. Nos capítulos anteriores, expliquei como criar uma hierarquia do medo como uma maneira de praticar a experiência de seus medos em um contexto de segurança. Você subdivide o seu medo de uma situação em pequenos passos, e depois os classifica de acordo com o nível de ansiedade que eles provocam, atribuindo-lhes um número de 0 (menos temidos) a 10 (mais temidos). Depois você mantém cada um desses passos em sua mente por um período longo, até que seu nível de ansiedade – que chamamos de USIs – diminua. Você começa com o menos ameaçador e avança gradativamente até o pior medo a enfrentar.

Ajudei Ken a desenvolver uma hierarquia do medo em relação a uma questão difícil para ele: mulheres. Tudo sobre o processo de conhecer mulheres e convidá-las para sair era apavorante para Ken, mas conseguimos identificar os componentes de sua ansiedade. Menos ameaçador foi pensar sobre uma mulher (classificado como 1). Ser apresentado a uma mulher causou um pouco mais de incômodo (5). Começar uma conversa com ela foi bem mais problemático (7). O cenário mais assustador de todos foi convidá-la para sair diante de outras pessoas (10). Para cada passo, pedi que Ken registrasse o resultado. Suas respostas estão no Quadro 8.3.

Faça uma imagem-teste de seus medos

Depois, trabalhamos com a hierarquia de Ken. Fiz com que ele sustentasse imagens diferentes (sentar-se ao lado de uma mulher, começar uma conversa, etc.) em sua mente, uma a uma, e registrasse o nível de USIs. Todas elas subiam no início e depois declinavam gradualmente à medida que sua mente se habituava à imagem perturbadora. Sua tarefa de casa era a de passar 30 minutos por dia fazendo esse exercício, trabalhando três passos diferentes da hierarquia. Outra maneira de se imaginar na situação é formar uma imagem detalhada em sua mente de como você falará – ou de como vai se apresentar aos outros. Se você for dar uma palestra, pode imaginar como aparecerá no vídeo para um estranho – tente dar tantos detalhes quanto possível. Em um estudo, criar essas imagens e depois assistir a si mesmo no vídeo reduziu drasticamente a ansiedade. Essa imagem permite que você se distancie da experiência, de modo que não se sinta tão envolvido.

Liste seus pensamentos de ansiedade e os desafie

O que em geral acontece quando você aborda uma situação incômoda é que sua mente fica repleta de pensamentos de temor. Esses pensamentos dominam sua mente, tornando praticamente impossível para você

QUADRO 8.3 A HIERARQUIA DE COMPORTAMENTOS DE KEN AO CONVIDAR UMA MULHER PARA SAIR

CLASSIFICAÇÃO	COMPORTAMENTO	PENSAMENTOS E MEDOS
1. (menor incômodo)	Pensar em uma mulher.	Talvez tenha de fazer alguma coisa.
2.	Olho para ela, mas ela não me vê.	Ela pode se virar e me notar.
3.	Notar que ela me vê olhando para ela.	Ela pode pensar que eu estou olhando para ela feito um idiota.
4.	Aproximar-me e sentar ao lado dela ou ficar em pé a seu lado.	Ela pode achar que sou estranho.
5.	Ser apresentado a ela.	Não saberei o que dizer depois de cumprimentá-la.
6.	Falar com ela quando estivermos sozinhos.	Não saberei o que dizer.
7.	Falar com ela diante de outras pessoas.	Não saberei o que dizer. Todos pensarão que sou um fracassado.
8.	Abordar uma mulher em uma festa ou bar.	Ela vai pensar que sou agressivo demais.
9.	Convidá-la para sair sem que ninguém esteja perto.	Ela vai me rejeitar e eu vou me sentir um derrotado.
10. (maior incômodo)	Convidá-la para sair diante de outras pessoas.	Ela vai me rejeitar e eu serei humilhado publicamente. Todos pensarão que eu sou um fracassado.

tomar decisões racionais ou agir de maneira eficaz. Normalmente, tais pensamentos pululam em sua mente, acumulando-se de modo tão rápido e caótico que você não tem tempo para testar sua validade. É por isso que acho útil fazer com que os pacientes façam uma lista desses pensamentos. Quando se faz isso, vê-se todos os pensamentos escritos, um de cada vez. Você pode olhar para eles durante um momento de silêncio e pensar neles com calma. Você tem a chance de desafiar a *verdade* de seus pensamentos ansiosos.

Como você vê nessa lista de pensamentos negativos, o principal foco de Ken estava no medo da humilhação. Muitos desses pensamentos negativos são como que uma leitura da mente ("Ela vai pensar que eu sou um fracassado"), previsão do futuro ("Serei rejeitado") e catastrofização ("Será um desastre se eu for rejeitado ou se as pessoas pensarem que eu sou um fracassado"). Ele estava também desconsiderando aspectos positivos. Afinal de contas, não é necessário ter muita coragem para enfrentar seus medos? Deveria se dar crédito por isso.

Assim, Ken e eu decidimos por em questão esses pensamentos negativos, de modo que ele pudesse avançar e de fato fazer algo, isto é, fazer o que tinha medo de fazer. Aqui está o que Ken considerou útil:

QUADRO 8.4 OS MEDOS DE KEN E AS RESPOSTAS RACIONAIS

COMPORTAMENTO	PENSAMENTOS E MEDOS	RESPOSTA RACIONAL
Pensar nela.	Talvez tenha de fazer alguma coisa.	É bom pensar nela. Ela é atraente.
Olhar para ela, mas ela não me vê.	Ela pode se virar e me notar.	Tenho de olhar para as pessoas. O que há de tão estranho nisso?
Notar que ela me vê olhando para ela.	Ela pode pensar que estou olhando para ela feito um idiota.	Ela pode pensar que eu a acho atraente; o que pode ser uma lisonja para ela.
Aproximar-me e sentar ao lado dela ou ficar em pé a seu lado.	Ela pode achar que sou estranho.	Ela pode pensar que sou uma pessoa assertiva e que tenho coragem para abordá-la.
Ser apresentado a ela.	Não saberei o que dizer depois de cumprimentá-la.	Não preciso ser alguém divertido. Posso simplesmente perguntar alguma coisa sobre ela – de onde ela é, o que faz, se gosta de viver aqui, o que gosta de fazer para se divertir.
Falar com ela quando estivermos sozinhos.	Não saberei o que dizer.	(ver acima).
Falar com ela diante de outras pessoas.	Não saberei o que dizer. Todos pensarão que sou um fracassado.	Posso simplesmente falar sobre amenidades e fazer perguntas sobre ela. Por que alguém pensaria que sou um fracassado se estiver falando com ela? Não sou idiota. Meus amigos gostam de mim.
Abordar uma mulher em uma festa ou bar.	Ela vai pensar que sou agressivo demais.	Ela pode pensar que tenho confiança em mim mesmo e pode gostar do fato de que eu esteja começando um diálogo. Afinal de contas, ela está em uma festa para encontrar pessoas.
Convidá-la para sair sem que ninguém esteja perto.	Ela vai me rejeitar e vou me sentir um derrotado.	É um sinal de confiança e honestidade convidar alguém para sair. Ela pode dizer que sim. Se ela disser que não, não ficarei pior do que antes. Por que deveria me sentir humilhado se fui determinado?
Convidá-la para sair diante de outras pessoas.	Ela vai me rejeitar e serei humilhado publicamente. Todos pensarão que eu sou um fracassado.	Se eu visse um cara convidando uma mulher para sair, teria inveja dele – mesmo que ele recebesse um não. Eu pensaria: "Ele está fazendo algo que eu gostaria de poder fazer".

Elimine os comportamentos de segurança

Os comportamentos de segurança são ações que você pensa que o impedirão de perder o controle e de fazer papel de bobo. Exemplos de comportamentos de segurança são: olhar para baixo, falar em tom baixo, não interromper outras pessoas, não se afirmar diante dos outros e se colocar em uma postura rígida. Ironicamente, esses comportamentos podem fazer com que outras pessoas pensem que você é estranho e que olhem para você com ar interrogativo. O problema em depender dos comportamentos de segurança é que você pensará que a única maneira de impedir que se sinta mal é usar tais comportamentos. Você acreditará ainda que interagir com as pessoas é perigoso porque você está sempre prestes a fazer papel de bobo. Desistir dos comportamentos de segurança é como desistir das rodas de apoio da bicicleta: no início assusta, mas é a única maneira de andar de bicicleta. Por isso, sua meta será a de *praticar desistir de todo comportamento de segurança*. Por exemplo, olhe as pessoas *diretamente* nos olhos, não sorria de maneira falsa, deixe seus braços soltos e interrompa as pessoas com suas ideias. Você descobrirá que nada de terrível ocorre e que as pessoas não o rejeitarão.

Você pode relutar em desistir dos comportamentos de segurança. Isso é natural. Você vem dizendo a si mesmo que a única maneira de fazer isso é colocar as mãos para trás, segurar firme um copo, falar lentamente, ler suas anotações ou beber uma dose. Mas enquanto depender desses comportamentos, continuará a acreditar que a situação é realmente perigosa.

Pratique seus medos

Você pode progredir bastante em relação a seus medos se permitir que algumas coisas de que tem medo aconteçam – ou se *fizer* com que elas aconteçam. Por exemplo, se você se preocupa com a possibilidade de "congelar" durante uma apresentação em uma reunião de negócios, faça uma pequena experiência. Pare durante um minuto, finja estar procurando algo em suas notas, e diga: "Deixe-me ver, esqueci onde parei". Depois continue. Veja se alguém percebe ou se importa com isso. Ou se você estiver apenas em pé em algum lugar se sentindo um pouco mal, com medo de que as pessoa percebam seu desconforto, você pode dizer a alguém que esteja próximo de você: "Meu Deus, esses compromissos me fazem sentir mal às vezes". Isso pode dar início a uma conversa interessante. Você não precisa mergulhar no terror, pode simplesmente lidar com a situação, testando seus limites. Se fizer isso com frequência, sua zona de conforto se expandirá consideravelmente. Se você se preocupa com o fato de suas mãos tremerem, então finja tremer por dois minutos. Aposto que ninguém perceberá. E, se alguém perceber, por que deveriam se importar? Um homem tinha tanto medo de que ficasse tonto e desmaiasse que eu pedi a ele para fingir um desmaio em uma loja. Ele fez isso, e as pessoas apenas perguntaram se ele estava bem. Ele levantou-se, garantiu a todos que estava bem e depois continuou a fazer compras. Seu pior medo havia se tornado um momento sem importância para todas as pessoas a seu redor.

Ao final do processo, é claro, você vai querer testar as coisas: imergir nas situações que mais o intimidam e que você mais evita. A boa notícia é que mesmo com os itens maiores, o processo não é diferente. Você simplesmente encontra o limite de sua situação de conforto e o expande um pouco. Se praticar isso por um tempo em situações que são minimamente ameaçadoras, você estará muito melhor preparado para assumir desafios maiores. Encontros barulhentos entre pessoas. Entrevistas de trabalho. Sair com alguém que não conhece. Jantares. Dar uma palestra. Exames orais. Seja o que for que você considere uma ameaça. Independentemente do quanto possa parecer assustador para você, haverá maneiras de lidar com a situação. Se você fizer uso de todos os outros passos listados aqui, usando-os como parte de uma estratégia coerente, terá uma boa chance de sucesso.

A principal coisa a ser lembrada é algo sobre o que já falamos. Você não vai chegar a lugar algum obedecendo às velhas regras – as que lhe dizem que você não consegue lidar com a ansiedade. É absolutamente essencial fazer coisas que você geralmente evita, seja cumprimentar estranhos, seja convidar alguém para sair, falar o que pensa no trabalho, buscar orientações, falar diante de um grupo ou ir a uma festa. Você pode ser gentil consigo mesmo, mas precisa forçar um pouco a situação. A maneira de superar a ansiedade é praticar, fazendo as coisas que tem medo de fazer. É assim que sua mente primitiva – a parte de seu cérebro que até agora vem lhe dizendo para ter medo – entende o que é e o que não é perigoso. Essa parte precisa experimentar a situação em questão e constatar que ela é segura antes de produzir alarmes falsos.

Examine a hierarquia de seus medos e comece a buscar oportunidades para fazer as coisas do próximo item da lista. Tenha em mente a nova regra para se livrar da ansiedade: se você não estiver fazendo algo que o deixe desconfortável, não estará progredindo. Para Ken, isso exigiu que ele iniciasse uma conversa e pedisse informações. Fiz com que Ken dissesse "oi" para cinco estranhos todos os dias. A maior parte das pessoas era positivamente surpreendida por ver alguém tão amistoso. Todavia, quando alguém não respondia, Ken simplesmente atribuía isso ao fato de viver em uma grande cidade. Pratique seu medo – e tolere sua ansiedade: é a melhor maneira de progredir. Se você conseguir fazer coisas quando estiver ansioso, então poderá fazer quase qualquer coisa que precisa fazer.

Exagere sua ansiedade

Você tem tentado desesperadamente manter sua ansiedade sob controle. Você tenta não deixar que ela o afete – e quando isso acontece, você esconde seus sintomas. Um experimento interessante é tentar conscientemente ir ao outro extremo. Por exemplo, se você estiver dando uma palestra e tiver medo que as pessoas percebam que está suando, tente molhar um pouco sua camisa sob as axilas. Ou deixe que suas mãos tremam violentamente antes de você começar. Você poderá então sorrir e dizer: "Acho que estou um pouco nervoso". Se tudo isso for demasiadamente ameaçador, pratique tudo na sua imaginação. Se tiver uma entrevista de emprego no dia seguinte, por exemplo, tente inundar sua mente com os pensamentos mais assustadores que puder. Imagine tudo que poderia dar errado na entrevista, e depois elabore isso; transforme tudo no maior fiasco que puder imaginar. Quando chegar a hora da entrevista de verdade, sua ansiedade poderá estar relativamente subjugada.

Venho dizendo tudo isso a meus paciente há anos, e um dia me perguntei: "Por que não faço eu mesmo uma experiência?". Decidi fingir que estava tendo um branco em meio a um *workshop* que ministrava. Parei no meio de uma frase, fingi estar confuso e disse: "Acho que perdi o fio do que estava dizendo. Do que eu estava falando?". Algumas pessoas olharam para suas anotações; a maior parte delas sequer mudou sua expressão. Algumas disseram algo como "Não sei, acho que você estava falando sobre preocupações". E eu então disse: "Isso! Eu estava falando sobre preocupações" e continuei a falar. Ninguém se mostrou surpreso. O interessante é que isso é o que as pessoas que falam diante de um grupo temem mais do que qualquer outra coisa. No meu caso, isso acabara de acontecer, mas as consequências foram nulas.

Dê crédito a si mesmo

Você tem gasto seu tempo antevendo o pior e, então, entra no estágio do *post-*

-*mortem*. Mas o que você deveria fazer é se dar crédito por enfrentar seus medos e usar as ideias e as técnicas que estivemos discutindo. Não é fácil ter ansiedade social e não é fácil superá-la. Por isso, elogie-se por tentar, da mesma maneira como você faria se seu melhor amigo estivesse lutando com todas as forças como você para ir em frente.

Tente desenvolver compaixão por si próprio. Ninguém sabe o quanto é difícil para você ter ansiedade e fazer as coisas que descrevi aqui. Você está muito acostumado a se desmerecer, mas é hora de se dar crédito por enfrentar desafios e obstáculos. Quanto mais você se recompensar por fazer as coisas difíceis que vem fazendo, mais propenso estará a se ajudar. Você merece ajudar a si mesmo.

RESUMINDO SUA NOVA ABORDAGEM DA ANSIEDADE SOCIAL

Agora que você aprendeu os diferentes passos para superar sua ansiedade social, poderá reescrever seu livro de regras. Você agora tem um livro de regras para livrá-lo da ansiedade que pode ser usado todos os dias. É importante fazer coisas que você costuma evitar. Você somente supera sua ansiedade – e mantém sua melhora – praticando as coisas de que tem medo. Isso talvez inclua cumprimentar pessoas estranhas, mostrar determinação em um restaurante, perguntar às pessoas onde fica determinado lugar, elogiar as pessoas, falar o que pensa no trabalho e na sala de aula e ir a festas.

QUADRO 8.5 REESCREVA SEU LIVRO DE REGRAS PARA SE LIVRAR DA ANSIEDADE

1. Entenda as origens de sua ansiedade social. Perceba que sua ansiedade social é resultado da evolução: o medo que nossos ancestrais tinham de estranhos, o resultado da genética e o modo como seus pais fizeram com que você se inibisse. Não é culpa sua.
2. Examine os custos e os benefícios da mudança. A fim de melhorar, você terá de fazer coisas que o deixam ansioso. A ansiedade não vai matá-lo, mas pode ser desconfortável. Mas pense sobre como sua vida pode ser melhor sem essa ansiedade. Você precisa passar por ela para superá-la.
3. Avalie sua autoimagem negativa. Você vem dizendo a si mesmo todas essas coisas negativas, que são, na verdade, exageros e distorções. Seus amigos, que o conhecem bem, gostam de você. Será que você realmente é uma pessoa desprezível?
4. Ponha em questão sua crença de que as outras pessoas o estão rejeitando e criticando. Algumas pessoas podem ser críticas, mas muitas delas são muito receptivas. Seus amigos aceitam você.
5. Colete informações sobre aspectos positivos. Em vez de enfocar suas imperfeições, tente perceber que algumas coisas realmente correm bem quando você encontra pessoas. Tente prestar atenção a qualquer pessoa que lhe dê algum retorno positivo. Busque-o e você vai encontrá-lo.
6. Preste atenção ao que está sendo dito. Em vez de pensar sobre como você se apresenta diante dos outros, simplesmente preste atenção ao conteúdo do que está sendo dito.
7. Elimine seus comportamentos de segurança. Pare de pedir afirmação e pare de tentar demonstrar estar calmo e sereno. Você está seguro sem esses comportamentos de segurança.
8. Exagere seus sintomas. Em vez de esconder sua ansiedade, torne-a algo óbvio. Jogue água na sua camisa para que pareça estar suando, deixe suas mãos tremerem e até diga aos outros que teve um branco. O mundo não vai acabar se alguém pensar que você está ansioso.
9. Enfrente o seu pior crítico. Lute contra o crítico que está em sua mente. Prove que ele é irracional e injusto e que realmente não merece seu tempo e energia.
10. Seja realista em relação à sua ansiedade. Perceba que a ansiedade é parte da vida – e que você pode falar com as pessoas mesmo quando estiver ansioso. A ansiedade não é perigosa, é apenas uma crise. E, na maior parte das vezes, se baseia em um alarme falso.
11. Ponha em questão os seus pensamentos de ansiedade. Seus pensamentos são irracionais. Lute contra eles usando as evidências, seu pensamento lógico e pense sobre os conselhos que daria a um amigo.
12. Pratique seus medos. Faça as coisas que o deixam ansioso – de propósito. Faça um plano diário para enfrentar seus medos e faça as coisas que vem evitando fazer.
    - Estabeleça uma hierarquia – comece com o que for menos ameaçador e passe gradativamente ao que for mais ameaçador.
    - Imagine-se na situação – use sua imaginação para pensar em você enfrentando seus medos com sucesso.
    - Responda a seus pensamentos negativos na situação – reconheça seus pensamentos irracionais e desafie-os.
13. Elimine o *post-mortem*. Em vez de rever seus "erros" e ruminar sobre o quanto foi mal, enfoque o que você estiver fazendo de produtivo e o que poderá fazer no futuro para continuar a confrontar seus medos.
14. Dê-se crédito. Todo dia é uma oportunidade para dizer a si mesmo que você merece crédito por enfrentar os obstáculos da vida. Assim, seja seu melhor amigo e diga a si próprio para manter a realização desse bom trabalho que vem realizando.

CAPÍTULO

9

"Está acontecendo de novo" Transtorno de estresse pós-traumático

O QUE É TRANSTORNO DE ESTRESSE PÓS-TRAUMÁTICO?

Sarah foi criada em uma família em que o pai era a autoridade suprema. Quando ele dava uma ordem, não se questionava, se obedecia. Sarah era mais próxima de sua mãe, mas, assim como Sarah e suas irmãs, sua mãe era intimidada pelo patriarca. Ela incentivava as meninas a não se colocarem no caminho dele e a não o incomodarem. Isso tudo funcionou enquanto Sarah era pequena. Ela tentava ser boa: ia bem na escola e comportava-se adequadamente em casa. Mas quando entrou na adolescência, as coisas mudaram. Ela começou a ter uma vida social que a levou para o mundo – um mundo que seu pai nem sempre aprovava. Ela começou a formar opiniões próprias sobre religião e política, a se vestir de maneira mais independente, a falar mais. Nada disso agradava muito seu pai. Tensões entre ambos começaram a surgir; os ânimos esquentavam e havia discussões. Uma ou duas vezes, Sarah enfrentou pequenas dificuldades na escola, o que aborreceu muito seu pai. A mãe não pôde ajudar muito; tudo o que ela queria é que Sarah se comportasse, para que, desse modo, o pai não ficasse bravo e as terríveis discussões terminassem.

Certa noite, Sarah chegou em casa tarde, vindo de uma festa. O pai queria saber onde ela havia estado; Sarah se recusou a dizer. O pai foi ficando cada vez mais bravo, e começou a gritar. Naquele momento, Sarah percebeu que ele havia bebido. Ela também gritou com ele, acusando-o de estar bêbado. Então algo aconteceu: ele deu-lhe um tapa no rosto. Sarah começou a gritar. Ele deu outro tapa em seu rosto e a jogou no chão. Quando se olhou no espelho, Sarah viu que seu rosto estava roxo, ficando horrorizada com o fato e sentindo também uma sensação estranha de vergonha. Ela decidiu não contar a sua mãe o que acontecera, e o assunto não foi mencionado.

Todavia, isso foi só o começo. Depois, toda vez que Sarah desagradava seu pai, ele entrava em um estado de irritação tal que a situação acabava em violência. Ele a esbofeteava e batia nela, chamando-a de teimosa e dizendo que se ela voltasse a se comportar como uma pessoa indolente, merecia ser tratada como tal. Era evidente que ele bebia, mas ninguém na família falava sobre o assunto. Uma noite, ele entrou bêbado no quarto de Sarah, disse-lhe que o quarto era uma bagunça, como a vida dela, e começou a bater na filha. Sarah deslocou o ombro na briga e ficou com outros hematomas na pele. A única coisa que sua mãe disse foi: "Por que você provoca seu pai assim? Você não pode fazer as poucas coisas necessárias para fazê-lo feliz?". A mãe sugeriu à Sarah que dissesse à professora que os roxos tinham sido resultado de um acidente em casa, para evitar constrangimento. Por motivos que ela não entendia inteiramente, Sarah obedeceu. Mas percebeu que precisava sair de casa.

Sarah desistiu da escola, muito embora suas notas fossem boas. Ela conseguiu um emprego na cidade mais próxima e passou a morar com uma garota mais velha. Sarah começou a sair com a turma dos amigos dessa garota, ía a festas, saía com os garotos, bebia e fumava maconha. Ela era bonita, e os meninos se sentiam atraídos por ela. Uma noite ela ficou só com três meninos mais velhos que ela mal conhecia. Estavam flertando e um deles se aproximou mais dela. Sarah resistiu, mas ele se colocou contra ela. Quando ela notou, suas roupas já haviam sido rasgadas e ela começou a ser estuprada. Para sua surpresa, os dois outros meninos se juntaram à agressão. Em determinado momento, ela ouviu sua própria voz, gritando, mas era como se ela viesse de outra pessoa, como se tudo aquilo estivesse acontecendo em um sonho ou filme. Os meninos finalmente foram embora. O local estava uma bagunça. Ela se recompôs e conseguiu voltar para casa sem que ninguém a visse.

Sarah pensou em ir à polícia, mas a ideia pareceu assustadora. Ela pensou que ninguém acreditaria em sua história, mesmo se encontrassem os meninos. Todos pensariam que ela vinha pedindo para ser estuprada, devido ao modo como se comportava. Por isso, ficou quieta. Começou, então, a ter pesadelos. Ela relutava ficar sozinha e começou a beber e a tomar pílulas para dormir. Lentamente, ela começou a recompor sua vida, mas apenas externamente. Por dentro, a terrível experiência continuava a assombrá-la. Teve de trocar seu emprego por outro menos exigente. Durante muito tempo, ela evitava ir a festas ou sair com alguém e se sentia insegura ao caminhar sozinha à noite. Sempre observava bem quem estava nas paradas de ônibus, para ver se não havia pessoas perigosas, e se colocava próxima de algum casal, por questões de segurança. Gradualmente, ela aprendeu a lidar com essas ansiedades, mas elas jamais pareciam ir totalmente embora. Sarah tinha a impressão de viver sob uma sombra.

Sarah ainda tinha pesadelos quando consultou comigo pela primeira vez, dez anos depois do problema. Seu pai havia morrido fazia três anos, e ela estava distante do resto da família. Ela mal conseguia se manter em um emprego ruim, em um escritório do centro da cidade. Tinha a esperança de ir para a faculdade, mas parecia incapaz de conseguir. De modo estranho, apesar de sua experiência e de seu medo contínuo de ser estuprada, ela estava quase que fatalmente atraída para a vida nos bares, saindo com grandes turmas e geralmente bebendo em excesso. Ela estava até mesmo trabalhando meio-turno como dançarina, seminua, em uma boate. Era a maneira de se convencer de que era atraente para os homens – e talvez, também, uma negação de que a agressão, o estupro, a tivesse afetado. Mas ela se recusava a sair ou se envolver seriamente com um homem. No fundo, ela me disse que se sentia como uma "mercadoria danificada". Em sua mente, ela era totalmente desprezível e não merecia ser amada, alguém que não podia arriscar se aproximar de ninguém. E sempre, dia e noite, onde quer que estivesse, sozinha ou não, a lembrança do seu trauma estava presente, cercando sua consciência.

A condição de Sarah era um caso clássico de transtorno de estresse pós-traumático, ou TEPT. Como o nome indica, trata-se de um transtorno de ansiedade provocado pela exposição a uma experiência que ameaça a vida ou em que há ameaça de danos ou ferimentos. As emoções típicas associadas a esse transtorno são: medo intenso, horror, repugnância, choque e desamparo. Você pode ter passado por um incêndio ou por um grave acidente de carro, do qual mal escapou vivo. Pode ter sido vítima de estupro ou outra violência. Pode ter visto alguém ser morto na sua frente – talvez até uma pessoa amada. Ou pode ter sido abusado sexualmente na infância. Imagens assustadoras podem penetrar em sua consciência. Você tem a sensação de que tudo está acontecendo novamente – um sentimento de repetição, de que tudo está acontecendo novamente agora. Com frequência, você se torna hipersensível a histórias ou imagens de eventos similares. Você sente uma urgência muito grande de evitar pessoas, lugares, atividades ou conversas que façam com que você se lembre de sua experiência. Você pode começar a se sentir emocionalmente distante das pessoas mais próximas. E pode, por razões que você mesmo não entende, estar sujeito a uma ampla gama de sintomas: irritabilidade, hipervigilância, impaciência, depressão.

O TEPT é, em geral, definido como a persistência desses sintomas por pelo menos um mês depois do evento. Embora essa medida seja um pouco arbitrária, ela aponta para o que distingue o TEPT verdadeiro de um trauma pequeno e normal depois de uma experiência atormentadora: sua persistência a longo prazo. Os sintomas do TEPT podem durar anos ou até mesmo uma vida toda, especialmente se não forem tratados (a aversão a reviver o trauma com frequência dissuade as pessoas que dele sofrem de buscar ajuda terapêutica). O teste diagnóstico "Você tem transtorno do estresse pós-traumático?" do Apêndice G o ajudará a determinar se sua condição deve ser considerada um caso de TEPT. É normal sentir os efeitos de qualquer experiência estressante, mas esse transtorno tem alguns sintomas bastante específicos que devem ajudar você a identificá-lo.

O TEPT não é algo trivial; seu impacto pode ser muito grande. Há grande incidência de álcool e abuso de drogas, além de problemas de saúde, como perturbações gastrointestinais, problemas respiratórios, diabete, doenças cardiovasculares e até câncer. As pessoas com TEPT são duas vezes mais propensas a fumar, sofrer de obesidade, ter uma dieta ruim e não se exercitarem. Seus índices de desemprego são mais altos, assim como os de abstenção e alegações de incapacidade. São mais propensas à depressão e ao suicídio, mais aptas a ter relacionamentos que não dão certo e mais vulneráveis a qualquer outro transtorno da ansiedade. Ter TEPT coloca-o na condição de maior risco para quase toda forma de problema psicológico que conhecemos. Para quem sofre dessa condição debilitadora, o problema é grave.

O QUE PROVOCA O TEPT?

Pesquisas demonstram que entre 40 e 60% das pessoas já foram expostas a um trauma, mas apenas 8% têm TEPT. Por que apenas uma minoria de pessoas desenvolve o TEPT depois do trauma?

Muitos fatores podem tornar mais provável o desenvolvimento do TEPT. Tais fatores incluem um histórico de outros problemas psicológicos, uma família com problemas psicológicos, uma exposição repetida à ameaças (por exemplo, vulnerabilidade contínua ao abuso ou à violência), histórico de um trauma anterior, histórico de abuso de substâncias, habilidades deficientes na resolução de problemas e até mesmo química cerebral. Além disso, você tende a desenvolver o TEPT se você "se dissociou" (ficou baratinado) durante o evento traumático. Um histórico de abuso também torna mais possível o desenvolvimento do TEPT na idade adulta. Os adultos que foram abusados na infância tendem a ter chances 7,5 vezes maiores de desenvolver o TEPT.

As mulheres têm duas vezes mais chances de ter o TEPT em comparação aos homens (10% contra 5%), apesar de os homens serem mais propensos a se exporem ao trauma (60% de homens contra 51% de mulheres passam por eventos traumáticos em algum momento de suas vidas). A genética tem um papel importante: cerca de 35% do risco de TEPT é herdado. Além disso, o TEPT, o abuso do álcool e a dependência de drogas apresentam alguns fatores genéticos em comum; talvez uma razão pela qual muitas pessoas com TEPT também usam drogas e álcool para lidar com a ansiedade.

As pessoas com TEPT tendem a ser mais sensíveis à ansiedade; isto é, elas tendem a enfocar suas sensações físicas ou sintomas de ansiedade e a interpretar negativamente essas sensações. Por exemplo:

"Meu coração está batendo rápido – eu devo estar com sérios problemas físicos". Também o seu estilo mental de lidar com as coisas as tornam mais vulneráveis ao TEPT. Se você faz uso da preocupação e da ruminação (algo que constantemente está em sua cabeça, como "Por que essas coisas acontecem comigo?"), você tenderá mais a desenvolver o TEPT.

Na realidade, há uma série de fatores que devem se combinar para produzir um caso de TEPT. Um deles, é claro, é a função de proteção do medo na psique humana, a que estamos todos suscetíveis em alguma medida. Lembremo-nos de que na pré-história, os seres humanos eram mais presas do que predadores. Os ataques de animais selvagens eram uma enorme ameaça à sobrevivência. Também o eram os ataques de outras tribos, que poderiam acabar em assassinato, estupro ou mutilação das vítimas, isso para não mencionar a destruição dos laços sociais que produzem e criam a prole. Uma maneira que a natureza teve de nos manter a salvo de tudo isso foi a de imprimir as lembranças dos desastres vividamente nas mentes das vítimas sobreviventes. Qualquer escapada por um triz, ou testemunho do destino desfavorável de outro ser humano, resultou em uma forte aversão às situações em que tais desastres poderiam ser repetidos. É aí que os sintomas do TEPT se originam: os sonhos ruins, a insônia, a hipervigilância e a evitação de circunstâncias similares são todos parte de uma mensagem urgente plantada em nossos cérebros pela evolução: "Não deixe isso acontecer de novo!".

COMO É TER TEPT

Pense no TEPT como uma incapacidade de processar imagens, emoções e pensamentos difíceis. É como uma falha na "digestão psicológica". Quando você é exposto a um evento traumático, tal como o de ver um prédio cair, você tem imagens e sensações. Estas incluem imagens visuais do prédio caindo, sons que você ouve, cheiros que sentiu e sensações que teve naquele momento (coração batendo rapidamente, suor). Mas depois do evento, em suas tentativas de se lembrar da experiência, a intensidade da experiência é demasiada. Você não consegue processá-la. Os pensamentos ("Vou morrer") e as imagens (as paredes do prédio a cair) são tão avassaladoras que sua mente tenta bloqueá-las. Você não consegue lembrar da história e dos eventos na sequência lógica em que aconteceram. Você é como o pequeno menino holandês que coloca seu dedo no dique para impedir que a água inunde a cidade. Seu medo é que uma gota de água leve à enchente e o destrua.

Quando você tem TEPT, sua memória é desarticulada, confusa. Às vezes, você não consegue lembrar claramente do que aconteceu primeiro. As imagens tentam chegar à sua consciência, mas você tem tanto medo delas que tenta suprimi-las. Você tenta afastá-las. Toda vez que você as afasta, sente que está lutando por sua sobrevivência mental e reforçando a ideia de que se lembrar é perigoso e aterrorizador. Então, você tenta não experimentar qualquer lembrança dos eventos. Você não consegue ver imagens na TV ou ouvir as pessoas falarem sobre isso.

Pelo fato de sua mente não ter processado ou "digerido" a experiência, é difícil para ela reconhecer que tudo ocorreu no passado, que nada está acontecendo agora. Na verdade, você às vezes sente que tudo "Está acontecendo agora!". Sua mente tem um ataque de pânico sobre algo que aconteceu no passado – mas que parece estar acontecendo de novo. Sua sensação de que a ameaça se repete "no agora" pode ser acionada por um som, ou mesmo um cheiro. Se você presenciou um incêndio, o terror pode ser acionado pelo cheiro de fumaça. Se foi estuprada, o terror pode começar quando você vê alguém com o mesmo casaco do estuprador. Você tem a impressão de que jamais pode deixar o passado para trás.

Suas tentativas de suprimir as lembranças continuam a falhar. Por isso, você se volta às drogas e ao álcool. Isso impede que você tenha as lembranças por algumas horas – mas elas voltam – e sua capacidade de processá-las fica ainda pior. E se você evita situações que acionam as lembranças, você não tem a oportunidade de processá-las e de aprender que está seguro.

Além das imagens e pensamentos intrusivos que você tem, poderá constatar que suas crenças sobre si mesmo e sobre o mundo mudaram. Você pode agora acreditar em coisas como "Estou mal", "Não posso confiar em ninguém", "O mundo está cheio de perigos", "Estou enlouquecendo". O Dr. Ronnie Jannoff-Bultmann descreveu essas crenças como "pressupostos perturbados". Além de sua visão depressiva da vida, há suas crenças negativas globais sobre si mesmo, sua "derrota mental": "Sou uma pessoa vazia", "Não tenho vida".

Uma característica do transtorno é uma tendência maior a se preocupar. Você se preocupa com suas sensações, pensamentos, emoções e com o perigo externo. Como muitas pessoas que se preocupam, você acredita que sua preocupação o deixará preparado, impedirá que algo ruim aconteça – que a sua preocupação é realista. Talvez você descubra que está sempre fazendo previsões negativas: "Se eu for lá, vou me machucar de novo" ou "Vou me lembrar do que aconteceu e não vou conseguir suportar". Muitas pessoas se preocupam especificamente com a repetição do trauma: outro ataque ou dano a esperá-las. Karen, uma de minhas pacientes, que estava no World Trade Center no dia dos ataques terroristas de 11 setembro de 2001, escapou por pouco, mas permaneceu, meses depois, se cuidando, para ver se não havia aeronaves sequestradas no céu ou "árabes" que pudessem carregar explosivos. Quando entrava em um prédio, automaticamente planejava sua rota de fuga. O seu TEPT pode fazer com que você se preocupe principalmente com sua condição mental: "Por que fico sobressaltado quando há barulhos altos?", "Por que me irrito tanto com minha família?", "Estou enlouquecendo?". Ou você pode simplesmente ver a preocupação como uma maneira de prevenir desastres; se você ficar alerta e preparado, nada de ruim poderá realmente acontecer. Se você sofre de TEPT, e se preocupa excessivamente, talvez seja bom consultar o Capítulo 7, sobre transtorno de ansiedade generalizada (TAG), onde encontrará algumas técnicas úteis.

Quem tem TEPT geralmente relata mudanças significativas em sua condição geral. Tais mudanças dizem respeito não só à segurança pessoal, mas ao modo como se vê as outras pessoas, o mundo ou o significado da vida. Um psicólogo falou dos pressupostos perturbados que muitas vezes acompanham o TEPT. Esses pressupostos podem ser variados, dependendo do estado mental a que estão principalmente associados:

- **Culpa:** há algo errado comigo; devo ser o responsável por estar assim.
- **Vergonha:** tenho estado mal permanentemente; as pessoas perceberão isso e vão me desprezar.
- **Incerteza:** tudo pode acontecer a qualquer momento; nunca estou completamente seguro.
- **Desamparo:** não tenho controle sobre meus sintomas; sou vítima do que aconteceu comigo.
- **Raiva:** preciso me vingar disso; sou capaz de matar quem tentar fazer isso de novo.
- **Desconfiança:** jamais vou confiar em alguém de novo; as pessoas só querem tirar vantagem de mim.
- **Desesperança:** ninguém poderá me ajudar; ninguém vai entender.
- **Falta de propósito:** a vida não tem mais sentido; não há motivo para ir em frente.

Não é preciso dizer que essas atitudes são fatores que contribuem para a depressão. Quando um evento traumático tem esses efeitos perturbadores, quando a pessoa enfrenta suas consequências sem sucesso aparente e quando nenhum alívio parece disponível, é fácil acreditar que se sofreu uma mudança desesperadamente devastadora. Um ponto de partida importante para curar o TEPT é compreender que esses pensamentos negativos e atitudes negativas são somente isto: pensamentos e atitudes. Eles vêm de dentro. Não são a realidade. Distanciar-se deles é o primeiro passo para a cura.

UMA VISÃO GERAL DO TEPT

Uma boa maneira de entender o TEPT é analisar a Figura 9.1. Há certos fatores que predispõem a ele: genética, histórico familiar, experiência anterior com o trauma, habilidades para enfrentamento, a rede de apoio do indivíduo, sensibilidade à ansiedade, problemas psicológicos anteriores ao trauma, etc. Depois, há a exposição ao evento traumático. Os eventos traumáticos incluem todo evento que ameaça sua vida (ou a vida de alguém), ou a sua integridade como ser humano (por exemplo, tortura, estupro).

Examinemos agora cada passo desse processo. Começando com a história evolutiva, tem sentido dispormos de um mecanismo mental que nos aterrorize em relação a um trauma, a fim de que nos lembremos de jamais irmos novamente a um

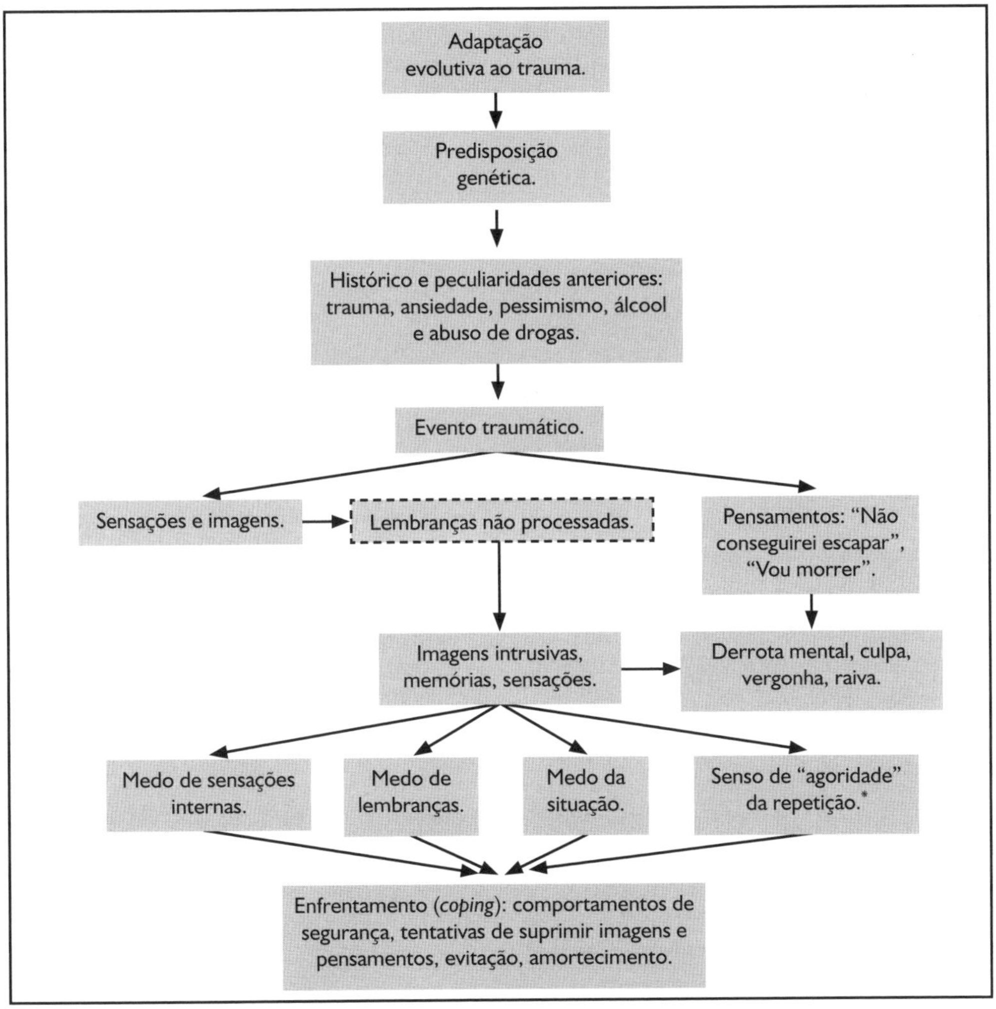

FIGURA 9.1

As causas do transtorno de estresse pós-traumático.

* N. de R.T. No original, "nowness".

lugar perigoso. O terror garante a evitação – e a evitação pode garantir a sobrevivência. Como ocorre com qualquer problema de ansiedade, há um componente que é herdado; ele não explica tudo, mas o torna mais suscetível. Se você apresentava tendência a problemas psicológicos antes do trauma, ou se passou por um trauma antes, é mais provável que desenvolva o TEPT. O evento traumático é essencial para o TEPT – e ele pode variar em intensidade, no quanto você estava próximo do evento traumático ("Você estava no edifício quando ele caiu?'), na duração do trauma e na sua repetição ou continuidade ("Você foi parte de uma relação em que sofreu abuso por muito tempo?"). Também é importante perceber os pensamentos que foram acionados à época e que o deixaram vulnerável ao terror ou à desmoralização mais tarde ("Eu pensava que ia morrer", "Pensei que tinha perdido minha dignidade como ser humano").

Na figura anterior, a caixa com linha tracejada reflete o fato de que muitas sensações, imagens e pensamentos não foram inteiramente processados. Eles estão flutuando em sua mente, não são muito claros para você depois do evento. Eles tentam se intrometer em sua consciência, mas você os afasta. Ou então eles simplesmente não têm sentido quando chegam à consciência. Sua lembrança do trauma é fragmentada, desarticulada – a sequência de eventos não está inteiramente clara. Isso ocorre porque as imagens intrusivas não são "digeridas", sua mente luta contra elas. Sua mente simultaneamente experimenta as intrusões e luta para expulsá-las.

Como resultado dessas intrusões e do trauma associado a elas, você tem medo de seus próprios sentimentos, pensamentos e memórias – e você sente quando as coisas ficam realmente ruins – que as coisas estão acontecendo novamente: "Está tudo acontecendo de novo". Você tenta enfrentar a situação, afastando pensamentos e imagens, mas isso não funciona. Você tenta evitar. Usa rituais supersticiosos. Busca reafirmação. Bebe demais. Todas essas tentativas de lidar com a situação apenas prolongam seu TEPT.

O LIVRO DE REGRAS DO TEPT

Você está agora pronto para escrever o seu livro de regras do TEPT. Este é o livro de regras que você tem na mente, ao qual se reporta, que faz com que você pense que o trauma jamais desaparecerá e que você está em perigo constante. É o seu livro de regras para pensar, sentir e evitar (Quadro 9.1).

VAMOS ANALISAR MAIS DE PERTO O SEU LIVRO DE REGRAS PARA O TEPT

1. **Já que alguma coisa terrível aconteceu, coisas terríveis acontecerão de novo.** Você generaliza tudo o que acontecerá em sua vida por causa de um só trauma.

QUADRO 9.1 O LIVRO DE REGRAS DO TEPT

1. Já que alguma coisa terrível aconteceu, coisas terríveis acontecerão de novo.
2. Imagens e sensações são sinais de perigo.
3. Você tem de parar de se lembrar do que aconteceu.
4. Se você sente medo é porque tudo está acontecendo de novo.
5. Evite qualquer coisa que faça você se lembrar do trauma.
6. Tente se anestesiar, de modo que não sinta coisa alguma.
7. Sua vida mudou para sempre.

É como se tudo de ruim pudesse ser previsto usando esse incidente como base para tudo: "Se fui atacado uma vez, serei atacado de novo".

2. **Imagens e sensações são sinais de perigo.** Você usa suas emoções, sensações físicas e imagens intrusivas como prova de que coisas ruins estão acontecendo: "Estou sentindo medo. Portanto, vai acontecer de novo". Você presta atenção demasiada a qualquer aumento de tensão, suor ou aumento dos batimentos cardíacos. Na verdade, seu corpo se tornou um barômetro do perigo. E você não consegue escapar de seu corpo ou de sua mente.
3. **Você tem de parar de se lembrar do que aconteceu.** Já que sua mente é usada como sinal de perigo, você quer "desligá-la". Você tenta parar de pensar, de sentir e de lembrar. Talvez você até grite consigo mesmo para se convencer de que tem de suprimir essas memórias. Mas elas continuam a voltar – e você tenta suprimi-las ainda mais.
4. **Se você sente medo é porque tudo está acontecendo de novo.** Suas emoções e sensações agora lhe dizem: "Está acontecendo agora". Você acorda aterrorizado e sente que está sendo atacado, estuprado, destruído. Seus sentidos de passado, presente e futuro estão todos em um só momento: o agora.
5. **Evite qualquer coisa que faça você se lembrar do trauma.** Você tenta lidar com a situação, evitando qualquer experiência que remotamente o faça lembrar do passado. Você deixa de ir a alguns lugares, evita viajar em determinadas épocas, evita alguns sons. Não assiste a programas ou a filmes que tragam determinadas lembranças. Não olha as pessoas nos olhos. Seu mundo se torna menor – e parece cada vez mais perigoso.
6. **Tente se anestesiar, de modo que não sinta coisa alguma.** Já que lembrar e sentir são tão terríveis, você tenta eliminar quaisquer sentimentos. Faz isso por meio da bebida ou do uso de drogas, esperando escapar de si mesmo. Ou sua mente pode simplesmente "viajar" de modo que você sinta que o mundo é irreal (desrealização) ou que você não é real (despersonalização). Quando há a desrealização ou a despersonalização, você começa a pensar que está ficando louco.
7. **Sua vida mudou para sempre.** Além do trauma, que foi ruim o bastante, você agora pensa que toda a sua vida mudou. Você não consegue confiar em ninguém, acha que o perigo é iminente e que você foi derrotado. A vida perde o propósito.

SUPERANDO O TEPT

Nos últimos anos, houve um grande avanço no processo de superação do TEPT. Alguns trabalhos bem conhecidos enfocaram os veteranos de guerra, mas, é claro, nossa compreensão do TEPT vem de muitas fontes e se aplica igualmente a qualquer experiência devastadora. Um estudo indica entre 60 e 90% de melhora depois do tratamento para 15 sintomas do TEPT, ao passo que um resumo de dados de 26 estudos diferentes demonstra que a terapia foi eficaz em dois terços dos casos. Contudo, por causa da natureza inerentemente perturbadora das lembranças traumáticas, e também da volatilidade dos sentimentos geralmente demonstrados, é aconselhável empregar as técnicas deste livro com a ajuda de um terapeuta cognitivo-comportamental. O terapeuta pode guiá-lo suave e firmemente rumo à maior confiança no enfrentamento dos medos. Com o TEPT, é especialmente importante manter um sentimento de segurança, apoio e compaixão ao longo do processo de cura.

Muitas pessoas com TEPT simplesmente se sentem desesperadas e deprimidas em relação ao transtorno. Elas ou não estão cientes dos tratamentos eficientes ou não acreditam que haja tratamentos eficientes. Outras pessoas podem experimentar sintomas sem perceber que estes pertencem a um transtorno de ansiedade reconhecido – em poucas palavras, sequer sabem que têm TEPT. Se houver alguma dúvida, avalie sua condição com a *Lista de verificação pós-traumática para leigos* (Apêndice G). Simplesmente ler este capítulo pode ajudá-lo a determinar se você sofre de tal transtorno. Em caso positivo, saiba que outros já experimentaram o mesmo tipo de sintomas pelos quais você está passando. As pessoas que passaram pelo tratamento tiveram, na maioria dos casos, sucesso significativo.

Você pode usar este livro por conta própria como um guia de autoajuda, ou como suplemento para a terapia. Tal procedimento não pretende ser rígido, mas simplesmente uma lista de algumas das ferramentas mais úteis e práticas que você pode usar para superar o TEPT. Aqui estão os passos para superar o TEPT.

Construa sua motivação

Todo o nosso trabalho sobre a ansiedade implica algum custo. A fim de melhorar, você relembrará em detalhes os terríveis eventos que o incomodam. Embora possa fazer isso gradualmente, na segurança de sua casa (ou, preferencialmente, com um bom terapeuta cognitivo), você se sentirá ansioso ao fazê-lo. Quase toda pessoa que inicialmente se sente ansiosa ao praticar a lembrança do evento também experimenta uma redução de sua ansiedade. Mas será uma sensação desconfortável antes de melhorar. Uma coisa a se ter em mente é que você pode desenvolver uma abordagem diferente em relação a seu desconforto, reconhecendo que ele diminuirá com a exposição repetida em um ambiente seguro e protegido. Seu desconforto pode ser um desconforto guiado, de modo que você aprenda que enfrentar gradualmente seus medos ajuda a reprocessar a experiência de um modo menos perturbador. Mas o tratamento é, às vezes, desagradável por curtos períodos de tempo.

Por outro lado, como sua vida ficaria melhor se você não mais tivesse o TEPT? Você ficaria livre de pesadelos, da sensação de perigo, do medo de suas próprias lembranças e sensações? Você estaria mais propenso a relacionamentos, a viajar ou a tentar novas experiências? Ficaria menos deprimido, teria mais controle de sua vida e sentiria que o passado realmente ficou para trás? Pese os custos e benefícios de se sentir melhor.

Observe seus pensamentos

Distanciar-se de seus pensamentos voltados ao medo é provavelmente a principal estratégia da superação do TEPT. Em geral, tratamos nossos estados mentais como quadros da realidade. Quando uma imagem de medo vem à sua mente, ela provoca o medo real – é como se a fotografia de um tigre pudesse morder. Seja o que for que nossos pensamentos digam que existe no mundo, tomamos como de fato existente. Contudo, os pensamentos não se relacionam necessariamente com o mundo, em especial quando gerados pela imaginação febril. Ao desenvolver o hábito de observar seus pensamentos no momento, você pode começar a vê-los como apenas pensamentos. O importante é não tentar suprimi-los, exercer qualquer tipo de influência sobre eles, julgá-los, "melhorá-los", acalmá-los ou, de fato, fazer qualquer coisa, exceto permitir que eles estejam presentes. Eles têm seu próprio ritmo, surgindo e desaparecendo de acordo com suas leis misteriosas. São um rio que flui gentil e lentamente por sua consciência. Lutar contra seus pensamentos, discutir com eles, tentar suprimi-los, tudo isso o deixa mais ansioso. É muito mais produtivo simplesmente observá-los sem comentar.

Esse é um tipo de exercício meditativo, que você pode praticar a qualquer hora, especialmente quando seus pensamentos se tornam uma fonte de agitação (ver Apêndice E: *Mindfulness*). Sente-se em um lugar silencioso e deixe que seus pensamentos fluam. Observe-os como observaria as folhas de uma árvore farfalharem ou as ondas rebentando na praia. Se um pensamento disser: "Algo ruim vai acontecer", isso não é mais do que um pensamento. Não quer dizer que algo ruim de fato vá acontecer. Diga a si mesmo: "Este é apenas um evento mental, não é a realidade". Tente analisar seus pensamentos menos em termos de seu conteúdo e mais como eventos que ocorrem em sua mente. O fato é que, apesar de toda turbulência, *eles não representam perigo algum*. Independentemente dos terrores que eles apresentam, você está inteiramente seguro na presença deles.

Avalie seus pensamentos negativos

Você desenvolveu uma série de crenças negativas sobre suas lembranças, sensações, sobre si mesmo e o mundo. Essas crenças agravam sua ansiedade relativa à lembrança do evento e o desmoralizam. Você pode usar uma série de técnicas cognitivo-comportamentais para examinar e mudar essas crenças, de modo que você possa ter menos medo e ficar menos deprimido. Nas tabelas abaixo, delineei algumas respostas úteis a essas crenças. Você pode também identificar outros pensamentos negativos que você tem e questioná-los por conta própria.

No Quadro 9.2, você pode ver alguns exemplos dos gatilhos, dos pensamentos negativos e dos pensamentos realistas que pode ter. No Quadro 9.3, escreva seus gatilhos relativos a sensações corporais, seus pensamentos negativos e as respostas mais realistas e tranquilas.

Além do medo de suas próprias sensações, você desenvolveu ideias negativas sobre si mesmo, sobre outras pessoas e sobre o mundo. Olhe o Quadro 9.4, que apresenta pensamentos negativos ("pressupostos perturbados") e os pensamentos realistas que você pode usar para questioná-los.

Dê espaço à sua ansiedade

Um dos grandes componentes do TEPT é o medo de suas próprias emoções

QUADRO 9.2 SENSAÇÕES E IMAGENS

GATILHOS	PENSAMENTOS NEGATIVOS	PENSAMENTOS REALISTAS
Coração batendo rapidamente.	Estou tendo um ataque cardíaco. Estou perdendo o controle.	Isso aconteceu muitas vezes antes e eu superei. Estou simplesmente me sentindo ansioso e minha crise está um pouco mais forte do que o normal.
Sentindo-se fora da realidade, como se o mundo não fosse real ou como se você mesmo não se sentisse real.	Estou ficando louco. Estou completamente fora de controle. Isso durará para sempre.	Você está tendo uma experiência de desrealização ou despersonalização. Isso é um pouco como se sua mente entrasse em um "curto circuito" que desligasse sua ansiedade. Você não está ficando louco – você está simplesmente se afastando brevemente do que o cerca.
O corpo está tremendo ou os dedos estão frios.	Algo está terrivelmente errado comigo. Estou morrendo? Estou tendo um ataque do coração?	Isso é simplesmente um sintoma de minha ansiedade. Tremer e sentir os dedos frios é algo que vai passar em pouco tempo.

QUADRO 9.3 SENSAÇÕES E IMAGENS

GATILHOS	PENSAMENTOS NEGATIVOS	PENSAMENTOS REALISTAS

e sensações. Quando você começa a ter pensamentos obscuros, medos incomuns e sensações físicas anormais, você tende a interpretar esses pensamentos e sensações como algo perigoso em si, mais do que simplesmente como a resposta normal de sua mente a um perigo percebido. Você pode se tornar hiperconsciente de suas sensações internas (batimentos cardíacos, zunidos, dormência, tensão muscular e dores) e interpretá-los como sinais de que há algo errado. Você pode até interpretá-los como efeitos permanentes do trauma. Nada disso é válido. Todos esses sintomas mentais e físicos são meramente uma resposta às emoções que você ainda não processou integralmente. É claro que isso o confunde bastante; é natural ter sentimentos complicados sobre eventos traumáticos. Mas os sentimentos realmente não são um perigo para você. A ansiedade em si não é uma ameaça, seja física ou psicologicamente.

É importante reconhecer isso, por causa de um paradoxo crucial: você só se libertará da ansiedade quando der espaço a ela. Sua tendência é pensar que a ansiedade é algo ruim e que você tem de eliminá-la. Mas isso é impossível ser feito. Sua ansiedade é um fato, que você já não pode impedir. Suas tentativas de eliminá-la têm justamente

QUADRO 9.4 O EU, OS OUTROS E O MUNDO

PENSAMENTOS NEGATIVOS	PENSAMENTOS REALISTAS
Estou completamente desamparado.	Você não está desamparado, pois há muitas coisas em sua vida que você controla. Você pode agendar atividades que gosta de fazer, pode ver amigos, pode fazer planos e executá-los.
Sempre ficarei mal.	Pense sobre todas as boas qualidades que você tem e em todas as coisas que ainda pode fazer. Muito embora tenha sido uma experiência terrível, você ainda tem todo seu futuro diante de você. Todas as pessoas tiveram ou terão perdas e decepções, mas devemos dar continuidade às nossas vidas.
Jamais poderei confiar em alguém novamente.	O que aconteceu a você foi tão incomum que ficou "grudado" em sua mente. Tem sentido generalizar a partir de um incidente ou de uma pessoa para toda a raça humana? Talvez você possa analisar a confiança em termos de "graus de confiança". Talvez possa demorar um tempo para você conhecer alguém em quem confiar.

o efeito oposto – elas a reforçam. E a própria impossibilidade de eliminar a ansiedade – a frustração de tentar mandá-la embora e não conseguir – causa ainda mais ansiedade. Por outro lado, quando você relaxa, você permite que a ansiedade ocupe seu lugar normal na sua consciência, e ela começa a se enfraquecer. Torna-se o fenômeno temporário que a natureza projetou. Ao final, inevitavelmente, ela se vai.

Desafie sua crença de que você está ainda em perigo

O trauma aconteceu no passado – talvez meses ou anos atrás. Entretanto, você ainda sente que está em perigo. Os pensamentos intrusivos, as sensações e as imagens seguem lembrando-o do que aconteceu. Mas o fato aconteceu no passado; não está acontecendo agora. Você pode começar a desafiar a ideia de que está em perigo agora. Por exemplo, se você foi traumatizado por um incêndio, acidente ou explosão, lembre-se do quanto sua situação atual é segura. Se você foi agredido ou violentado, lembre-se de que a pessoa não está mais com você. Pergunte a si mesmo se a maior parte das pessoas se sente segura onde você está. Pergunte a si mesmo sobre quanto o evento traumático foi incomum. E tenha em mente que o sentimento (de insegurança) não é a mesma coisa que um fato.

Você pode pensar: "Muito embora eu saiba que é irracional sentir que estou em situação de perigo, ainda me sinto em tal situação". Isso é natural. Mas reconhecer consciente e racionalmente que o perigo está no passado e que você está seguro agora é um primeiro passo para finalmente mudar o modo como você se sente.

Em alguns casos, a pessoa que causou seu trauma pode ainda estar presente na sua vida. É importante que você respeite os seus próprios direitos e use todos os meios legais disponíveis para se proteger. Você pode conseguir uma ordem judicial que restrinja a circulação do agressor ou ter o direito de ir para um local seguro até que o perigo desapareça.

Na maior parte dos casos, contudo, constatamos que nossos pacientes com TEPT estão realmente em um lugar mais seguro agora, mas que os pensamentos sobre o perigo persistem (Quadro 9.5).

Reconte sua história

Chegamos agora a alguns dos exercícios específicos que você pode usar para superar o TEPT. Um deles é o de contar a história de seu trauma de modo tão detalhado quanto possível. Você provavelmente notará, quando contar a história do trauma pela primeira vez, que os eventos estão desarticulados, fora de sequência e que alguns detalhes estão ausentes. Isso ocorre porque sua reação para tentar bloquear o trauma o impediu de processar a memória e os eventos; você tem parte da memória,

QUADRO 9.5 POR QUE ESTOU SEGURO AGORA

CRENÇAS SOBRE O PERIGO	POR QUE ESTOU SEGURO

mas não toda ela no início. Conforme reconta a história e enfrenta os medos, você talvez constate que os detalhes ficam mais claros, que a sequência de eventos tem mais sentido e que a história se torna menos assustadora.

É bom escrever; embora você também possa gravar (algumas pessoas acham útil escrever e gravar). Tente descrever tudo que estava acontecendo à época: onde você estava, os eventos que levaram ao trauma, o que estava acontecendo a seu redor. Se ajudar, feche seus olhos e tente criar um quadro em sua mente. O que você estava pensando e sentindo? O que você lembra da circunstância física? Quais eram as impressões dos seus sentidos? Quanto mais detalhes, mais você recriará a experiência real. Embora isso possa ser assustador, é o caminho necessário para a cura.

Quando pedi a Sarah que fizesse isso, ela hesitou: "Eu só quero esquecer. É difícil tirar esse pensamento da minha mente todos os dias. Por que ir atrás disso?", foi o que ela disse. Mas como eu lhe expliquei, o ato de recontar era um primeiro passo importante no processamento da experiência. Por meio da prática da exposição você se torna mais tolerante em relação às imagens e às sensações que causam dor. É assim que sua mente "aprende" que o trauma ocorreu no passado e não está se repetindo – o que é fundamental para que você se sinta seguro. Quando registrar suas lembranças, em texto ou em som, use-as repetidamente para praticar. Pedi à Sarah que ouvisse a fita que gravou 45 minutos por dia. Nas primeiras vezes, seu nível de ansiedade aumentou, depois começou a se normalizar. Alguns dias depois, o efeito era menor. Algumas semanas depois ela conseguia ouvir a gravação sem ansiedade alguma.

Na história, pode haver certas imagens ou lembranças que são particularmente perturbadoras. Refiro-me a elas como "pontos quentes". Para Sarah, havia vários momentos: o choque ao ser atingida com um soco; a expressão pervertida de um dos meninos que a subjugava; o som de uma respiração pesada. Toda vez que Sarah chegava a um desses pontos da narrativa, ela sentia a necessidade urgente de acelerar e passar logo por ele. Certos pensamentos vinham à sua mente: "Eles vão me matar" ou "Jamais poderei fazer sexo de novo!". Toda vez que ela tentava pular a imagem que provocava tais pensamentos, pedia que ela fosse mais devagar, para que enfocasse os momentos intensamente dolorosos, especialmente aquilo que ela estava pensando e sentindo durante eles. Foi difícil, mas quando ela conseguiu, constatou que tal atividade havia feito com que ela chegasse à raiz de seus medos. Alguns pacientes reagem a tais "pontos quentes" desconectando-se de seus sentimentos, recontando os fatos, mas, emocionalmente, tergiversando. É isso que chamamos de dissociação: você observa que a história está ocorrendo, mas não está realmente presente. Você está "viajando", e a razão para isso é tentar bloquear a intensidade emocional da história. Quando você percebe que está evitando o impacto de um "ponto quente", seja pela razão que for, trata-se de um sinal de que sua mente está tentando escapar de algo que ela acha especialmente desagradável. Isso também indica que se trata de algo a que você deve prestar bastante atenção. Examine seus "pontos quentes", repetidamente se necessário, e se pergunte sobre o que está pensando. Sarah pensava: "Vou morrer". As áreas de maior desconforto são as áreas em que você pode progredir mais (Quadro 9.6).

Reestruture suas imagens

As imagens perturbadoras têm um grande poder quando você sente que elas estão fora de seu controle. Uma maneira de dispersar esse sentimento é conscientemente mudar as imagens de sua mente. Por exemplo, Karen, minha paciente do World Trade Center, desenvolveu um medo de aviões que passassem pelo local onde estivesse. Pedi a ela que fechasse os olhos e imaginasse um avião voando no céu. Depois pedi-lhe para alterar a imagem, de modo que o avião voasse muito, muito devagar. Depois pedi que imaginasse que o avião se

QUADRO 9.6 OS "PONTOS QUENTES" DE MINHA HISTÓRIA

IMAGEM DO "PONTO QUENTE"	O QUE ISSO ME FAZ PENSAR E SENTIR

movia para o lado, para cima e para baixo, virasse de cabeça para baixo e voasse para trás. Foi como se a própria Karen estivesse controlando o avião. Ela constatou que isso reduzia seu medo da imagem. Outro paciente havia sido atacado por um homem na rua, que o feriu gravemente. Fiz com que ele reproduzisse a imagem em sua mente, mas fazendo do homem alguém pequeno, como um bonequinho. Pedi que se imaginasse pegando esse homenzinho, que o sacudisse, que o jogasse para cima, que o atirasse no chão e que pisasse em cima dele. Fiz com que ele continuasse até que a nova imagem fosse tão vívida em sua mente quanto a antiga. Tudo isso fez com que ele se sentisse menos intimidado, mais no controle da situação. A ideia não era enganá-lo sobre o que havia acontecido, mas ver que seu medo surgia a partir de uma imagem arbitrária de sua mente. A alteração dessa imagem mudou a resposta.

Essa técnica pode ser particularmente eficaz em casos de abuso. Frequentemente, as vítimas de abuso têm um sentimento forte de impotência. Incentivo essas vítimas a construir frases que dizem respeito diretamente ao abusador e que afirmam o poder das próprias vítimas. Essas frases podem conter algo como o seguinte: "Você me fez sentir fraco, que eu não tinha direitos. Você me intimidou. Mas era você o fraco. Você transferiu sua própria doença e maldade para mim. Você me culpou por tudo que faltava em você, fazendo de mim o responsável por seus problemas. Eu não aceito mais isso. Sou uma boa pessoa e sou forte. Mereço ser bem tratado. Você nunca mais fará isso comigo". Você pode elaborar sua própria versão, mas o fator principal é buscar um ponto forte dentro de você. A vontade de afirmar seu próprio poder, mesmo que para si próprio, é um passo importante para exigi-lo.

Exponha-se às sensações temidas

O TEPT envolve o medo, não apenas de ameaças de fora, mas das sensações pessoais internas (tratamos desse tema amplamente no Capítulo 5: Transtorno de Pânico). Quando o trauma ocorreu, seu corpo produziu certas respostas fisiológicas: tontura, batimentos cardíacos rápidos, falta de ar, etc. Essas sensações estão associadas em sua mente à experiência inicial. Quando elas voltam a acontecer, em resposta às lembranças, elas revivem o estado mental daquele momento. O mero fato de que você está tendo tais sintomas recria seu medo original.

Isso oferece a você uma oportunidade importante. Como ocorre com qualquer medo, você só pode superar sua ansiedade ativando suas sensações de medo deliberadamente e observando que nada de desastroso acontece. Você pode relembrar os passos da superação do medo de elevadores; induz-se deliberadamente os sintomas do pânico e depois "fica-se com eles" até que a mente se habitue e o pânico desapareça. Pode-se fazer o mesmo com o TEPT por meio de alguns exercícios planejados. Contudo, há uma série de precauções importantes. Deve-se ter certeza de que os exercícios sejam feitos em um local seguro, preferencialmente sob a orientação de um terapeuta (sintomas de TEPT podem parecer voláteis). Você deve também consultar um médico ou fazer um *check-up* para se certificar de que não está sob uma condição física que possa causar problemas: doença cardíaca ou pulmonar, asma, propensão a crises nervosas e problemas do gênero. Se estiver grávida ou propensa a crises nervosas, consulte seu médico antes de fazer os exercícios. Se não houver problemas físicos reais, o fato de somente estimular seus sintomas de ansiedade deve ser inofensivo.

Aqui estão algumas das sensações baseadas no medo e que estão comumente associadas ao TEPT, juntamente com os exercícios que as reproduzem.

Sensação temida: tontura, fraqueza, batimentos cardíacos rápidos, falta de fôlego

- **Exercício:** balance sua cabeça de um lado para o outro por 30 segundos; dê uma volta em torno de si; respire rapidamente ou por meio de um canudinho por dois minutos. Observe as respostas durante 5 minutos.
- **Efeito:** imita as respostas fisiológicas de sua experiência original. Isso frequentemente estimula as emoções de medo e os pensamentos de pânico associados a ela: "Estou enlouquecendo!" ou "Acho que vou morrer". Quando experimentada nessa situação segura e controlada, a ausência de consequências catastróficas revela que esses pensamentos são alarmes falsos.

Sensação temida: despersonalização (o sentimento de se observar de fora)

- **Exercício:** olhe-se contínua e fixamente no espelho, ou para uma mancha na parede, por dois minutos.
- **Efeito:** dissolve sua sensação de si, resultando em um sentido de que você de certo modo não é real. Essa é uma espécie de quebra de um circuito mental de proteção, projetado para desconectá-lo da sobrecarga do medo. Seu efeito usual pode ser o de fazer com que você pense que está perdendo sua sanidade. O exercício demonstra que, ao contrário, o que está acontecendo é uma distorção perceptual temporária.

Sensação temida: desrealização (sensação onírica que faz o mundo parecer irreal)

- **Exercício:** olhe continuamente para uma luz fluorescente por um minuto e depois tente ler.
- **Efeito:** produz uma sensação de atordoamento ou de deslocamento emocional, como se estivesse assistindo a um filme. Esse exercício também quebra o circuito, desconectando-o de seu trauma. Conforme você observa o mundo voltar lentamente à sua forma familiar, você se torna consciente do truque que sua mente realizou. Você entende que não está ficando louco. O mundo volta a ser real novamente.

Há também alguns exercícios simples para dispersar esses sentimentos. Eles são chamados de exercícios de base. Seu efeito é trazê-lo de volta à realidade. Por exemplo, eu às vezes faço com que os pacientes descrevam todos os objetos que podem ver em meu escritório, ou as cores de todos os livros das estantes. Você também pode fazer isso, caminhando bem lentamente, tocando os pés lentamente no chão e notando as sensações da maneira mais detalhada possível. Ou você pode correr seus dedos suavemente ao longo de diferentes superfícies, descrevendo em detalhes o que sente. Isso o coloca em contato direto com sua experiência do momento, que é uma maneira de se desviar das distorções e ilusões da mente. Quando você está inteiramente presente e em contato com suas sensações imediatas, os jogos que sua mente põe em ação começam a desaparecer de sua consciência. Você fica mais calmo e tem mais clareza: o resultado é que seus medos tendem a desaparecer.

Crie uma hierarquia do medo

A hierarquia do medo, conforme descrita em alguns dos capítulos anteriores, é simplesmente a subdivisão de um medo geral em seus componentes específicos, que são então classificados de acordo com a intensidade. Por exemplo, Sarah com frequência passava por situações que lhe faziam lembrar da agressão que sofrera. Uma dessas situações – compreensivelmente – era a de ir a festas onde houvesse homens bebendo. Trabalhei com Sarah na subdivisão desse medo em imagens mais específicas, que classificamos da menos assustadora à mais assustadora: ser convidada para a festa; vestir-se para ir à festa; deslocar-se até lá; caminhar pelo ambiente e ver que está repleto de homens; ouvir o som das conversas e do riso dos homens; ser abordada por um homem que não conhece; sentir o cheiro de álcool no hálito de um homem; e assim sucessivamente, até chegar ao ponto em que um homem age mais determinadamente e ela tem de afastá-lo. Classificamos todas essas situações entre 0 e 10, de acordo com o nível de ameaça. Depois, pedi que Sarah se sentasse e mantivesse cada imagem em sua mente, registrando o nível de seu medo em intervalos de dois minutos. Naturalmente, começava no nível 8 ou próximo de 8, e depois, gradualmente, diminuía. Quando o número chegava a algo inferior a 3, passávamos para o próximo nível da hierarquia e repetíamos o processo. Ao final, Sarah chegou a passar por toda a hierarquia, perturbando-se muito pouco.

É claro que as imagens de sua hierarquia do medo são apenas quadros na sua mente, sem o poder real de lhe causar dano. Isso fica óbvio quando você conscientemente elabora tais imagens. São as imagens que vão até você a partir do nada, as que o pegam de surpresa (a pessoa que o atacou e que aparece em seus pesadelos, o cheiro repentino de um prédio pegando fogo, a foto aterrorizadora de uma revista) – são essas imagens que serão o verdadeiro desafio. O que você precisa lembrar é que *essas imagens não são diferentes.* Elas são apenas imagens criadas por sua mente. Empregar uma hierarquia do medo é um treino para fazer tal conexão. A hierarquia ensina que todos os medos, independentemente de sua fonte, mantêm-se vivos em sua mente. É a ela que você deve voltar sua atenção.

Em casos de TEPT, é frequentemente difícil que as pessoas façam a distinção entre o que é real e o que é imaginado. O que *foi* certa vez real está tão vívido que a mente acredita que qualquer coisa associada a ele é também real. Mas quando você está ciente no momento presente do que está passando por sua mente, você fica menos propenso a ser apanhado pela ilusão.

Olhe para figuras que façam com que você se lembre do trauma

Você provavelmente notou que evita certos filmes ou imagens, porque o fazem lembrar do trauma. Agora, vamos usar essas imagens a seu favor. Uma fonte comum de imagens aterrorizadoras é a prevalência de material violento em todos os principais meios de comunicação: cinema, TV, jornais, revistas, internet. A má notícia é que essas imagens estão por todo lugar. A boa notícia é que, pelo fato de estarem em todo lugar, podem ser facilmente acessadas e aplicadas com fins terapêuticos.

Sarah e eu decidimos trabalhar com um certo filme que havíamos visto. Era um filme repulsivo, que retratava um estupro brutal e que continha cenas de tortura, humilhação e vingança. Sarah, compreensivelmente, hesitou em assistir ao filme, mas em um determinado momento do tratamento decidiu que estava pronta. Ela se preparou, praticando seus exercícios de relaxamento e *mindfulness* e escrevendo seus pensamentos positivos e capacitadores: "Não sou mais a vítima". Conversamos sobre como era possível ter pensamentos perturbadores a partir de outro ponto de vista, no qual eles fossem apenas eventos mentais. No momento em que começamos a assistir ao filme, ela se sentia cautelosamente otimista.

Sarah assistiu ao filme do começo ao fim. Ela não saiu da sala e nem tapou os olhos. Mais tarde, admitiu que algumas cenas chegaram perto de seu limite, mas que toda vez que isso aconteceu ela conseguiu se distanciar com os seguintes pensamentos: "Isto é só um filme. Não há nada para se temer. Meu medo foi todo criado na minha mente. Pensamentos perturbadores não conseguem me machucar". O fato de ter sido capaz de assistir ao filme, por si só, fez com que Sarah se sentisse mais forte. Ela sabia que, na próxima vez que se deparasse com uma situação difícil, esta não seria tão ameaçadora.

Se possível, revisite a cena

Aprofundamos um pouco esse passo. Decidimos que Sarah visitaria o prédio onde ocorreu o estupro. Essa espécie de atitude com frequência é um grande passo para as pessoas que foram traumatizadas. Tais cenas, em geral, estão cheias de sinais visuais ou outras marcas sensoriais que podem tocar memórias dolorosas. Não necessariamente recomendo realizar essa atividade, a não ser que você esteja preparado e bastante seguro de que poderá lidar com ela. No caso de Sarah, estar pronta era muito importante. Ela não pôde entrar no prédio, que estava ocupado, mas a vizinhança já lhe era perturbadora o suficiente, uma vez que estava constantemente presente em suas lembranças. Conforme se aproximou do prédio, começou a sentir náuseas. Sentiu seu coração bater forte. Mas estava preparada. Ela respirou profundamente e olhou em volta. Era dia claro, e as pessoas caminhavam pela rua. O estupro acontecera há muitos anos, e os agressores já não estavam ali. Ela estava segura. Caminhou um pouco pela região e, enquanto caminhava, sentiu que seu nível de ansiedade baixava aos poucos, do mesmo modo como ocorrera quando praticou com a hierarquia do medo. Ela saiu do local se sentindo mais leve, como se uma carga tivesse sido tirada de suas costas.

Quando ela me disse isso, falei:

– Sarah, você deve se dar muitos créditos. Você recuperou seu território.

– Mais do que isso. Recuperei a mim mesma.

Acredito que forçar os limites dessa maneira – habituar-se a enfrentar situações da vida que sejam realmente difíceis, carregadas – é de longe o modo mais eficaz de superar o TEPT. Contudo, é importante ter precaução ao passar de uma situação imaginada para uma situação real, especialmente no TEPT, pela simples razão que sentimentos voláteis podem repentinamente se inflamarem. A exposição repentina pode produzir uma explosão maior do que aquela que se está pronto para enfrentar. Há uma maneira hábil de se preparar para tais situações, de modo que elas possam ser absorvidas em um ritmo com que você pode lidar. É por isso que recomendo buscar a ajuda de um terapeuta cognitivo-comportamental experiente para essa parte do tratamento. Tal atitude poderá dar-lhe o benefício da experiência – de tudo o que sabemos sobre o transtorno e sobre como os outros lidam com ele. Pode também ajudar a guiá-lo pelo caminho que leva à cura de maneira tranquila e estável. Independentemente do modo como você percebe, o TEPT é um grande desafio. É sua atribuição reunir todos os recursos e todo o apoio que puder para combatê-lo.

Elimine seus comportamentos de segurança

Os comportamentos de segurança com frequência desempenham um papel importante no TEPT. Eles são os fatores que sua mente acredita fazerem com que você fique protegido de seus medos. Karen, minha paciente da queda do World Trade Center, desligava a TV toda vez que o jornal de notícias entrava no ar. As vítimas de agressão começam às vezes a carregar *spray* de pimenta ou até mesmo uma arma. Um paciente que havia estado em um incêndio começou a sentar sempre próximo das saídas de incêndio quando ia ao cinema; outro que havia estado em um acidente de carro começava a rezar toda vez que entrava em um automóvel. Alguns desses comportamentos podem de fato ter algum valor no que diz respeito à proteção (por exemplo, prender mais firmemente o cinto de segurança), embora a maioria deles não o tenha. A "automedicação" por meio da bebida e das drogas é definitivamente algo que não funciona. Na verdade, o álcool e as drogas impedem que você processe o medo, mantendo, assim, o trauma. Mas o real problema dos comportamentos de segurança é que, enquanto eles continuam a existir, continuam a reforçar sua crença de que está em situação de perigo. Se os comportamentos a que você se apega não lhe conferem benefício real algum, será algo de grande interesse identificá-los e trabalhar para eliminá-los.

O importantíssimo primeiro passo é se tornar consciente desses comportamentos. Comece fazendo uma lista. Há coisas que você vem evitando, pessoas, lugares, atividades? Há pequenos gestos supersticiosos que você faz quando está ansioso: deixar seu corpo tenso, caminhar próximo às paredes dos prédios, repetir uma oração, cantar para si mesmo (com a boca fechada, emitindo um som murmurante)? Há sentimentos que você evita, mergulhando em distrações: comida, entretenimento, sexo, até mesmo trabalho – apagando tudo da consciência deliberadamente ou dormindo a maior parte do dia? Você se afasta de certa imagens de revistas, da TV ou de anúncios? E, é claro, algo que para algumas pessoas é um problema enorme, geralmente difícil de enfrentar sinceramente: você tenta amenizar seus sentimentos com o uso de drogas e álcool? Pode ser difícil responder a algumas dessas questões, mas se há algo sobre o que você esteja em dúvida, é provável que pertença à lista. Use o Quadro 9.7 para identificar seus comportamentos de segurança e crenças sobre o modo como eles funcionam.

As respostas para essas perguntas vão informar sobre o papel que os comportamentos de segurança desempenham no TEPT.

Quando você desiste de um comportamento de segurança, você muito provavelmente se sentirá mais ansioso. Não se deixe levar por isso. Sua mente vem lhe dizendo que o comportamento adotado propicia segurança; é natural se sentir um pouco alarmado quando você abandona esse comportamento. Mas o que sua mente vem lhe dizendo merece um profundo ceticismo. Não é a verdade. A única maneira de você aprender isso é abandonando o comportamento de segurança e vendo o que acontece. É como remover as rodinhas extras de uma bicicleta. Esteja preparado para um fluxo de ansiedade inicial. Se você tiver paciência e determinação, ao final verá que a ansiedade diminuirá. Você também não precisa fazer tudo de uma vez só. Trabalhe com seus comportamentos de segurança um de cada vez, ampliando sua zona de conforto gradualmente. Não se force a fazer coisas que sejam verdadeiramente inseguras – como caminhar em bairros perigosos, dirigir em alta velocidade ou sair com pessoas de maneira indiscriminada – somente para provar que consegue. A prudência é ainda uma virtude. Assim como o é a capacidade de tolerar o desconforto, especialmente quando ela acaba por reduzir tal desconforto.

Examine suas crenças

Como acontece com qualquer transtorno de ansiedade, uma série de crenças profundas e poderosas sustentam suas ansiedades. Comece por fazer uma lista sincera daquilo que você realmente acredita estar, profundamente, ligado a seu TEPT. Não o que você pensa racionalmente, mas o que a parte mais profunda, mais emocional, mais fora de seu controle, pensa; o que a voz que está por trás de seu transtorno de ansiedade está realmente dizendo. Depois, e só então, construa a resposta que sua porção racional poderia dar. O diálogo resultante pode tomar uma forma como as que seguem:

- **Já que algo terrível aconteceu, algo semelhante vai acontecer de novo.** Na

QUADRO 9.7 COMPORTAMENTOS DE SEGURANÇA

COMPORTAMENTOS DE SEGURANÇA TÍPICOS	EXEMPLOS DE MEUS PRÓPRIOS COMPORTAMENTOS DE SEGURANÇA	COMO EU PENSO QUE ESSES COMPORTAMENTOS DE SEGURANÇA ME PROTEGEM
Buscar continuamente sinais de perigo.		
Evitar pessoas, lugares e coisas.		
Evitar sons, imagens ou experiências que lembrem o trauma.		
Buscar afirmação do que pensa ou tranquilização.		
Repetir orações ou usar comportamentos supersticiosos.		
Ficar tenso fisicamente (manter o corpo rígido, prender a respiração, caminhar de uma determinada maneira, etc.).		
Usar álcool ou drogas para me sentir mais calmo.		
Comer para evitar minhas lembranças.		
Outros comportamentos.		

verdade, seu trauma está no passado; não há razão para esperar que ele ocorra de novo. Sua crença vem do fracasso de sua mente em processar sua experiência, levando-o a confundir passado, presente e futuro.

- **Minha agitação é um sinal de perigo.** Medo, tensão e crise são reações normais à sua experiência original. Eles surgem agora porque você confunde sua situação com o perigo real. Em si mesmos, seus sentimentos não constituem ameaças. Perceber que eles são alarmes falsos neutralizará a todos.
- **Preciso esquecer o que aconteceu.** Suprimir suas memórias é impossível. É também desnecessário. Sua tentativa de desligar sua mente apenas aumenta seu medo e garante que as más lembranças reaparecerão. Você precisa permitir que essas memórias vivam em sua mente como pensamentos inofensivos que são.
- **Devo evitar qualquer coisa que me faça lembrar do trauma.** Tudo o que isso consegue fazer é tornar seu mundo menor e parecer ainda mais perigoso, impedindo-o de se recuperar. Para ir adiante, você precisa experimentar situações que acionam suas lembranças e aprender que elas são inofensivas.
- **Se eu me drogar, não sentirei dor.** É verdade, mas só por algum tempo. Beber, usar drogas, "viajar" ou qualquer outra coisa que o afaste das lembranças tristes são simplesmente maneiras de anestesiar seus sentimentos. Elas roubam toda a riqueza de sua vida, causam-lhe problemas práticos e impedem que você se cure.

- **Minha vida mudou para sempre.** Isso só parece verdade porque você não processou sua experiência. Uma vez que você pare de confundir o passado com o futuro, o quadro será diferente. Muitas pessoas se recuperam do TEPT; ele persistirá como transtorno mutilador somente se você deixar.
- **Está acontecendo de novo.** Aconteceu aquela vez, o agora é outra coisa. A única coisa que está acontecendo agora, na verdade, é que sua mente está enviando alarmes falsos. O passado se foi.

Recompense a si mesmo

Você tem passado por muitas dificuldades, tanto sofrendo do TEPT quanto fazendo os exercícios deste livro. Ambos são difíceis. Mas, toda vez que você faz alguma coisa para se ajudar, deve se recompensar. Valorize-se por ter a coragem de fazer o que é difícil de fazer agora, de modo que seja mais fácil no futuro. Dê créditos a si próprio por progredir por um caminho difícil – mas verdadeiro. Somente você sabe o quanto isso é difícil e somente você pode fazer as coisas mais difíceis para melhorar. Estabeleça recompensas, de modo que você se valorize imediatamente por ter feito tais coisas. Se você recontou a história até ela ficar entediante, então diga a si mesmo que você está trabalhando duro para fazer o que é preciso. Se você começar a fazer coisas que temia, diga a si mesmo que você tem mais obstáculos do que a maioria das pessoas e, portanto, dará a si mesmo mais créditos.

RESUMINDO SUA NOVA ABORDAGEM AO TEPT

Agora que você aprendeu sobre o TEPT e usou as muitas técnicas descritas aqui, você está pronto para escrever um novo código de regras para o TEPT. Se você seguir tais regras, conseguirá domar seus medos e retomará sua vida para si, retirando-a do controle do trauma que o tem perturbado (Quadro 9.8).

UM *POSTSCRIPT*

Depois que Sarah e eu trabalhamos juntos, conforme descrevi anteriormente, não a encontrei por cerca de um ano. No momento em que eu a revi, pude perceber que algo havia mudado. Ela se movia e falava com maior confiança, demonstrando uma clareza e um brilho que eu não havia visto antes. Enquanto falávamos, fiquei satisfeito em ouvir as muitas mudanças que haviam ocorrido em sua vida. Ela havia começado a cursar uma faculdade e conseguido um trabalho de meio turno que adorava. Ela não mais dançava profissionalmente ou frequentava bares. Mais importante, havia recuperado sua vida como mulher: "Não preciso desses caras correndo atrás de mim para me sentir bem comigo mesma", ela me disse. "Não há nada de errado comigo. Sinto-me forte pela primeira vez."

Ela, na verdade, relatou um problema, embora, refletindo sobre ele, não se tratasse de algo ruim: "Encontrei alguém. Estamos muito felizes. Acho que estamos apaixonados. Mas tenho medo de afastá-lo de mim, por causa de meus medos antigos". Falamos sobre isso em algumas sessões subsequentes. Sarah falou sobre seu medo de se machucar, de sua inclinação a rejeitar o homem antes de ser rejeitada. Ela disse que sabia que a vida a dois não seria um mar de rosas e que precisava manter uma determinada perspectiva sobre isso. Sentia-se positiva no que diz respeito ao relacionamento, mas buscava tranquilização.

Eu disse:

– Sarah, você está certa. A vida tem seus altos e baixos. Não há garantias de que você não enfrente problemas com esse sujeito. Talvez sim, talvez não. O importante é saber lidar com os problemas quando eles surgirem.

Ela pensou por um instante e disse:

– Sim, é verdade. Estou trabalhando nisso.

Eu, então, também pensei um pouco antes de dizer:

– Você sabe que todos sofremos na vida. A pergunta a se fazer é se vivemos uma vida pela qual valha a pena sofrer.

– Sim – disse ela, sorrindo. – É isso mesmo.

QUADRO 9.8 REESCREVA SEU LIVRO DE REGRAS DO TEPT

1. *Pratique o relaxamento.* Estabeleça um tempo todo o dia para um profundo relaxamento muscular, para a respiração consciente e para uma avaliação de seu corpo.
2. *Examine os custos e os benefícios da mudança.* Melhorar exigirá que você faça algumas coisas que são desconfortáveis. Como sua vida vai melhorar se você não mais tiver o TEPT?
3. *Seja um observador.* Em vez de lutar contra sensações, imagens e pensamentos, apenas preste atenção neles. Observe que eles são temporários. São eventos mentais, não realidade.
4. *Não lute, deixe estar.* Permita que os pensamentos, sensações e imagens venham e vão, como as águas de um córrego. Deixe-se levar pelo momento.
5. *Avalie suas crenças negativas.* Desafie os pensamentos negativos que você tem sobre o desamparo, a culpa e a falta de sentido da vida. Que conselhos você daria a um amigo?
6. *Desafie sua crença de que ainda está correndo perigo.* Aconteceu no passado, mas às vezes parece que está acontecendo agora. Lembre-se do quanto você está seguro.
7. *Reconte a história em mais detalhes.* Escreva e grave seu recontar da história de seu trauma. Preste atenção aos detalhes dos sons, imagens e cheiros. Tente lembrar da sequência de como as coisas de fato aconteceram.
8. *Enfoque os "pontos quentes" de sua história.* Certas imagens e pensamentos fazem com que você se sinta mais ansioso. Tente observar quais são eles e o que eles significam para você. Acalme-se e examine os pensamentos negativos que estão associados a essas imagens.
9. *Reestruture a imagem.* Crie uma nova imagem, na qual você esteja triunfante, dominante e forte. Imagine-se como vitorioso e mais poderoso do que qualquer coisa ou pessoa que o tenha traumatizado.
10. *Elimine os comportamentos de segurança.* Observe quaisquer coisas supersticiosas que você faz para se sentir mais seguro, como se tranquilizar repetidamente, evitar fazer certas coisas em determinados momentos ou lugares, deixar seu corpo tenso, verificar se não há perigo. Elimine esses comportamentos.
11. *Seja realista sobre a ansiedade.* Perceba que a ansiedade é parte da vida – porque a ansiedade é necessária para a vida. Não pense que sua ansiedade é algo péssimo ou um sinal de fraqueza. Todas as pessoas têm ansiedade. Ela é temporária, passa e é parte da cura. Você fará coisas que o deixarão ansioso para superar sua ansiedade. Passe por elas, para superar a ansiedade.
12. *Exponha-se às situações temidas.* Você tem medo de suas sensações internas – tontura, falta de fôlego, sentir-se baratinado. Pratique seus exercícios para fazer com que sinta intencionalmente essas sensações para aprender que elas são temporárias e não perigosas.
13. *Pratique seus medos.* A melhor maneira de superar seu TEPT é praticar as coisas que o deixam com medo:
    - estabeleça uma hierarquia;
    - imagine-se na situação;
    - olhe fotos ou figuras que façam você se lembrar do trauma;
    - responda aos seus pensamentos negativos relativos à situação;
    - se possível, revisite a cena.
14. *Recompense a si mesmo.* Lembre-se de que você é a pessoa que está fazendo todo esse trabalho. Dê crédito a si mesmo. Elogie-se, comemore seus feitos e trate-se como uma pessoa especial.

CAPÍTULO

10

Considerações finais

Enquanto escrevia este livro, tive muitas oportunidades de pensar nas muitas pessoas que consultaram comigo ao longo dos anos. O livro em si é uma reunião de tudo o que pude ensinar a essas pessoas sobre viver sob a sombra da ansiedade. O que eu não disse ainda – e gostaria de dizer agora – é sobre o que essas pessoas bravas e maravilhosas me ensinaram.

Quando penso nelas, sinto admiração e gratidão. Aprendi com meus pacientes muito mais do que podia imaginar – sobre o sofrimento, sobre a solidão, sobre o desespero –, mas, acima de tudo, sobre a coragem de superar tais adversidades. De fato, é necessário coragem para sentir um medo avassalador e, ainda assim, enfrentá-lo. Vejo muitos dos meus pacientes chegarem ao que há de mais profundo em si próprios para enfrentar seus terrores, liberar suas defesas e se submeter à disciplina exata da realidade. Observando isso, passei a ter o mais profundo respeito à personalidade humana; à sua resiliência, sabedoria, espírito indomável e força. Toda vez que sou tentado a me tornar pessimista ou cínico em relação à condição humana, é isso que recupera minha fé.

Quando penso sobre todos esses anos, muitos exemplos vêm à minha mente. Penso na mulher que estava tão traumatizada depois de um estupro que não conseguia ir além do pátio de sua casa. Penso no homem que viveu infeliz durante muitos anos, convencido de que era um desajustado irrecuperável, incapaz de até mesmo começar um diálogo com alguém e, mais ainda, de ter um relacionamento. Lembro-me de uma mulher cujo medo de contaminação era tão grande que ela não conseguia entrar em um ônibus, comer em um restaurante ou usar um banheiro público; de um homem cuja saúde era perfeita, mas que vivia sob o constante terror de sofrer um ataque cardíaco; da jovem mãe que não dormia mais do que umas poucas horas havia anos, por causa de sua preocupação incessante. A maior parte das pessoas chegava até mim sem esperança. Eram pessoas convencidas de que sua ansiedade era ou o resultado de uma falha de personalidade ou parte de uma condição incurável. Algumas delas haviam, por muitos anos, lutado contra seus sintomas sem sucesso, e chegavam ao consultório como última alternativa. Outras tinham muita vergonha de sua condição e não a revelavam a ninguém. Em quase todos os casos, as pessoas estavam bloqueadas e intimidadas pelo que consideravam forças que estavam além de seu controle.

Duas coisas sempre me intrigam. Uma é o quanto essa pessoas são gentis, decentes e boas; independentemente dos tipos de comportamento disfuncional a que suas condições possam levar. No fundo, elas simplesmente desejam – como todos nós – estar livres de sua ansiedade, abrir seus corações para o mundo, amar e ser amadas. A outra coisa é a autoimagem ruim que tantas dessas pessoas têm. Muitas, na verdade, têm vergonha de seus problemas: "Há algo errado comigo", "Sou fraco", "Tenho defeitos", "Sou um inútil" são alguns dos pensamentos comuns. Independentemente de serem pessoas agradáveis, independentemente do quanto eu fique tocado por suas histórias, elas consideram sua ansiedade uma marca de inferioridade, algo que faz delas pessoas essencialmente indignas do amor ou do apreço dos outros (algumas delas estavam até, em certa medida, convencidas de que eu não as trataria depois de descobrir os problemas de suas personalidades). O contraste entre a maneira que eu os vejo e a maneira pela qual eles se veem é profundamente intenso.

Frequentemente, quando essas pessoas chegam a meu consultório, posso sentir que elas estão pensando: "Outro psiquiatra com truques que não vão funcionar". Posso entender muito bem esse sentimento. Muitas delas vêm lutando há muito tempo, e eu sinto uma espécie de tristeza por elas estarem marcadas por tanto sofrimento. Mas também me sinto empolgado e esperançoso com a oportunidade de ajudá-las a mudar suas vidas, porque sei que elas podem mudá-las. Não me vejo como a pessoa que detém as respostas, muito embora as pessoas pensem assim sobre os terapeutas. O que tento fazer é levar as pessoas a buscar as respostas em si mesmas. Eu sei que elas podem encontrar as respostas porque já vi isso acontecer inúmeras vezes. Independentemente do quanto suas ansiedades forem debilitantes, elas terão a oportunidade de enfrentá-las e de afastar sua tirania. As pessoas têm o poder de curar a si mesmas.

Um pensamento que geralmente tenho em tais situações é: "veremos o que o destino nos apresentará". O terapeuta é um ser humano, como seus pacientes. Ao trabalhar com eles, o terapeuta não pode deixar de aprender sobre si próprio. Às vezes, meus pacientes me testam – como fez a mulher que sofrera abuso por parte do namorado e que tinha um ressentimento que se voltava contra todos os homens. Ela chegou até meu consultório muito desconfiada e com uma raiva mal disfarçada. Ainda que tenha percebido tal raiva, aprendi a não tomá-la como algo pessoal. Meu trabalho é ouvir, ouvir a dor de quem se sente rejeitado e oferecer ajuda – não criticar, discutir ou me justificar. Apenas ouvindo foi possível ganhar a confiança dessa paciente. Aprendi que, como terapeuta, devo estar preparado para passar, eu próprio, pela dor, rejeição e decepção.

O que importa para meus pacientes e para mim é entender que estamos todos no mesmo barco. Todos conhecemos o sofrimento. Ainda assim, a meta para todos nós é viver *uma vida pela qual valha a pena sofrer.* Aceitando nossa ansiedade, cessando a batalha contra ela, constatamos o que ela tem a nos ensinar. Começamos a liberar a resistência que a prolonga. Esse é o caminho para a liberdade. Não é sempre um caminho fácil, mas é o único caminho que nos retira do sofrimento, em vez de ir mais fundo nele.

Os vários passos do caminho foram descritos neste livro. Agora você está familiarizado com eles.

É que sua ansiedade está baseada quase sempre em uma série de falsas crenças sobre o perigo. Você superestima o perigo existente em atravessar uma ponte, voar de avião, conhecer novas pessoas, tocar em superfícies "não limpas", e também o perigo de catástrofes que nunca ocorrem. Você constantemente prevê perigo em tudo. E o perigo quase nunca se realiza.

Sua ansiedade se baseia também na falsa crença de que você precisa prever o perigo, conhecê-lo bem, controlar tudo e evitar riscos e arrependimentos. Você também age de maneira tão conscienciosa em relação a ser cauteloso que sacrifica sua vida para evitar que coisas ruins aconteçam. E porque nada de mau realmente acontece (pelo menos por algum tempo), você pensa que sua lógica está funcionando.

Você tem crenças sobre evitar o risco que o colocam em grande risco. Na verdade, essas crenças põem em risco a sua qualidade de vida.

Você também tem falsas crenças sobre a ansiedade. Você acha que, a menos que faça algo naquele exato momento, sua ansiedade aumentará muito, sairá do controle e arruinará seu dia. É como se você estivesse com um martelo na mão para bater na cabeça da ansiedade assim que ela surgisse. Mas quem continua a sofrer com isso é você.

Vimos como essas falsas crenças persistem porque você segue um determinado livro de regras. Sua ansiedade pode parecer única, mas posso garantir-lhe que há literalmente bilhões de pessoas no mundo que seguem regras muito parecidas com as suas. É como se todos nós, falando centenas de línguas, separados por milhares de quilômetros, sem nunca nos encontrarmos, nos surpreendêssemos ao descobrir que os livros de regras utilizados são praticamente os mesmos.

A ironia é que o livro de regras não é seu – é *nosso*. Nossos ancestrais, há centenas de milhares de anos, desenvolveram o livro de regras da ansiedade para sobreviverem. E nós ainda hoje o lemos, acreditando nele; não reconhecendo que não estamos sendo perseguidos por tigres e lobos, mas por nossos pensamentos e sentimentos.

O fato estranho acerca das falsas crenças sobre o perigo e a proteção é que realmente pensamos que precisamos dessas crenças. Pensamos que estamos seguros porque não tocamos em algo que possa nos contaminar, evitamos voar de avião, nos seguramos firmemente à poltrona do avião, não olhamos ninguém nos olhos. Nós, de fato, pensamos que todos os nossos comportamentos de segurança impediram que coisas graves acontecessem.

É como um alcoólatra que pensa que a próxima dose vai curar seu alcoolismo. Não funciona.

O segredo para superar o medo é praticar seu próprio medo, ir ao centro dele, permitir que ele aconteça, viver juntamente com ele. Essa é parte da tarefa que requer coragem. Se você ler qualquer um dos seis capítulos específicos sobre os transtornos da ansiedade, entenderá o que está envolvido nesse processo. Ele requer coragem porque pede a você que confronte e não fuja daquilo que teme, que se abra à ansiedade quando toda parte de seu ser diz para não se abrir. Pode parecer algo totalmente contraintuitivo. Você pode se perguntar como algo que vai fazer com que você se sinta mais assustado poderá ajudá-lo e reduzir seus medos. É algo de fato estranho; ainda assim, já se provou que é isso que funciona. Independentemente do que a mente pensa que vai mantê-lo seguro, a verdadeira segurança não está em se esconder do medo ou em lutar para suprimi-lo, mas em aceitá-lo e aprender a viver com ele confortavelmente.

Toda cura é um triunfo.

Mas superar seus medos não é fácil. Você sabe melhor do que eu, tenho certeza.

Você aprenderá que, por meio da prática de seu medo, você prova a si mesmo que pode realmente tolerar o desconforto – e que ele diminuirá com o tempo. Sua ansiedade diminui. Não dura para sempre.

É como a desesperança. É temporária. Até mesmo a desesperança desaparece.

Você talvez pense: “Mas e se eu for a única pessoa a se contaminar, a se humilhar ou a morrer?”. Não há garantia contra o fato de coisas terríveis acontecerem. Todos nós enfrentamos isso todos os dias. E coisas terríveis acontecem de qualquer jeito. Todos nós morreremos. Todavia, uma vez que estamos vivendo, podemos escolher viver uma vida completa – o que indica que a vida tem alguns riscos. Riscos razoáveis, mas riscos de qualquer modo.

A alternativa a isso é não viver a vida completamente. A alternativa é se esconder, se abrigar, continuamente buscar a tranquilização e não se envolver em nada. Esperar que a vida aconteça não vai funcionar.

Você deve optar.

Você pode ficar frustrado ao longo do caminho. Você pode fazer os exercícios e, ainda assim, a ansiedade persistir. Na verdade, prevejo que a ansiedade vai persistir. Às vezes, ficará até *pior*. É como estar fora de forma, ir à academia e sentir a dor dos exercícios nas primeiras semanas. Você pensa: “Por que fazer isso?”. Mas a persistência é 90% do jogo. Repetir os seus medos, praticar seu desconforto, agir contra seus pensamentos negativos, fazer o oposto do que você acha que tem de fazer – isso levará à mudança. O progresso não é a perfeição, e não acontece todo de uma vez. Todos os dias que você faz algo que lhe é desconfortável e que você temia fazer antes, está progredindo. Você está demonstrando a si mesmo que pode optar por agir contra seus medos. Todos os dias dá um passo em tal direção.

A outra coisa a se lembrar é da importância da autocompaixão. Ao mesmo tempo que precisa parar de fugir do desconforto, você também precisa ser gentil consigo mesmo. Dalai Lama diz isso de uma maneira maravilhosa: "Tenha um sentimento de bondade em relação à sua dor". Em todos os trabalhos desafiadores e difíceis que fará – e isso será difícil às vezes – é importante apoiar a si mesmo, e não se criticar. A autocrítica talvez seja seu pior inimigo. Independentemente do quanto você tenta e erra, o esforço que faz já é, por si só, um progresso. Independentemente do quanto seu trabalho pareça difícil, sua vontade de fazê-lo é uma benção para si próprio, e não uma exigência de um tutor inflexível. Você está reconstruindo sua vida. É um nobre trabalho que está fazendo e pelo qual merece todo crédito, estímulo e compaixão que puder dar a si próprio.

A imagem que me vem à mente é a de uma paciente que certa vez atendi. Ela tinha tanta sensação de vergonha e culpa do estupro de que havia sido vítima que se sentia praticamente paralisada. Ela podia entender como outras pessoas em situação semelhante não sentiam culpa, podia sentir profunda compaixão por elas, mas não por si mesma. Para ela, a experiência apenas provara o quanto ela era indigna. Pedi a ela, como às vezes faço, para imaginar o lado compassivo de si própria como uma voz que com ela falasse, uma espécie de anjo da guarda. Uma voz suave e gentil que lhe falava, de coração aberto, que ela era uma pessoa amada e que se gostava. Essa voz lhe dizia que ela era sempre bem-vinda, que sempre podia se sentir em casa, nunca sozinha. Uma voz que lhe dizia que estava segura. Pedia a ela para pensar nisso tudo profundamente por um tempo, para deixar que a voz de fato penetrasse. Ela fechou seus olhos e ficou em silêncio por muito tempo. Depois, lembrei-lhe de onde a voz havia vindo. A voz viera *dela própria*. Foi uma parte dela que podia ser acionada quando ela quisesse. Da mesma maneira que podia sentir amor e compaixão por um estranho, ela podia amar a si mesma. Ela podia ser o seu próprio anjo da guarda.

A paciente respirou profundamente e abriu os olhos, que estavam cheios de lágrimas: "Sim – disse ela – agora entendo".

A

Relaxamento muscular progressivo

Um efeito colateral inevitável da ansiedade mental é a tensão muscular. A presença constante do medo na mente envia ao corpo a mensagem de que ele precisa estar sempre no limite, em alerta para o perigo. Isso produz o surgimento de crises: tensão muscular, aumento do ritmo cardíaco, pressão elevada, dores, rigidez do maxilar, suor, tremores, respiração curta – até mesmo fadiga. Esses efeitos não só são desagradáveis por si só, mas também aumentam o seu nível geral de ansiedade, e isso se torna parte de uma espiral negativa. Além das técnicas cognitivo-comportamentais oferecidas neste livro, há alguns métodos simples que você pode usar para enfrentar a tensão física e ficar mais relaxado. Pode demorar um tempo para que você domine essa rotina, mas toda pessoa poderá adotá-la. Se a tensão e a ansiedade forem suas companheiras diárias, o esforço e o tempo utilizados valerão a pena.

RELAXAMENTO DO TIPO "TENSIONE E SOLTE"

Essa é uma série de técnicas de relaxamento aplicadas a diferentes grupos musculares. Sua finalidade principal é ajudá-lo a se tornar ciente da diferença entre tensão e relaxamento, sentir essa diferença em seu corpo. Comece se sentando em uma cadeira confortável ou se deitando em um sofá ou cama. Respire profundamente por alguns momentos. Depois, estique cada grupo muscular na sequência abaixo, mantendo a tensão por cerca de cinco segundos antes de soltar.

1. **Antebraço:** estique o pulso e puxe-o para cima; solte.
2. **Parte superior do braço:** tensione-a contra a lateral do corpo; solte.
3. **Panturrilha:** estenda a perna, aponte com o pé para cima; solte.
4. **Coxas:** estique as pernas juntas; solte.
5. **Barriga:** contraia contra a coluna; solte.
6. **Tórax:** inspire, segure o ar e conte até 10, expire e solte.
7. **Ombros:** levante-os em direção às orelhas; solte.
8. **Pescoço:** empurre a cabeça para trás e segure; solte.
9. **Lábios:** feche-os bem sem cerrar os dentes; solte.
10. **Supercílio:** contraia-o; solte.
11. **Testa:** abra bem os olhos; solte.

A seguir, respire profundamente por alguns momentos. Depois, comece a sequência acima novamente. Desta vez, tensione cada grupo muscular enquanto conta até 5 e depois diga *soltar* silenciosamente para si mesmo, conforme relaxa. Pare por 15 ou 20 segundos entre cada grupo muscular. Durante a sequência, faça o seguinte:

1. Perceba a diferença em seu corpo entre a tensão e o relaxamento.

2. Sinta cada grupo muscular ficar mais relaxado, suave e "aquecido".
3. Continue respirando com tranquilidade.

O próximo passo é um exercício que conecta sua respiração a seu relaxamento físico. Feche seus olhos e continue sentado ou deitado confortavelmente, conte lentamente, de trás para frente, de 5 até 1. Marque a contagem com a expiração. Entre um número e outro, inspire uma ou duas vezes. Entre um número e outro, perceba, também, o seguinte:

1. Sinta o relaxamento se espalhar, chegando até o topo de sua cabeça e passando por sua face e por seu pescoço.
2. Sinta-o se espalhar pelos seus ombros, braços e tronco.
3. Sinta-o se espalhar por suas pernas e pés.
4. Sinta-o se espalhar por seu corpo, permitindo que este fique cada vez mais relaxado.

Repita a atividade várias vezes, ou tanto quanto for necessário. A seguir, coordene o processo com sua respiração. Enfoque uma determinada área de seu corpo conforme inspira; depois, quando expira, diga "relaxe" silenciosamente para si mesmo a cada expiração. Finalmente, reverta a contagem, indo de 1 a 5, e abrindo seus olhos quando chegar no 5. A cada contagem, sinta-se se tornar mais alerta, embora relaxado. De fato, existe a possibilidade de se sentir alerta e relaxado simultaneamente. Pratique bastante até conseguir.

RELAXAMENTO DO TIPO "SOMENTE SOLTAR"

Quando estiver familiarizado com o processo anterior, poderá chegar aos mesmos resultados sem passar pela parte da tensão. Enfoque cada um dos grupos musculares, da mesma maneira como fez anteriormente, observando se a tensão está presente em alguma medida. Relaxe cada um dos grupos, com um intervalo entre 30 e 45 segundos entre eles. Deixe a mente vazia, ou pense em algo relaxante. Depois de um grupo estar relaxado, passe ao próximo. Se um dos grupos não estiver totalmente relaxado, volte à fórmula do tensionar e soltar. Depois de todos os grupos estarem relaxados, complete o processo conforme a orientação acima, primeiro contando de 5 a 1 repetindo a palavra "relaxe" juntamente com a expiração, depois conte novamente, mas de 1 a 5.

RELAXAMENTO CONTROLADO POR SINAL

Esta é a fase final de seus exercícios. Faça o "relaxamento do tipo 'somente soltar'" até estar totalmente relaxado. Depois, inspire profundamente algumas vezes, começando cada expiração pela palavra "relaxe", dita silenciosamente a si mesmo enquanto percorre o corpo em busca de alguma tensão. Esse será o padrão que você usará no mundo, em sua vida normal. Toda vez que a tensão aparecer (um engarrafamento, uma mudança desagradável), a palavra "relaxe", repetida silenciosamente, será o sinal para que seu corpo se liberte da tensão. Pratique esse exercício de 10 a 15 vezes por dia (ou mais, se for possível) em várias situações. Certos sinais podem se tornar padrões: olhar para seu relógio, parar no sinal vermelho, a campainha do telefone. Pode ser útil colar algumas etiquetas vermelhas (bolinhas vermelhas) em sua casa ou em seu local de trabalho (no espelho, na escrivaninha, no abajur, no telefone, etc.) como marcadores do relaxamento. Elas serão importantes auxiliares no trabalho que você está fazendo para superar sua ansiedade. Quando você vir o sinal, pense na palavra "relaxe", e quando expirar, pense nela novamente.

APÊNDICE

B

Insônia

Uma das consequências mais problemáticas da ansiedade – e a da depressão frequentemente associada a ela – é a insônia. Algumas pessoas experimentam dificuldades para dormir (insônia geralmente ligada à ansiedade), ao passo que outras tendem a acordar prematuramente (insônia da madrugada, geralmente ligada tanto à ansiedade quanto à depressão). Geralmente, quando a ansiedade e a depressão somem com o tratamento, a insônia diminui e o sono se torna cada vez mais tranquilo. Contudo, há uma série de intervenções cognitivo-comportamentais que podem ser usadas para abordar a insônia diretamente. Este apêndice delineará algumas delas. Contudo, antes de passar por qualquer delas, você deve registrar algumas informações básicas relativas aos seus padrões de sono. Você pode, então, comparar quaisquer mudanças nesses padrões às mensurações básicas.

Uma questão a ser abordada de saída é o uso de medicamentos. Em geral, seus problemas de sono estão relacionados ao

DIÁRIO DO SONO

Registre todas as noites as informações relativas ao momento em que vai para cama, ao tempo que você leva para dormir, ao número de vezes que você acorda durante a noite, ao horário em que você sai da cama, ao número total de horas de sono e a quaisquer medicamentos para dormir que você tome.

DATA	HORA EM QUE FOI PARA A CAMA	TEMPO PARA PEGAR NO SONO	NÚMERO DE HORAS EM QUE FICOU ACORDADO DURANTE A NOITE	HORA EM QUE SAIU DA CAMA	TEMPO TOTAL DE SONO	MEDICAMENTOS INGERIDOS

modo como vários fatores têm impacto sobre seus ritmos circadianos. É importante deixar que esses ritmos naturais se afirmem. Portanto, a fim de que a abordagem cognitivo-comportamental tenha efeito adequado, você pode considerar abandonar o uso de remédios para dormir. Tais remédios alteram artificialmente seus ritmos circadianos; eles interferem nas técnicas delineadas aqui. Na verdade, pesquisas demonstram que a terapia cognitivo-comportamental é muito mais eficaz do que as pílulas para dormir na reversão da insônia (os remédios raramente funcionam além do curto prazo). Antes de fazer qualquer mudança em sua medicação, consulte o médico.

É preciso uma certa quantidade de tempo para que se sinta o progresso – talvez semanas. Pelo fato de seus padrões alterados de sono terem se instaurado durante muito tempo, pode também demorar algum tempo para desaprendê-los. Não espere resultados imediatos.

COMO SUPERAR SUA INSÔNIA

1. **Durma em horários regulares.** Tente organizar sua vida de modo que você vá para a cama e acorde mais ou menos nos mesmos horários. Isso pode significar cumprir o estabelecido independentemente do nível de cansaço que você sinta.
2. **Evite os cochilos.** Os cochilos podem ser bons e fazer com que você sinta que está recuperando o sono, mas eles podem alterar seu ritmo circadiano. Você precisa retreinar seu cérebro para que durma e acorde em determinados horários de maneira consistente. Por isso, elimine os cochilos.
3. **Use a cama somente para dormir.** A insônia é com frequência estimulada pelo aumento da crise justamente antes do momento de dormir ou enquanto você está na cama deitado tentando dormir. Muitos insones usam a cama para ler, assistir à televisão, fazer chamadas telefônicas ou somente para se preocupar. Como resultado, a cama acaba associada à ideia de surgimento da crise e de ansiedade. É importante que a cama seja usada apenas para dormir. Leia ou converse ao telefone em outra peça da casa. Não incentive seus amigos a ligarem para você quando estiver na cama.
4. **Evite o surgimento da ansiedade durante a hora anterior ao momento de ir dormir.** Evite discussões e tarefas desafiadoras antes de ir para a cama. Você não quer ficar agitado nesse momento. Feche as cortinas e persianas na hora anterior a ir para a cama. Faça algo relaxante ou entediante. Não se exercite antes de ir para a cama.
5. **Faça mais cedo seus exercícios da "hora da preocupação" ou sua lista do que fazer no dia seguinte.** Quase toda insônia se deve à atividade mental excessiva. Você está simplesmente pensando demais antes de ir para cama. Você talvez se deite e comece a pensar no que tem de fazer no dia seguinte. Ou, então, talvez pense no que fez no dia que acabou de se encerrar. *Isso é pensar demais.* Estabeleça um horário para se preocupar, *três horas ou mais* antes de você dormir. Anote suas preocupações, pergunte-se se há alguma ação produtiva que você precise realizar, elabore uma lista do que fará, planeje o que fará no dia seguinte ou durante a semana, aceite limitações (você não conseguirá fazer tudo, haverá imperfeições e incertezas). Se estiver deitado na cama à noite, preocupado com algumas coisas, saia da cama, anote a preocupação e coloque-a de lado, para a manhã seguinte. Você não precisa saber a resposta no momento
6. **Descarregue seus sentimentos.** Às vezes, a insônia se deve a emoções e sentimentos que o estão incomodando. É útil estabelecer um "horário para sentimentos" várias horas antes de ir para a cama e escrever seus sentimentos. Por exemplo: "Eu fiquei realmente ansioso e irado quando ele me disse aquilo".

Tente mencionar tantos sentimentos quanto puder no que escrever. Tente compreender seus sentimentos. Tenha compaixão por si mesmo, valide seu direito de ter sentimentos e reconheça que não há problema em se sentir ansioso às vezes. Depois coloque isso de lado. Faça isso três ou mais horas antes de ir para a cama.

7. **Reduza ou elimine a ingestão de líquidos à noite.** A tranquilidade do sono geralmente é perturbada pela urgência urinária. Evite produtos baseados em cafeína, comidas pesadas, açúcar, álcool, etc., à noite. Se necessário, consulte um nutricionista para planejar uma dieta adequada.
8. **Levante da cama se não estiver dormindo.** Se você estiver na cama sem conseguir dormir há mais de 15 minutos, levante-se e vá para outra peça. *Escreva seus pensamentos negativos e ponha-os em questão.* Alguns pensamentos automáticos negativos são: "Jamais vou conseguir dormir", "Se não conseguir dormir, não vou conseguir agir corretamente", "Preciso dormir imediatamente" e "Vou ficar doente por não dormir o suficiente". A consequência mais provável de não conseguir dormir é que você vai se sentir cansado e irritável. Embora essas sensações sejam desconfortáveis, não são catastróficas.
9. **Não tente se forçar a dormir.** Isso apenas vai aumentar sua frustração e, por consequência, sua ansiedade. Uma atitude mais eficaz é deixar de tentar dormir; paradoxalmente, uma maneira muito eficaz de aumentar o sono é praticar *desistir* de tentar dormir. Você pode dizer a si mesmo: "Vou desistir de tentar dormir e vou me concentrar somente em alguns sentimentos relaxantes em relação a meu corpo".
10. **Pratique repetir seus pensamentos ansiosos.** Como acontece com qualquer outra situação temida ou pensada, se você a repetir por bastante tempo, se tornará entediante. Você pode praticar esse pensamento lentamente, como se sua mente estivesse apenas "observando o pensamento", e repeti-lo lenta e silenciosamente em sua mente centenas de vezes. Imagine que você é quase um zumbi repetindo esse pensamento. Não tente se tranquilizar, continue com o pensamento, devagar.
11. **Elimine os comportamentos de segurança.** Para combater sua ansiedade em relação ao sono, você talvez esteja apelando a comportamentos supersticiosos, tais como verificar o relógio, contar, manter seu corpo imóvel ou repetir injunções para si mesmo, tais como *Pare de se preocupar*. Tente se conscientizar desses comportamentos, e os abandone. Você pode, por exemplo, retirar o relógio do lado de sua cama. Ou permitir que qualquer coisa que vier à sua mente fique lá, sem tentar controlá-la.
12. **Desafie seus pensamentos negativos.** Todo o processo de ir dormir é complicado pelo fato de sua mente elaborar uma série de pensamentos negativos sobre isso. Esses pensamentos o impedem de dormir. Se você questionar a validade deles, eles terão menos poder de lhe causar ansiedade. A seguir estão registrados alguns pensamentos típicos de quem é insone, juntamente com uma resposta razoável a tais pensamentos.

- *Pensamento negativo*: "Tenho de dormir agora" ou "Não vou poder fazer o que tenho de fazer amanhã".
- *Resposta racional*: na verdade, não há urgência. Você já ficou sem dormir outras vezes e tudo correu bem. Ficará um pouco cansado, o que é desconfortável e inconveniente, mas dificilmente será o fim do mundo.
- *Pensamento negativo:* "Não é normal ter esse tipo de insônia". "Significa que há algo de errado comigo".
- *Resposta racional:* infelizmente, a insônia é bastante comum. Quase todas as pessoas têm insônia. Ninguém vai pensar o pior de você se você a tiver.

- *Pensamento negativo:* "Poderia me forçar a dormir se realmente me dedicasse a isso".
- *Resposta racional:* tentar forçar o sono nunca funciona. Isso aumenta a ansiedade, o que apenas alimenta sua insônia. É melhor desistir de tentar e ceder à condição de não dormir. Talvez, então, possa relaxar um pouco.
- *Pensamento negativo:* "Preciso lembrar de todas as coisas em que estou pensando enquanto estou deitado aqui, acordado".
- *Resposta racional:* se você precisa lembrar de algo, levante da cama e anote, depois volte para a cama. Há muitas oportunidades para fazer isso amanhã.
- *Pensamento negativo:* "Nunca consigo dormir o suficiente".
- *Resposta racional:* isso provavelmente acontece com todas as pessoas, mas é tão somente desconfortável e inconveniente. Não é o fim do mundo.

TERAPIA DA RESTRIÇÃO DO SONO: UMA ALTERNATIVA PODEROSA

Há um tratamento mais drástico para a insônia que às vezes é eficaz. Chama-se terapia da restrição do sono. Baseia-se na ideia de que você tem de retreinar seu cérebro para se ajustar ao ritmo circadiano. Isso é mais desafiador do que o programa delineado acima, mas às vezes é o que funciona melhor. Pode envolver o uso de uma "luz brilhante" para estabelecer um padrão regular de luz e escuridão. Este pode vir da luz do sol (se controlada por cortinas ou persianas), de lâmpadas de alta intensidade ou de certas luzes brilhantes, produzidas comercialmente para esse propósito.

Os passos envolvidos na terapia da restrição do sono são os que seguem.

1. **Aguente ficar sem dormir por 24 horas.** Esse primeiro passo é bastante difícil, e muitas pessoas se sentirão bastante cansadas por causa dele. Mas esse passo pode ajudá-lo a restabelecer seus ritmos circadianos. Se você não consegue ficar sem dormir por 24 horas, poderá começar pelo segundo passo.
2. **Comece com seu tempo mínimo de sono.** Observe suas informações básicas no diário. Qual foi o número mínimo de horas de sono que você dormiu durante a semana anterior? Se foram quatro horas, planeje começar por dormir apenas quatro horas, independentemente do quanto estiver cansado. Se você planeja levantar às 7h, vá para a cama às 3h.
3. **Aumente gradualmente suas horas de sono.** Acrescente 15 minutos por noite ao seu período de sono. Vá para a cama 15 minutos mais cedo todas as noites. Por exemplo, se você foi para a cama às 3h, vá para a cama às 2h45min na noite seguinte, às 2h30min na próxima e assim sucessivamente.
4. **Não exija oito horas de sono.** Muitas pessoas de fato não precisam dormir oito horas. Veja se você está menos fatigado e mais alerta no dia anterior ao da estabilidade. Embora a terapia da restrição do sono pareça bastante difícil para muitas pessoas, ela pode ser altamente eficaz. Depois de ter finalizado a terapia, você poderá usar os 12 passos listados anteriormente para um sono saudável. Uma noite eventual de insônia é algo comum, mas desenvolver os hábitos adequados de sono é bastante importante. Aumentar seu sono pode ter um impacto significativo sobre sua ansiedade e depressão.

C

Dieta e exercícios

DIETA: OS FUNDAMENTOS DE UMA ALIMENTAÇÃO SAUDÁVEL

Sua ansiedade pode ter um grande efeito sobre seus hábitos alimentares. Pode levá-lo a comer demais e ganhar peso, com consequências para sua saúde, tais como condições cardíacas, diabete, colesterol alto, etc. Por outro lado, pode levá-lo a não comer ou a fazer jejum por longos períodos, causando oscilações no nível de glicose, fraqueza ou tontura, e uma série de problemas que derivam da má alimentação. A ansiedade pode prejudicar o equilíbrio de sua dieta, provocando a ingestão de quantidades inadequadas de carboidratos, doces, comidas salgadas ou gorduras. Se você estiver ansioso, você tenderá a preferir comer altos níveis de carboidratos, doces e comidas que só cumprem a função de lhe dar algum prazer. Veremos aqui os princípios básicos de uma boa e equilibrada dieta, que faça bem para seu coração. Não deixe que a ansiedade determine o que você vai comer. Veja o outro lado: uma dieta saudável e equilibrada o ajudará a ter controle de sua ansiedade. Qualquer espécie de desequilíbrio em sua dieta pode fazer com que todo o sistema se desorganize; quando isso acontece, seu nível de ansiedade está pronto para subir. Assim, qualquer programa elaborado para enfrentar a ansiedade, como o apresentado neste livro, deve incluir algumas orientações para a adoção ou a manutenção de bons hábitos alimentares. Este apêndice examinará algumas das orientações mais úteis.

Embora você acredite que saiba o que é uma boa dieta, constatei que muitos dos meus pacientes estavam desinformados sobre o assunto. Algumas pessoas pensam que podem deixar de almoçar ou jantar, cortar determinados alimentos, comer apenas uma espécie de alimento ou evitar todo um grupo alimentos.

Você deve ler os rótulos dos alimentos que compra no supermercado. Preste atenção às calorias, às porções de cada embalagem, à gordura saturada e a outras informações relativas à dieta. As orientações abaixo dizem respeito a uma alimentação saudável, tanto no que concerne ao que você come quanto à maneira como come.

1. **Adote uma dieta saudável para o coração.** Sua dieta deve ser baixa em gordura saturada. Isso inclui carnes magras (galinha ou peru sem pele, rosbife ou peixe). Substitua a manteiga ou a margarina por azeite de oliva ou óleo de canola. Use leite semidesnatado ou desnatado, e não integral. Prefira iogurte com baixo teor de gordura. Limite a ingestão de bolos, massas doces e tortas – pois, possuem muitas calorias e gordura saturada. Limite a ingestão de sal. Comidas processadas, enlatadas e rápidas possuem muito sal. Olhe os rótulos. As mulheres devem ingerir uma quantidade determinada de cálcio todos

os dias, para impedir o surgimento da osteoporose.

2. **Variedade.** Coma alimentos dos cinco grupos alimentares: frutas, grãos, laticínios, carnes e vegetais, juntamente a uma quantidade adequada de gordura ou óleo, que lhe darão um bom complemento vitamínico e mineral.
3. **Equilíbrio.** Certifique-se de que você esteja incluindo as quantidades adequadas de carboidratos, gorduras e proteínas em sua dieta. Muitas dietas da moda, voltadas ao emagrecimento, recomendam ou grandes concentrações ou grandes reduções em um ou mais desses itens. Não obstante, no geral, nossos corpos precisam de uma certa quantidade de cada um deles para funcionarem de modo eficiente.
4. **Moderação.** Pense sobre os tamanhos das porções. Uma porção de carne vermelha ou de frango é do tamanho de um baralho de cartas! Uma porção de arroz ou de massa é equivalente a uma xícara. Qual foi a última vez em que um restaurante serviu-lhe apenas uma xícara? Estabeleça limites adequados a seu consumo e siga-os à risca. Servir-se muitas vezes e lanchar a toda hora são atitudes que podem devastar sua dieta. Reduza ou elimine também seu consumo de produtos que contenham cafeína, tais como, café, chá, refrigerante e chocolate.
5. **Ritmo.** Muitas pessoas tendem a concentrar seu consumo em comidas pesadas. É melhor comer quantidades pequenas e com maior frequência: as três tradicionais refeições e dois lanches saudáveis entre elas. Se cada refeição for relativamente baixa em calorias, gorduras e açúcar, você terá menos desejo de comer e menor tendência a comer demais durante a refeição.
6. **Consistência.** Manter um bom nível de glicose ao longo do dia é particularmente importante para reduzir a ansiedade. A estratégia básica para isso é comer a mesma quantidade de carboidratos em cada refeição (os carboidratos encontram-se em muitos alimentos, tais como laticínios, arroz e frutas, e não somente nos pães e nas massas.

Para saber mais sobre suas necessidades particulares, considere consultar um nutricionista. No Brasil, tais informações podem ser encontradas em www.cfn.org.br, *site* do Conselho Federal de Nutricionistas.

SEUS HÁBITOS ALIMENTARES

Desenvolver bons hábitos alimentares é fundamental para uma boa dieta. Isso não tem a ver somente com o que você come, mas com o modo como você come e quando o faz, qual é seu estado de espírito ao comer e a soma total do modo como você pensa e se comporta em torno da comida. Para avaliar seus hábitos alimentares, examine a lista abaixo. Ela descreve seis hábitos saudáveis de alimentação, juntamente com dicas de como desenvolver cada um deles.

1. **Coma regularmente ao longo do dia.** Planeje fazer pelo menos cinco refeições pequenas durante o dia: café da manhã, almoço e jantar, e alguns poucos lanches saudáveis. Não deixe de fazer uma das refeições e nem passe longos períodos de tempo sem comer; isso apenas aumenta seu desejo e necessidade de se fartar – além de aumentar sua ansiedade.
2. **Elabore uma dieta equilibrada, com alimentos dos diferentes grupos.** Leia as orientações acima e obtenha mais informações em fontes confiáveis. Controle o que você come e o modo como se alimenta, e registre os efeitos disso sobre seu humor e bem-estar.
3. **Não coma muito rápido.** Diminua a velocidade: não engula a comida sem mastigar corretamente. Mastigue lentamente e coloque porções menores na boca, soltando seu garfo e sua faca a cada porção que puser na boca. Desfrute o alimento; tenha prazer em comer por mais tempo.

4. **Não coma demais.** Pare de comer antes de ficar satisfeito. Espere um pouco depois de acabar uma porção para saber se vai precisar se servir novamente. Dê uma chance à sensação de saciedade, sem a necessidade de exagerar.
5. **Preste atenção no que está comendo.** Coma com cuidado (essa atitude é semelhante a comer devagar). Evite se distrair muito ou conversar durante a refeição. Não assista à televisão ou fique diante do computador enquanto estiver comendo, e não leia enquanto estiver comendo. Esteja ciente do gosto e da textura do alimento, de todas as sensações envolvidas no ato de comer.

EXERCÍCIO: AJUDE SEU CORPO A SE SENTIR MELHOR

Há um número considerável de pesquisas que sustentam a utilidade do exercício no enfrentamento da ansiedade. Um programa de exercícios regulares pode ter efeitos positivos sobre uma ampla gama de transtornos de ansiedade. Os benefícios são tanto de curto prazo (você se sente melhor logo depois de fazê-los) quanto de longo prazo (você se sente melhor ao longo dos meses e dos anos). Os exercícios o ajudam a se manter em forma fisicamente, colaboram para sua confiança, aumentam seu vigor e melhoram sua aparência. O exercício aeróbico é particularmente importante para o seu sistema cardiovascular, embora outros tipos de exercício, como a musculação, tragam consideráveis benefícios à saúde também. Além disso, exercícios regulares ajudam a descarregar a energia nervosa que se desenvolve quando a ansiedade está presente.

Há duas abordagens fundamentais em relação ao exercício regular. Uma diz respeito à sua inserção na rotina diária. Por exemplo, caminhar ou pedalar até o trabalho se possível, ou subir as escadas do prédio onde você trabalha ou mora. Você pode levar seu cachorro para passear duas vezes por dia (o cachorros geralmente gostam). Toda vez que for possível, você pode caminhar em vez de dirigir até o *shopping*, até a casa de um amigo ou até o centro da cidade. As atividades feitas ao ar livre, tais como jardinagem ou juntar gravetos para a lareira também ajudam a manter a forma, embora não sejam muito aeróbicas. Mas todo exercício é, em geral, bom.

A outra abordagem é a de elaborar conscientemente um programa de exercícios para si mesmo. Você pode correr, andar de bicicleta ou caminhar. Pode entrar em uma academia de ginástica e fazer sessões de exercícios três ou quatro vezes por semana. Aulas de dança também são excelentes como exercício (você não precisa ser um especialista para participar). Se você gosta de tênis, vôlei ou futebol, poderá buscar grupos de pessoas com quem jogar. *Tai chi*, ioga ou artes marciais podem ser muito bons, e até mesmo uma caminhada em ritmo rápido no bairro, se feita regularmente, pode ser muito saudável. Não há escassez de opções: é só uma questão de selecionar o tipo de exercício que é bom para a sua idade ou para sua condição física. Não deve ser algo estressante ou além de seus limites. Por outro lado, é bom forçar um pouco o ritmo às vezes, da mesma maneira como você fez com os seus exercícios para a superação da ansiedade. Os exercícios adequados são aqueles que lidam com os seus limites.

Não é difícil elaborar um programa de exercícios que funcione na teoria. Contudo, o melhor programa é aquele que você realmente põe em prática.

Se você for como a maior parte das pessoas, o maior problema que terá com os exercícios é sua própria resistência a eles. Sem uma motivação especial, nossos corpos com frequência parecem tomados por uma certa inércia, uma tendência a fazer apenas o que é minimamente exigido (por exemplo, caminhar até a geladeira). Quando a resistência ataca, como você responde? A chance é a de que você começará a encontrar desculpas para não se exercitar regularmente. Da mesma maneira como aprendemos em relação à ansiedade, é bom ter ciência de sua resistência, reconhecer quais são as suas próprias desculpas. Quanto mais ciente estiver delas, mais clareza e disciplina você terá.

Analisemos algumas das desculpas mais comuns para evitar os exercícios. Consideremos ao mesmo tempo o que a voz da realidade poderia dizer em contraposição a elas.

1. **Estou muito ocupado.** Tudo o que você precisa é de trinta minutos. Você provavelmente passa mais tempo do que isso fazendo outras coisas nos intervalos de suas atividades. Passe meia hora fazendo algo que é bom para você e sinta-se melhor. Se não der prioridade à sua vida, estará solapando suas metas.
2. **Não moro perto de uma academia ou não posso pagar a mensalidade.** Você não precisa de uma academia para fazer os exercícios adequados. As pessoas estavam em melhor forma física antes da existência das academias. Você pode fazer abdominais, alongamentos ou correr pelo bairro, e muitas outras coisas, de graça.
3. **Não posso fazer nada que seja muito difícil.** Essa desculpa realmente não cola. Sempre há uma forma de exercício que é adequada; ninguém está pedindo para que você participe de uma supermaratona. Entrar em forma tem a ver com encontrar seus limites físicos e, aos poucos, mas firmemente, ampliá-los.
4. **Parecerei um idiota.** Ninguém se importa com o que você vai parecer; as pessoas têm outras coisas em mente. Elas o admiram por ter a disciplina para se exercitar. Além disso, o que é mais importante, sua vaidade ou seu bem-estar físico e mental?
5. **Simplesmente não me sinto motivado.** Minha resposta a isso é: "E daí?". Você está fazendo uma escolha que terá consequências. Você pode também optar por fazer coisas pelas quais não se sente motivado se pensa que elas melhorarão sua vida. Com os exercícios, a motivação geralmente vem depois.
6. **Fico muito cansado.** Você provavelmente fica cansado por não fazer exercícios. A longo prazo, a não ser que você sofra de alguma doença, o exercício melhorará sua histamina. Ficar um pouco mais cansado no início não é nada de terrível: indica que você está progredindo. Você provavelmente dormirá melhor.
7. **Estou planejando começar, mas esse não é o momento certo.** Essa desculpa é realmente insidiosa. A quem você pretende enganar? A verdade é que nunca haverá um momento certo. Quanto mais você adia as coisas, menos provavelmente você as fará. Viver no futuro é uma boa maneira de destruir as coisas. O momento certo para fazer algo é agora.
8. **Meus problemas são grandes demais para serem resolvidos pelo exercício físico.** Somente pelo exercício? Talvez. Mas o exercício melhorará seu humor, aumentará sua confiança, melhorará sua saúde e acalmará sua mente. Essas são soluções reais para os problemas, e não soluções triviais. Você ficará surpreso com sua eficácia.

Observe que nem todas essas desculpas estão em sua mente, como pensamentos. Cada uma delas diz respeito a uma crença limitadora a que você está se apegando. Lide com esses pensamentos exatamente da mesma maneira como vem lidando com os pensamentos de ansiedade que enfrentou em nossos exercícios. Esteja ciente deles, examine-os e examine as hipóteses em que se baseiam e ponha-os em questão. Já que nenhum deles serve a seus interesses, não há razão por que eles devam ter qualquer poder sobre você.

D

Medicamentos

Antes de você pensar em medicamentos, deve pedir a seu médico que realize um exame médico completo. Informe-o sobre quaisquer medicamentos (incluindo aqueles que compramos no balcão da farmácia, suplementos alternativos, etc.) que esteja tomando. Alguns sintomas de ansiedade podem se dever a problemas clínicos, e outros medicamentos podem interagir negativamente com o que se toma para a ansiedade. Informe seu médico se estiver usando álcool, já que a bebida e os remédios podem ter efeitos negativos. Não tente se automedicar.

A maior parte dos transtornos da ansiedade podem ser tratados em algum momento com a medicação, embora possam não ser o melhor modo de melhorar. As pessoas que têm uma determinada fobia (tal como medo de voar, medo de altura ou de algum outro estímulo determinado) ficam melhores sem medicação. Isso ocorre porque pode haver interferência da medicação antiansiedade na superação de alguma fobia, e a medicação tende a anestesiar ou a suprimir tal medo. Os medicamentos podem ter um impacto positivo sobre todos os outros transtornos de ansiedade, mas uma vez interrompidos, há boa chance de que os sintomas retornem.

É por isso que recomendo os tipos de tratamento delineados neste livro. A terapia cognitivo-comportamental tem efeitos mais duradouros. Você pode desejar tomar medicamentos no início, a fim de reduzir alguns dos sintomas do surgimento da crise (batimentos cardíacos rápidos, suor, tensão muscular, etc.), mas nenhuma medicação o ensinará a habilidade de controlar permanentemente sua ansiedade. Já a terapia cognitivo-comportamental, sim.

Não obstante, é bom conhecer quais são as principais opções de medicamentos. Você pode conversar sobre eles com seu médico.

BENZODIAZEPÍNICOS

Os benzodiazepínicos são as medicações antiansiedade cuja atuação é mais rápida. Algumas delas têm, nos Estados Unidos, o nome comercial de Frontal, Rivotril, Lorax e Valium. Começam a agir quase que imediatamente – em geral, em 30 minutos. Seu médico talvez queria começar o tratamento com benzodiazepínicos para dar a você algum alívio imediato. Contudo, a maior parte dos pacientes preferirá diminuir a dosagem depois de duas ou três semanas, a fim de evitar efeitos colaterais ou, até mesmo, a adição. Alguns pacientes continuarão a usar benzodiazepínicos durante alguns meses, juntamente à terapia cognitivo-comportamental e outros medicamentos antidepressivos. Evite o uso de álcool enquanto estiver tomando benzodiazepínicos. Efeitos colaterais são: letargia, sedação e dificuldade de concentração.

Os benzodiazepínicos são úteis para o alívio de crises de ansiedade nos transtornos de pânico, de ansiedade generalizada (TAG) e de ansiedade social (TAS). Um típico curso de tratamento envolve começar com benzodiazepínicos por alguns meses e juntamente com outra classe de medicamentos – por exemplo, os ISRS (ver abaixo). Você só deve reduzir a dosagem dos benzodiazepínicos de acordo com a orientação do médico, já que a interrupção rápida da medicação pode resultar em um aumento significativo da ansiedade.

INIBIDORES SELETIVOS DE RECAPTAÇÃO DE SEROTONINA (ISRS)

Os inibidores seletivos da recaptação da serotonina são frequentemente identificados como medicamentos antidepressivos, embora também sejam hoje amplamente usados para o tratamento dos transtornos de ansiedade. Eles podem ser usados para o transtorno de pânico, para o transtorno obsessivo-compulsivo (TOC), para o transtorno de ansiedade generalizada (TAG), para o transtorno de ansiedade social (TAS) e para o transtorno de estresse pós-traumático (TEPT). Os ISRS mais receitados são: Prozac, Zoloft, Paxil, Luvox, Procimax e Lexapro. Diferentemente dos benzodiazepínicos, que começam a atuar, na maior parte dos casos, em 30 minutos, os inibidores seletivos da recaptação da serotonina demoram muito mais para serem eficazes – geralmente de duas a oito semanas. Seu médico pode gradualmente aumentar a dosagem de sua medicação, a fim de permitir que você se ajuste à dosagem e evite efeitos colaterais (como menor desejo sexual, dores de cabeça e insônia). Muitos efeitos colaterais desaparecerão ou se tornarão menos desagradáveis depois de algumas semanas, conforme você se habitua à medicação, embora algumas das pessoas continuem a senti-los mesmo com o uso continuado (os efeitos colaterais se relacionam também ao nível de dosagem adotado). Às vezes, seu médico pode usar uma dosagem mais baixa de um ISRS e acrescentar uma medicação que possa aumentar a efetividade de ambas as drogas. Contudo, você não deve tomar um ISRS se também estiver tomando um IMAO (inibidor de monoaminoxidase, ver a seguir), tal como o Nardil ou o Parnate. Seja qual for a medicação, certifique-se de consultar seu médico antes de reduzir ou interromper seu uso.

ANTIDEPRESSIVOS TRICÍCLICOS

Os antidepressivos tricíclicos são uma classe mais antiga de medicamentos que podem ser bastante úteis para a ansiedade – especialmente para o transtorno de pânico. Exemplos desses antidepressivos: Anafranil, Aventyl, Adapin, Ludiomil, Surmontil e Tofranil. Os antidepressivos tricíclicos são menos prescritos hoje por causa dos possíveis efeitos colaterais, que incluem boca seca, constipação, sedação, ganho de peso e se sentir excessivamente estimulado.

BETABLOQUADORES

Os betabloqueadores são medicamentos frequentemente usados para o tratamento de pressão alta (hipertensão), mas podem também ser usados no curto prazo para "ansiedade de desempenho". Os betabloqueadores diminuem a excitação que algumas pessoas temem. Algumas delas consideram os betabloqueadores úteis para falar em público ou para apresentações musicais. O Inderal e o Atenol são comumente prescritos. Devem ser usados sob a orientação de seu médico.

INIBIDORES DA MONOAMINOXIDASE

Os inibidores da monoaminoxidase são uma classe de medicamentos que podem ser úteis para os transtornos de ansiedade. Esses medicamentos foram inicialmente usados para o tratamento da depressão, mas também se revelaram eficazes para a ansiedade. O

Parnate e o Nardil são inibidores comuns, mas exigem sério controle das bebidas e comidas ingeridas. Podem ocorrer reações negativas sérias quando os remédios interagem com as substâncias presentes em certos alimentos e bebidas. Por isso, você deve seguir as orientações cuidadosamente ao usá-los. Podem também ter efeitos negativos sérios quando combinados com outros medicamentos.

MEDICAMENTOS ANTIPSICÓTICOS

Os medicamentos antipsicóticos são às vezes usados para reduzir a agitação e o pensamento obsessivo. Usar esses medicamentos não quer dizer que você seja "psicótico" – na verdade, esses remédios já foram denominados "tranquilizantes". Seu médico pode querer usar esses remédios se você tiver dificuldade de evitar a ansiedade ou de compreender o quanto suas ideias são rígidas ou extremas (como nos casos do transtorno obsessivo-compulsivo). Medicamentos antipsicóticos mais recentes têm menos efeitos colaterais do que os antigos. Os que são mais prescritos nos Estados Unidos são: Zyprexa, Leponex, Risperdal, Geodon e Seroquel. Você deve contar com supervisão médica rigorosa para usar esses remédios. Alguns efeitos colaterais possíveis são: ganho de peso, resistência à insulina e tontura.

Use os quadros a seguir para uma lista dos medicamentos comumente usados para a ansiedade. Sempre consulte seu médico e sempre leia a bula dos remédios que consumir.

BENZODIAZEPÍNICOS
Transtornos de ansiedade visados: transtorno de ansiedade generalizada, transtorno de pânico, transtorno de ansiedade social

NOME COMERCIAL	NOME GENÉRICO	EFEITOS COLATERAIS COMUNS
Lorax Rivotril Psicosedin Serax Tranxene Valium Frontal	Lorazepam Clonazepam Clordiazepóxido Oxazepam Clorazepate Diazepam Alprazolam	Sedação, tontura, instabilidade, fraqueza, desorientação, náusea, sonolência, dores de cabeça, mudança de apetite, ganho ou perda de peso, perturbações do sono, fadiga, letargia, ataxia, confusão, visão embaçada, boca seca, desidratação, constipação, várias reclamações de ordem gastrointestinal, aumento e diminuição da libido, disfunção sexual, depressão.

INIBIDORES SELETIVOS DA RECAPTAÇÃO DA SEROTONINA (ISRS)
Transtornos de ansiedade visados: transtorno de pânico, transtorno de ansiedade social, transtorno de estresse pós-traumático, transtorno de ansiedade generalizada, transtorno obsessivo-compulsivo

NOME COMERCIAL	NOME GENÉRICO	EFEITOS COLATERAIS COMUNS
Procimax Lexapro Luvox Prozac Paxil Zoloft	Citalopram Escitalopram Fluvoxamina Fluoxetina Paroxetina Sertralina	Dor abdominal, insônia, sonolência, agitação, inquietação, ansiedade, nervosismo, fadiga, tontura, tremores, boca seca, impotência, náusea, suor, ganho de peso, diminuição do apetite, mudanças na libido, ejaculação anormal, disfunção sexual masculina, reclamações de ordem gastrointestinal, astenia, diarreia, constipação.

ANTIDEPRESSIVOS TRICÍCLICOS

Transtornos de ansiedade visados: transtornos de pânico, transtorno de estresse pós-traumático, transtorno de ansiedade generalizada, transtorno obsessivo-compulsivo (somente Anafranil)

NOME COMERCIAL	NOME GENÉRICO	EFEITOS COLATERAIS COMUNS
Adapin Sinequan Anafranil Aventyl Pamelor Elavil Endep Laroxyl Norpramin Surmontil Tofranil Presamina Vivactyl	Doxepin Clomipramina Nortriptilina Amitriptilina Desipramina Trimipramina Imipramina Protriptilina	Boca seca, visão embaçada, constipação, sonolência, fadiga, erupção cutânea, náusea, vômitos, inquietude, insônia, perturbações do sono, pesadelos, entorpecimento, zunidos, perda/ganho de peso, aumento do apetite, anorexia, suor, calafrios, tremores, tontura, nervosismo, aumento do apetite, pensamento anormal, depressão, hipo/hipertensão, desorientação, ansiedade, pânico, hipomania, derrame cerebral, arritmia, coma, ataques, alucinações, delírios, confusão mental, inchaço dos testículos, aumento dos seios, palpitações, problemas relativos à medula óssea, exacerbação da psicose, infarto do miocárdio, impotência, aumento/diminuição da libido, problemas com a ejaculação.

BETABLOQUEADORES

Transtornos de ansiedade visados: transtorno de ansiedade, transtorno de pânico

NOME COMERCIAL	NOME GENÉRICO	EFEITOS COLATERAIS COMUNS
Inderal Atenol	Propranolol Atenolol	Insônia, fadiga, fraqueza, batimentos cardíacos irregulares, tontura, náusea, diarreia, falta de fôlego, erupções cutâneas, perda de apetite, ganho de peso, febre, desmaios, inchaço das mãos, das pernas, dos tornozelos ou dos pés, frio nas extremidades do corpo, impotência, mudanças na libido.

ANTIDEPRESSIVOS – INIBIDORES DA MONOAMINOXIDASE

Transtornos de ansiedade visados: transtorno de pânico, transtorno de ansiedade social, transtorno de estresse pós-traumático

NOME COMERCIAL	NOME GENÉRICO	EFEITOS COLATERAIS COMUNS
Marplan Nardil Parnate	Isocarboxazida Fenelzina Tranilcipromina	Hipotensão ortostática, tontura, constipação, diarreia, dores abdominais, dores de cabeça, tremores, boca seca, fraqueza, fadiga, sonolência, náusea, perturbação do sono, perda/ganho de peso, perturbações sexuais, suor, erupções cutâneas, visão embaçada, reação maníaca, reação da ansiedade aguda, inquietude ou insônia, calafrios.

MEDICAMENTOS ANTIPSICÓTICOS

NOME COMERCIAL	NOME GENÉRICO	EFEITOS COLATERAIS COMUNS
Abilify Leponex Geodon Risperdal Seroquel Zyprexa	Aripiprazola Clozapina Ziprasidona Risperidona Quetiapina Olanzapina	Náusea, vômitos, constipação, insônia, sonolência, aumento do período de sono, sedação, fraqueza, fadiga, tontura, boca seca, sintomas de frio, febre, tosse, coriza, aumento/diminuição do peso, inquietação, tremores, erupções cutâneas, movimentos involuntários, contrações das extremidades, discinesia tardia, batimentos cardíacos irregulares, batimentos cardíacos rápidos, pressão sanguínea irregular, visão embaçada, dor muscular, espasmos rigidez muscular, salivação excessiva, ansiedade, sintomas extrapiramidais, hipotensão postural, dores nas costas, hipotensão ortostática, níveis aumentados de prolactina, síncope vasovagal, transtornos da personalidade.

Informações atualizadas sobre uma ampla gama de medicamentos podem ser encontradas no seguinte *site*:

www.anvisa.gov.br/medicamentos

Quase todos os medicamentos têm efeitos colaterais. A questão é o quanto esses efeitos são comuns, se são sérios e como equilibrar o risco em relação aos efeitos dos medicamentos utilizados. Você deve fazer uma lista de quaisquer reações negativas que tenha notado aos medicamentos no passado. Deve, também, ter uma lista de todas as prescrições atuais que lhe foram feitas, de todos os medicamentos que compra habitualmente no balcão da farmácia e de medicamentos alternativos ou "naturais". Passe essas listas ao seu médico. Alguns medicamentos aumentam a potência dos demais. Outros podem interagir negativamente com os demais.

Somente o trabalho conjunto com seu médico pode levar à escolha certa. A automedicação nunca é uma boa ideia. As pessoas enfrentam problemas quando tentam se automedicar.

E

*Mindfulness**

Se você sofre de um transtorno de ansiedade, este apêndice pode lhe oferecer uma ferramenta prática para lidar com ele. Recomendo fortemente a todo leitor que não o tenha feito ainda que investigue seus benefícios.

O que é *mindfulness*? Uma coisa deve ficar óbvia para tudo o que eu disse neste livro: muito do sofrimento que nossa ansiedade causa se cria em nossas mentes. Já que isso é verdade, vale a pena fazer uma pergunta fundamental: há uma maneira de mudar a função de nossas mentes? Quando tememos algo que nossa razão nos diz não ter por que temer, e quando o medo surge em nossas vidas, obscurece nosso humor, restringe nossas atividades, prejudica nossos prazeres e ameaça nossa saúde e sobrevivência, talvez seja bom pensar se há ou não uma alternativa. Será que há alguma espécie de técnica que permite a nossas mentes ver mais claramente o que está acontecendo fora delas, sem as distorções e ilusões que sempre surgem?

As pessoas de muitas tradições diferentes do mundo todo e que têm se debruçado sobre essa questão – professores, psicólogos, religiosos, autoridades médicas – insistem que sim. *Mindfulness* não é nada de místico ou exótico. É simplesmente uma maneira de experimentar o mundo (incluindo seu mundo interno) pela qual você fica inteiramente ciente *no momento presente* do que está acontecendo. Estar plenamente ciente significa não estar pensando, julgando ou tentando controlar o que está acontecendo. Tudo isso está distante da conscientização. Por exemplo, quando estou ciente de minha respiração, simplesmente a percebo aumentar e diminuir. Centralizo minha atenção nela sem tentar controlá-la ou sem tentar julgar se o que estou fazendo está correto. Estou simplesmente no momento, notando-a e vivendo-a.

Essa prática está no âmago de muitas formas de meditação oriental, especialmente da budista. Porém, não precisamos ser um budista, ou sequer saber os fundamentos do budismo, para a realizarmos. É simplesmente uma maneira de observar a experiência *diretamente*, em vez de observá-la por meio de uma série de conceitos, ideias e opiniões. A prática de *mindfulness* nos oferece uma clareza que existe apenas quando nosso pensamento fica suspenso. Melhor de tudo, é uma técnica que está disponível a todos. Não precisamos ser mestres da meditação para gozarmos de seus benefícios. Para provar isso a si próprio, você pode tentar respirar com atenção nos próximos cinco minutos.

Comece colocando-se em uma posição confortável. Não é preciso ser com as

* N. de R.T. Como esse termo se trata de um neologismo da língua inglesa, optou-se por mantê-lo no original – *mindfulness* – em vez de conscientização, plena atenção ou outros termos frequentes, de modo a prevenir confusões conceituais.

pernas cruzadas – você pode se ajoelhar em uma almofada ou sentar em uma cadeira. É bom manter a coluna em posição ereta. Feche seus olhos. Comece por colocar sua atenção em sua respiração. Perceba como o ar entra e sai, como a respiração sobe e desce. Ela faz isso por conta própria, você não precisa fazer nada para que a respiração ocorra. Continue a observar a respiração, momento a momento, conforme ela flui. O que você observará a seguir (provavelmente em poucos segundos) será a mente fugindo da respiração e passando ao mundo do pensamento. Talvez você fique distraído por alguma preocupação, por alguma apreensão, por algum sentimento de que você deveria estar fazendo alguma coisa em vez de só ficar sentado aí. Ou, ao ouvir certos sons, você pode começar percebendo qual é a origem deles ou o que eles querem dizer. Você pode começar a pensar no jantar de hoje à noite, no jogo de ontem ou em como as coisas estão indo no trabalho. Não importa qual seja o conteúdo do pensamento. A chave é esta: tão logo você se torne ciente de que a atenção se desviou, traga-a, suave, mas firmemente, de volta à sua respiração, de volta ao momento. Faça isso sem comentário ou julgamento, simplesmente traga-a de volta. Tantas vezes quanto a mente fugir, simplesmente perceba o fato e traga a sua atenção de volta à respiração. Faça isso enquanto estiver disposto. Conforme você praticar a atenção plena, provavelmente ficará apto e motivado a ampliá-la a períodos mais longos.

Se você é uma pessoa que sofre de ansiedade, praticar a atenção plena pode ajudá-lo a enfrentar as causas primeiras de sua preocupação – seu medo, sua tensão, sua crença equivocada de que está em perigo contínuo. Ela o ajudará a ficar no presente, momento em que a ansiedade não existe (a ansiedade se constrói a partir do passado e do futuro). Ela acalmará sua mente e relaxará seu corpo. Se você mantiver essa prática, poderá constatar a intensidade de sua ansiedade diminuir consideravelmente.

Inicialmente, nada disso parece ter muito a ver com as principais "questões" de sua vida. Mas tem. Isso ocorre porque a prática da atenção plena está conectada de maneira muito profunda a nossos pensamentos – ou melhor, com a relação que temos com nossos pensamentos. Estar no momento presente indica estar afinado ao que está acontecendo: nossa respiração, o som do tique-taque do relógio, uma dor nas costas. Mas o que está acontecendo no momento *também inclui nossos pensamentos*. Os pensamentos são eventos aos quais nós dirigimos nossa atenção. Como as sensações de nossa respiração, os pensamentos surgem na mente e passam, vindo à existência e deixando de existir sem nenhum esforço aparente de nossa parte.

Costumamos não tratar nossos pensamentos dessa maneira. Nós os tratamos como se eles fossem a realidade, em vez de imagens que infalivelmente descrevem a realidade. Se pensamos que algo é de determinada maneira, então *é*. Formamos conceitos abstratos, tais como "o trânsito está insuportável" ou "minha vida é uma bagunça", e os aceitamos como verdade. Se pensamos em alguém como uma pessoa boa ou má, então é isso o que essa pessoa será. O pensamento conceitual nos dirige – nunca mais completamente e mais poderosamente do que quando estamos ansiosos. Nós nos preocupamos com o fato de alguma coisa terrível acontecer e, prontamente, a ameaça se torna real. Percebemos que nossa ansiedade está nos informando que todas as coisas "lá fora" no mundo sobre as quais precisamos nos preocupar. A ansiedade, mais do que qualquer outro processo humano, depende da crença de que nossos pensamentos são descrições acuradas da realidade.

Mas podemos ver nossos pensamentos de maneira diferente. Podemos considerar um pensamento como *somente um pensamento* – um evento mental, sem conexão necessária ao que acontece no mundo. Em vez de sermos apanhados pelo *conteúdo* de nossos pensamentos, podemos simplesmente notá-los no momento – do mesmo modo como fizemos com nossa respiração. É possível, em poucas palavras, *estarmos cientes de nossos próprios pensamentos, isto é, termos atenção plena em relação a eles.* Isso muda totalmente nossa relação com eles. Quando consideramos nossos pensamentos como parte do fluxo de consciência, quando eles são apenas fenômenos que simplesmente passam pela mente, em vez de descrições supostamente corretas da realidade, seu poder sobre nós repentinamente parecerá muito menor. Em vez de reagir com frases do tipo "Ah, isso é péssimo" ou "Preciso agir imediatamente", poderíamos dizer "Ah, aí está aquele pensamento de novo". Observando nossos pensamentos irem e virem, percebemos o quanto eles são efêmeros, o quanto estão pouco conectados a qualquer coisa de importante. Não precisamos mais "obedecer" a eles.

Se você sofre de ansiedade, esse *insight* é útil. Uma maneira de aplicá-lo é perceber, quando fizer o exercício de atenção plena anteriormente descrito, todos os pensamentos que vêm à sua mente. Provavelmente uma boa quantidade deles ficará sob a categoria de ansiedades ou preocupações, variando do trivial ao sério: "Estou fazendo a coisa certa", "Será que isso vai ficar entediante?", "Será que a dor nas minhas costas vai sumir?", "Será que o tratamento de canal que terei de fazer na próxima semana vai doer muito?", "Será que vou entregar o relatório a tempo?", "Será que vou conseguir pagar a hipoteca?", "Será que minha mulher/marido vai me deixar?", "Será que vou ter câncer?", "Sou uma pessoa desprezível?", "A minha vida é uma bagunça?". Tente estudar esses pensamentos de ansiedade como você estudaria as folhas de uma planta, as ondas do mar, ou as chamas de uma fogueira. Desligue-se do seu conteúdo e simplesmente veja o quanto eles são *interessantes*. Mantenha-se no presente com eles. Se o fizer, perceberá quase com certeza uma mudança na urgência com que eles se lhes apresentam. Sua mente começará a se acalmar, sua respiração ficará mais profunda, e uma sensação de paz começará a penetrar em sua consciência.

Se fizer isso uma ou duas vezes por dia durante um período de dias ou semanas, provavelmente notará duas coisas. Uma delas é que a frequência de seus pensamentos de ansiedade começará a diminuir por conta própria. A outra é que você se sentirá menos agitado quando tais pensamentos surgirem. O objetivo não é tentar extinguir seus pensamentos de ansiedade – o que teria o efeito oposto de fortalecê-los –, mas simplesmente tentar ficar mais ciente deles. Conforme você se acostumar a observar suas ansiedades irem e virem, sua mente ficará acostumada com elas, da mesma maneira como quando realiza alguns dos exercícios da hierarquia do medo descritos neste livro. A ansiedade se tornará menos um inimigo terrível e mais uma companhia familiar. Você começará a aprender com ela. Você começará a entender o que significa experimentar a ansiedade e *não* ser tomado por ela, *não* se identificar com ela, *não* acreditar no que ela está lhe dizendo.

Se isso funcionar para você, considere transformar a atenção plena em uma presença constante na sua vida. A prática regular da meditação é geralmente útil. Aulas e *workshops* que oferecem instruções básicas de meditação estão presentes em quase todo lugar no Brasil, ao passo que retiros de longo prazo estão disponíveis para quem deseja ir mais fundo. Os princípios e técnicas fundamentais são bastante universais; as diferenças de abordagem são menos importantes do que as abordagens têm em comum. Uma coisa que você rapidamente verá é que esse assunto é altamente relevante para as questões discutidas neste livro. Desenvolver a habilidade de *mindfulness* é útil para qualquer pessoa interessada em dominar a ansiedade.

F

Depressão e suicídio

O tema da depressão é vasto – está muito além do escopo deste livro (em breve, espero publicar um livro de autoajuda sobre o tema). Mas a depressão é também um fator importante quando se trata do transtorno de ansiedade. Todos os transtornos de ansiedade que examinamos podem levar à depressão, especialmente quando a condição for severa e o paciente tiver lutado por muito tempo sem sucesso aparente. Os sintomas de depressão podem se misturar com os da ansiedade, tornando difícil saber qual condição está sendo experimentada e qual é o tratamento adequado. E um determinado indivíduo pode estar predisposto a ambas as condições, seja por razões psicológicas, seja por razões biológicas – mesmo em termos de química corporal. Assim, qualquer abordagem abrangente da ansiedade deve levar em conta a natureza e as consequências da depressão baseada na ansiedade. Neste apêndice, eu simplesmente apresentarei alguns pontos principais, oferecendo algumas poucas sugestões para lidar com essa condição debilitante.

O que é depressão? Não há um sintoma que defina a depressão. Ela pode consistir em tristeza, falta de energia, perda de interesse, indecisão, autocrítica, arrependimentos, desesperança, irritabilidade, afastamento, mudanças de apetite e perturbações do sono. Os seus sintomas particulares são frequentemente acompanhados por pensamentos negativos específicos sobre si próprio, o futuro e a sua experiência presente. Por exemplo, você pode pensar: "Não gosto de nada", "Não consigo terminar nada", "Nada do que eu faço dá certo", "Sou um fracasso", "Ninguém me aceitaria assim".

Não obstante, há alguns passos muito concretos que você pode dar que podem ser um bom começo. Confiar na possibilidade de que seu perfil *pode* mudar é o primeiro passo. Aqui estão alguns passos que darão início ao processo.

SUPERANDO A DEPRESSÃO

Observe seu humor

A depressão pode parecer uma sombra que se coloca sobre a sua vida. Na realidade, seu perfil muda o tempo todo, dia e noite, momento a momento, dependendo do que você estiver fazendo e do que estiver acontecendo a seu redor. Uma mulher disse: "Sinto-me muito mal sempre". Pedi a ela que cuidasse de sua negatividade em uma escala de 0 a 10 a toda hora do dia, observando suas atividades. Ela constatou que sua depressão não era nem um pouco monolítica como imaginava. O pior da depressão vinha quando ela estava sentada em casa, ruminando sobre o quanto sua vida era terrível. Do contrário, sentia-se muito melhor quando estava trabalhando, exercitando-se ou falando com os amigos (até mesmo falar sobre a depressão já trazia alguma melhora). Ela não estava no ponto de dizer que a depressão já tinha sumido totalmente, mas o fato de que havia oscilações sugeria que era possível lidar com o problema.

Agende atividades prazerosas

Você pode sentir que sua depressão torna impossível desejar alguma coisa. Reconheça esse sentimento, mas não permita que ele o paralise. Faça coisas prazerosas para você, mesmo quando não sente vontade. Em geral, estimulo meus pacientes deprimidos a simplesmente sair e a aproveitar a vida – ou, pelo menos, a fazer atividades que *seriam* prazerosas sob melhores circunstâncias. Tais atividades podem incluir caminhadas, socialização no final de semana, visita ao museu; ou, simplesmente, coisas como um banho quente, música, filmes ou leitura. Entregar-se a pequenos prazeres que você pode desfrutar no momento afetará, em última análise, o seu humor como um todo.

Também é útil planejar com antecedência, tendo-se um perfil positivo em mente. Tenha um cronograma de atividades em seu calendário que faça com que você queira fazer o que lá estiver – uma espécie de "menu de recompensas" que contenha eventos interessantes ou empolgantes para o dia seguinte, para a próxima semana, mês ou ano. Você pode planejar explorar a cidade, ou localidade onde vive. Pode ingressar em clube de caminhadas ou conhecer as trilhas de bicicletas existentes. Pode se matricular em aulas de desenho (qualquer aula é, em geral, uma oportunidade para encontrar pessoas novas e interessantes) ou começar a aprender um instrumento musical. Conforme você buscar fazer essas atividades, constatará que elas competirão por um espaço com os cenários de depressão anteriormente presentes em sua mente. A vida começará a parecer mais com uma série de altos e baixos do que com um abatimento constante. Será algo que apresentará possibilidades.

Fique conectado

Conectar-se a outras pessoas é um grande marco de resistência à depressão. Quando você está deprimido, em geral há a tendência de se isolar. Você se retira de seus relacionamentos porque não se sente à vontade para interagir socialmente, porque se sente envergonhado de sua condição ou porque está de mau humor. Isso piora o problema. As pessoas que se mantêm conectadas a seus amigos, que desejam interagir, que estão abertas a novos relacionamentos, tendem a se recuperar mais da depressão. Em vez de ser uma razão para o isolamento, seu estado depressivo oferece uma excelente chance para você se envolver em grupos ou organizações, para renovar velhas amizades, para se socializar regularmente. Você pode pensar: "Sou um fardo para meus amigos" – mas ponha esse pensamento em questão e ligue para eles, falando sobre as coisas positivas que você está planejando, e tente apoiá-los. Ou você pode pensar: "Faz muito tempo que não ligo para eles. É certo que vão estar aborrecidos comigo". Teste essa hipótese, ligando para uma série de amigos, dizendo a eles que você andou ocupado; desculpe-se e faça planos com eles.

Saia de dentro de si

A autoabsorção é um aliado da depressão. Ela o mantém preso nas malhas da autopiedade e do pensamento negativo. Tentar fazer coisas novas e passar por novas experiências é uma boa maneira de romper com essa situação. Já vi pessoas se beneficiarem muito por decidirem fazer coisas como ioga, meditação, aulas de música, caminhar, andar de bicicleta, aprender a cozinhar, dançar, ler, reencontrar velhos amigos, viajar, entrar em equipes esportivas e grupos religiosos e pesquisar assuntos interessantes – quase qualquer coisa que você possa imaginar. O crescimento pessoal geralmente não é levado a sério, mas é um remédio maravilhoso para a depressão.

Uma das melhores coisas – o que nunca é demais recomendar – é fazer algo pelos outros. Nada vai mudar sua atitude em relação à sua vida tanto quanto dar conta das necessidades dos outros; em geral, isso ajuda a colocar seus próprios problemas em perspectiva. Um paciente meu que estava terrivelmente deprimido em relação a seu trabalho constatou que o que acabou com sua depressão foi o ato de trabalhar com pessoas sem-teto: "Simplesmente comecei a sentir algo diferente em relação a mim mesmo. Parei de centrar toda a atenção em mim e fiquei muito mais feliz". O trabalho voluntário, ou o trabalho que se faz com pessoas que estejam passando dificuldades, pode ser o melhor dos remédios. Vi pessoas se transformarem completamente por causa de tais experiências. Você pode também usar seu tempo como voluntário para ajudar animais. Uma mulher que se sentia sozinha e isolada, depois que passou a atuar como voluntária em um abrigo para animais de sua cidade, constatou que passou a se sentir bem melhor ao estar ao lado dos animais e das pessoas que cuidavam deles.

Pratique a autocompaixão

Você precisa de alguém a seu lado que o estimule durante os momentos mais difíceis. Alguém que lute por você. Alguém que sempre esteja presente quando você precisar. Se você é como a maioria das pessoas deprimidas, tem sido o seu pior inimigo boa parte das vezes. Por isso, peço-lhe para acreditar que é seu melhor amigo.

Se seu melhor amigo estivesse se sentindo deprimido, o que você diria para apoiá-lo? O que você faria para animá-lo? Se ele se sentisse um fracasso, o que você lhe diria para que se sentisse querido e amado?

Você precisa ter você mesmo do seu lado.

Se você for como a maioria das pessoas deprimidas, esse não foi geralmente o seu papel. Você é, provavelmente, seu crítico mais duro, seu conselheiro mais pessimista, o sabotador de todos os seus esforços para ser feliz.

Normalmente, um elemento fundamental da depressão é a falta de autoaceitação. As pessoas que não se sentem bem em relação a si mesmas enfrentam dificuldades para se sentirem bem em relação à própria vida. Ao lutar contra a depressão, é importante estar ciente das muitas maneiras pelas quais você se julga por suas falhas – e se libertar desses julgamentos. Você pode ter cometido erros em sua vida; como todos nós, você tem muitas imperfeições. Não obstante, você é um ser humano digno de amor e de compaixão. Nenhum dos seus erros ou falhas pode mudar isso de maneira alguma. Se você começar a praticar a gentileza em relação a si próprio em todos os seus pensamentos e ações, você terá muito menos motivos para se deprimir.

Examine seus pensamentos negativos

Se você seguiu os procedimentos deste livro, já fez isso extensivamente com os seus pensamentos de ansiedade. Não é diferente com a depressão. O pensamento pode ser "Jamais vou superar isso". Na verdade, você não pode saber, já que não tentou tudo. Seu pensamento pode ser também: "Sou um fracasso total". Mas, na verdade, há provavelmente muitas coisas sobre você mesmo de que os outros gostam. Ou você pode dizer a si próprio que está deprimido todo o tempo, quando, na verdade, seu humor flutua constantemente. O fato é que nenhuma das suas avaliações da situação é necessariamente acurada. Elas são simplesmente pensamentos que sua mente criou. E, como vimos, a melhor maneira de se libertar da tirania de seus pensamentos é ficar ciente que eles são *pensamentos*.

Há alguns anos, tive uma paciente que estava se sentindo ansiosa e deprimida em relação a seu casamento, que estava terminando. Era uma mulher inteligente, bem apessoada e gentil. Eu achava que a vela e o *windsurf* eram esportes empolgantes, e sugeri que ela tivesse algumas aulas para aprender a velejar. Então, ela começou a encontrar pessoas que saíam toda semana de barco e começou a fazer parte das tripulações. Passou uma semana nas Ilhas Virgens, onde encontrou um jovem com quem começou a se corresponder, a namorar e a navegar junto.

Cerca de dois anos depois de finalizada a terapia, recebi um *e-mail* dela com uma foto. Ela havia se casado como marinheiro, e estavam literalmente navegando pelo mundo.

Sei que parece um conto de fadas.

Mas, às vezes, os sonhos se realizam.

Aprendi com meus pacientes (que me ensinam todos os dias) que nada é insolúvel quando trabalhamos juntos para encontrar uma solução.

SUICÍDIO

O suicídio pode ser considerado o último resultado da depressão, especialmente quando esta não é tratada ao longo do tempo. E já que a ansiedade severa e crônica está altamente correlacionada com a depressão, torna-se um bom indicativo do risco eventual de suicídio. Se um transtorno de ansiedade o levou à depressão, e se essa depressão, por sua vez, levou você a pensar em se machucar ou se matar, é importante buscar ajuda imediatamente. O primeiro passo é consultar um profissional treinado que o ajudará a avaliar seu risco de suicídio. As seguintes questões são pertinentes:

1. Quais são suas razões para viver e para morrer? Aquelas suplantam estas?
2. Você já tentou se machucar no passado? Em caso positivo, você acha que de fato queria morrer, ou você, na verdade, queria mandar uma mensagem a alguém sobre seu sofrimento?
3. Quando você pensa em suicídio, sente-se como se tivesse de se submeter a tal pensamento ou sente que tal pensamento o está perturbando?
4. Você já planejou se suicidar ou escrever uma carta de suicida?
5. Você já ameaçou abertamente se suicidar?
6. Quando pensa em suicídio, você se sente em uma espécie de transe?
7. Você está tomando os remédios prescritos por seu médico?
8. Você está bebendo em excesso ou usando drogas não prescritas pelo médico?
9. Você consegue prometer que não fará nada para se machucar antes de conversar com um profissional?

Por trás do impulso ao suicídio está a desesperança. As pessoas que estão profundamente deprimidas invariavelmente exprimem sentimentos de falta de esperança, seja porque têm sofrido grandes perdas, seja porque têm lutado com seus problemas por muito tempo sem sucesso, seja porque têm uma autoimagem extremamente ruim. Ainda assim, com o tratamento terapêutico adequado (suplementado por medicamentos), os sentimentos de desesperança podem ser erradicados. Você pode ainda ter problemas, mas sua crença em sua capacidade de lidar com eles pode se fortalecer drasticamente.

Para quem se sente desesperado, eis algo bom a saber. Comece por questionar sua própria desesperança. Por que você está desesperado? É porque você acha que sua depressão nunca vai acabar? Por que você pensa assim? Talvez você tenha tentado uma série de medicamentos e constatou que são ineficazes. Posso garantir que você não testou todas as combinações possíveis de medicamentos. Muitos psiquiatras tentam uma dosagem de diferentes tipos de drogas, ajustando as quantidades, mensurando os efeitos colaterais e testando várias combinações. Às vezes, é preciso encontrar a combinação certa para se ter sucesso, mesmo quando nenhuma droga ou mesmo determinada classe de drogas seja a resposta em si. Alguns medicamentos são especificamente úteis na inibição de tendências suicidas temporariamente, até que outros tratamentos tenham o tempo necessário para se tornarem eficazes (ver Apêndice D: Medicamentos). Há também tratamentos mais drásticos. Apesar das preocupações do passado em relação ao tratamento eletro-convulsivo, mais de 90% dos pacientes que passaram por ele dizem que o fariam de novo. Na verdade, nenhum tratamento para a depressão provou ser o mais eficaz. Devemos considerar todas as possibilidades antes de concluir que a situação é irremediável.

Talvez a desesperança derive do fato de que você testou certas psicoterapias (ou outras abordagens, como exercícios, cura natural, meditação ou aconselhamento espiritual) que não funcionaram. É o mesmo que ocorre com a medicação: todas essas coisas têm o potencial de ser úteis, mas nenhuma delas pode ser, em si, a resposta. O tratamento eficaz para a depressão em geral envolve uma série de abordagens, especialmente quando são inteligentemente coordenadas por você, com a ajuda de algum sistema de apoio que você seja capaz de reunir. Quanto mais recursos você tiver, melhor; mas não se sinta desestimulado meramente porque um determinado recurso não provou ser uma panaceia.

Minha própria sensação, que admito estar baseada no viés de minha atividade profissional, mas também em muitos anos de experiência clínica, é que a terapia cognitivo-comportamental intensiva é uma das melhores defesas contra o risco de suicídio. É importante encontrar um bom terapeuta cognitivo-comportamental, confiar nas orientações que ele lhe dá e seguir o programa. Isso pode ser feito. Sei disso porque já vi acontecer muitas vezes, inclusive com os pacientes que chegavam a meu consultório se sentindo tão desesperados quanto possível.

Uma última palavra para as pessoas que sofrem de ansiedade, especialmente para aqueles cuja desesperança deriva de uma crença segundo a qual jamais superarão seu TOC, transtorno de pânico, ou qualquer outra forma de ansiedade de que sofram: sua crença pode se dever à maneira pela qual você pensa sobre sua ansiedade. Se você estiver pensando em termos de *cura completa*, provavelmente não esteja chegando à compreensão certa. Qualquer pessoa que espere viver uma vida sem ansiedade ficará desapontada. A ansiedade é parte da condição humana. "Melhorar" não significa erradicar a ansiedade, mas aprender a viver e a ser feliz apesar dela. Ao trabalhar com um terapeuta cognitivo-comportamental qualificado, seguir os procedimentos de autoajuda adequados (tais como os citados neste livro) e continuar a praticar a exposição a situações de ansiedade, a maior parte das pessoas consegue progredir muito. De acordo com minha experiência, não há razão alguma para a desesperança. Aprendi com meus pacientes que nenhum problema é insolúvel quando trabalhamos juntos para encontrar a solução.

APÊNDICE

G

Testes diagnósticos

CAPITULO 5: TRANSTORNO DE PÂNICO

QUESTIONÁRIO DE COGNIÇÕES AGORAFÓBICAS

Abaixo, estão alguns pensamentos que podem passar por sua mente quando você está nervoso ou assustado. Indique a frequência com que cada pensamento ocorre quando você está nervoso. Classifique-os entre 1 e 5, de acordo com a escala abaixo.

Quando estou nervoso...

1 = nunca ocorre	2 = raramente ocorre	3 = ocorre metade das vezes	4 = geralmente ocorre	5 = sempre ocorre

PENSAMENTOS	CLASSIFICAÇÃO
Vou vomitar.	
Vou desmaiar.	
Devo ter um tumor cerebral.	
Vou ter um ataque cardíaco.	
Vou me engasgar e morrer.	
Vou agir de maneira boba.	
Vou ficar cego.	
Não vou conseguir me controlar.	
Vou machucar alguém.	
Vou ter um AVC.	
Vou enlouquecer.	
Vou começar a gritar.	
Vou começar a gaguejar ou a falar de maneira esquisita.	
Vou ficar paralisado de medo.	
Outras ideias não listadas (descreva-as e classifique-as).	
ESCORE TOTAL	

Totalize seus pontos para os 14 primeiros itens (exclua o item 15). Depois, divida por 14. O escore médio para pessoa com agorafobia é 2,3.

© Chambless, D. L., Caputo, G. C., Bright, P. and Gallagher, R. "Assessment of fear in agoraphobics: the body sensations questionnaire and the agoraphobic cognitions questionnaire", *Journal of Consulting and Clinical Psychology*, 52 (1984) 1090-1097.

CAPÍTULO 6: TRANSTORNO OBSESSIVO-COMPULSIVO (TOC)

RELATÓRIO OBSESSIVO-COMPULSIVO DE MAUDSLEY

Instruções: responda a cada questão colocando um "x" na coluna "verdadeiro" ou na coluna "falso". Não há respostas certas ou erradas, e não há questões capciosas. Trabalhe rapidamente e não pense demais sobre o significado exato das questões.

AÇÕES	VERDADEIRO	FALSO
1. Evito usar telefones públicos por causa da possível contaminação.		
2. Frequentemente tenho pensamentos sórdidos e tenho dificuldade para me livrar deles.		
3. Preocupo-me mais com a honestidade do que a maioria das pessoas.		
4. Geralmente, me atraso, porque não consigo acabar tudo o que tenho que fazer a tempo.		
5. Não considero preocupação excessiva temer me contaminar ao tocar em um animal.		
6. Geralmente tenho que verificar as coisas (por exemplo, gás, torneiras, portas, etc.) várias vezes.		
7. Minha consciência é muito severa.		
8. Constato que quase todos os dias sou incomodado por pensamentos desagradáveis que vêm à minha mente contra a minha vontade.		
9. Não considero um excesso me preocupar quando me choco acidentalmente com outra pessoa.		
10. Normalmente, tenho sérias dúvidas sobre as coisas simples e cotidianas que tenho de fazer.		
11. Meus pais não foram muito severos durante minha infância.		
12. Tendo a ficar para trás no trabalho porque repito as coisas várias vezes.		
13. Uso somente uma quantidade média de sabonete.		
14. Alguns números dão muito azar.		
15. Não reviso cartas repetidamente antes de enviá-las.		
16. Não preciso de muito tempo para me vestir pela manhã.		
17. Não estou excessivamente preocupado com limpeza.		
18. Um de meus maiores problemas é que presto muita atenção aos detalhes.		
19. Uso banheiros bem cuidados sem qualquer hesitação.		
20. Meu maior problema é verificar (revisar) tudo várias vezes.		
21. Não estou errado em me preocupar com germes e doenças.		
22. Não reviso as coisas mais do que uma vez.		

(continua)

RELATÓRIO OBSESSIVO-COMPULSIVO DE MAUDSLEY (continuação)

AÇÕES	VERDADEIRO	FALSO
23. Não me prendo a uma rotina muito rígida quando estou fazendo coisas comuns.		
24. Não sinto que minhas mãos estejam muito sujas depois de tocar em dinheiro.		
25. Em geral, não conto quando estou fazendo uma tarefa.		
26. Preciso de bastante tempo para fazer minha higiene matinal.		
27. Não uso uma grande quantidade de antissépticos.		
28. Passo muito tempo, todos os dias, verificando as coisas repetidamente.		
29. Pendurar e dobrar minhas roupas à noite não toma muito tempo.		
30. Mesmo quando faço algo com muito cuidado, frequentemente tenho a impressão de que não está sendo bem feito.		

Retirado de "Behaviour Research and Therapy, 15", Hodgson and Rachman, "*Obsessional-Compulsive Complaints*", p. 395 (1977), com a permissão de Elsevier Science.

PONTUAÇÃO PARA O RELATÓRIO OBSESSIVO-COMPULSIVO DE MAUDSLEY

Listei abaixo os itens para as várias subescalas, atribuindo + 1 para "verdadeiro" e – 1 para "falso". Para cada subescala, conte o número total de respostas que se encaixam com as que estão listadas abaixo (alguns dos itens podem aparecer em mais de uma subescala)

VERIFICAÇÃO	LIMPEZA	LENTIDÃO	DÚVIDA
2-V	1-V	2*-F	3-V
6-V	4-V	4-V	7-V
8-V	5-F	8*-F	10-V
14-V	9-F	16-F	11-F
15-F	13-F	23-F	12-V
20-V	17-F	25-F	18-V
22-F	19-F	29-F	30-V
26-V	21-F		
28-V	24-F		
	26-V	* Nota: estes dois itens aumentam este fator na direção contrária ao que se esperaria.	
	27-F		
Pontuação:	Pontuação:	Pontuação:	Pontuação:

TOTAL			
1-V	9-F	17-F	25-F
2-V	10-V	18-V	26-V
3-V	11-F	19-F	27-F
4-V	12-V	20-V	28-V
5-F	13-F	21-F	29-F
6-V	14-V	22-F	30-V
7-V	15-F	23-F	
8-V	16-F	24-F	
Pontuação:			

Adaptado de *Behaviour Research and Therapy, 15*, Hodgson e Rachman, *Obsessional-Compulsive Complaints*, p. 391 (1977), com a permissão de Elsevier Science.

O escore total médio para alunos de ensino superior sem TOC é de 6,3. Os escores médios para pessoas com TOC, na escala total, é de 18,8 e nas subescalas é 4,7 (verificação), 3,4 (limpeza), 4,8 (dúvida) e 2,8 (lentidão).

Além de preencher o formulário acima, você deve observar exemplos de tendências ao TOC, tais como medo de contaminação, perda de controle (medo de machucar ou de ofender os outros), medo de doenças, necessidade de organizar as coisas ou colocá-las em ordem, lavar-se excessivamente ou ter rituais de limpeza e de alimentação, precisar repetir uma ação, repetir palavras e melodias ou imagens que se intrometam em sua mente. Você deve fazer este teste novamente depois de finalizar sua autoajuda em relação ao TOC.

CAPÍTULO 7: TRANSTORNO DE ANSIEDADE GENERALIZADA (TAG)

LISTA DE VERIFICAÇÃO DA ANSIEDADE DE LEAHY

Classifique os sentimentos da coluna da esquerda com o número que mais precisamente descreve o modo como você em geral se sentiu na semana passada. Use a escala abaixo. Quando tiver terminado, some os números na coluna da direita para chegar à sua pontuação da ansiedade generalizada.

0 = nada/nunca	1 = quase nunca verdadeiro	2 = verdadeiro às vezes	3 = sempre verdadeiro

SENTIMENTO	PONTUAÇÃO
1. Sentir-se trêmulo.	
2. Ser incapaz de relaxar.	
3. Sentir-se inquieto.	
4. Ficar cansado com facilidade.	
5. Ter dores de cabeça.	
6. Falta de fôlego.	
7. Estar tonto ou "aéreo".	
8. Ter necessidade de urinar com frequência.	
9. Suar (sem relação com o calor).	
10. Sentir o coração batendo forte.	
11. Sentir o estômago queimando ou incômodo estomacal.	
12. Irritar-se facilmente.	
13. Agitar-se facilmente.	
14. Ter dificuldade para dormir.	
15. Preocupar-se muito.	
16. Ter dificuldade para controlar preocupações.	
17. Ter dificuldade para se concentrar.	

Pontuação de Ansiedade Generalizada:
Escores entre 5 e 10 refletem uma ansiedade leve, entre 11 e 15, ansiedade moderada, e 16 ou mais, ansiedade severa.

QUESTIONÁRIO DE PREOCUPAÇÕES DA PENN STATE UNIVERSITY

Registre o número que melhor descreve o quanto cada item é típico ou característico para você, colocando o número próximo de cada item.

1 _______ 2 __________ 3 _________ 4 _________ 5 _______

nem um pouco típico — razoavelmente típico — muito típico

CARACTERÍSTICA	PONTUAÇÃO
Se eu não tiver tempo para fazer tudo, não me preocupo. (I)	
Minhas preocupações me sufocam.	
Não costumo me preocupar com as coisas. (I)	
Muitas situações fazem com que eu me preocupe.	
Eu sei que não devo me preocupar com as coisas, mas não consigo não fazê-lo.	
Quando estou sob pressão, preocupo-me muito.	
Estou sempre me preocupando com alguma coisa.	
Acho fácil ignorar pensamentos voltados à preocupação. (I)	
Tão logo termino uma tarefa, começo a me preocupar com outra coisa que eu tenha de fazer.	
Nunca me preocupo com nada. (I)	
Quando não há nada que eu possa fazer sobre uma preocupação, não me preocupo mais. (I)	
Em toda minha vida, sempre me preocupei.	
Percebo que estou me preocupando com as coisas.	
Quando começo a me preocupar, não consigo parar.	
Preocupo-me o tempo todo.	
Preocupo-me com os projetos até o momento em que os finalizo.	

Sua pontuação total: ____________.

(I) indica uma pontuação inversa. Assim, responda às questões com "(I)" invertendo a escala, isto é, se sua resposta for 1, use 5. Some seus pontos e não esqueça de verificar as pontuações invertidas. As pessoas com alguns problemas de preocupação chegam em média a um número superior a 52, e pessoas que se preocupam de modo crônico ultrapassam os 65 pontos. Pessoas "não ansiosas" ficam em torno dos 30 pontos. É também possível pontuar abaixo da faixa clínica (algo entre 30 e 52) e, ainda assim, sentir que as preocupações causam incômodo.

CAPÍTULO 8: TRANSTORNO DE ANSIEDADE SOCIAL (TAS)

ESCALA DE ANSIEDADE SOCIAL DE LIEBOWITZ

MEDO OU ANSIEDADE	EVITAÇÃO
0 = nenhum(a) 1 = leve 2 = moderado(a) 3 = severo(a)	0 = nunca (0-10%) 1 = ocasionalmente (10-33%) 2 = frequentemente (33-67%) 3 = usualmente (67-100%)

AÇÃO	MEDO OU ANSIEDADE	EVITAÇÃO
1. Usar o telefone em público. (D).		
2. Participar de pequenos grupos (D).		
3. Comer em lugares públicos (D).		
4. Beber com outras pessoas em lugares públicos (D).		
5. Falar com pessoas em posição de autoridade (S).		
6. Agir, desempenhar ou dar uma palestra diante de uma audiência (D).		
7. Ir a uma festa (S).		
8. Trabalhar e ser observado (D).		
9. Escrever e ser observado (D).		
10. Telefonar para alguém que você não conhece muito bem (S).		
11. Falar com pessoas que você não conhece muito bem (S).		
12. Encontrar estranhos (S).		
13. Urinar em um banheiro público (D).		
14. Entrar em uma sala quando os outros já estão sentados (D).		
15. Ser o centro das atenções (S).		
16. Falar em uma reunião (D).		
17. Fazer um teste (D).		
18. Expressar desacordo ou discordância para com pessoas que você não conhece bem (S).		

(continua)

ESCALA DE ANSIEDADE SOCIAL, DE LIEBOWITZ (continuação)

AÇÃO	MEDO OU ANSIEDADE	EVITAÇÃO
19. Olhar nos olhos de pessoas que você não conhece muito bem (S).		
20. Apresentar um relatório a um grupo (D).		
21. Tentar se aproximar de alguém (S).		
22. Devolver mercadorias a uma loja (S).		
23. Dar uma festa (S).		
24. Resistir a um vendedor que pressiona muito (S).		
Pontuação total		
Pontuação em ansiedade de desempenho (D)		
Pontuação em ansiedade social (S)		

Você pode avaliar sua pontuação final usando os seguintes números de corte:

55-65 – Fobia social moderada

65-80 – Fobia social acentuada

80-95 – Fobia social severa

Mais do que 95 – Fobia social muito severa

CAPÍTULO 9: TRANSTORNO DE ESTRESSE PÓS-TRAUMÁTICO (TEPT)

VOCÊ TEM TRANSTORNO DE ESTRESSE PÓS-TRAUMÁTICO?

Exposição ao trauma	■ Você passou por um evento (ou testemunhou) que envolveu morte ou ameaça de morte ou grave dano físico, ou de uma ameaça a você mesmo. ■ Já sentiu medo, desamparo ou horror.
Memória intrusiva	■ Lembranças incômodas do evento. ■ Sonhos incômodos sobre o evento. ■ Agir ou sentir como se o evento traumático fosse recorrente – por exemplo, uma sensação de reviver a experiência, ilusões, alucinações e episódios em *flashback*. ■ Sofrimento quando experimenta sinais internos ou externos que simbolizam ou lembram um aspecto do evento traumático. ■ Reatividade fisiológica depois de exposição a sinais internos ou externos que simbolizam ou lembram um aspecto do evento traumático.
Evitação ou "anestesia"	■ Esforço para evitar pensamentos, sentimentos ou conversas associadas ao trauma. ■ Esforço para evitar atividades, locais ou pessoas que suscitem lembranças do trauma. ■ Incapacidade de se lembrar de um aspecto importante do trauma ■ Interesse ou participação marcadamente diminuídos em atividades significativas. ■ Sensação de afastamento ou estranhamento em relação aos outros. ■ Gama restrita de afeto (por exemplo, ser incapaz de sentir amor por alguém). ■ Sensação de um futuro restrito (por exemplo, não espera ter uma carreira, se casar, ter filhos ou ter uma expectativa normal do tempo de vida).
Hiperexcitação	■ Dificuldade para dormir ou para continuar a dormir. ■ Irritabilidade ou acessos de raiva. ■ Dificuldade para se concentrar. ■ Hipervigilância. ■ Resposta exagerada a situações inusitadas.

Adaptado de American Psychiatric Association (2000), *Diagnostic and statistical manual of mental disorders DSM-IV-TR* (Fourth ed.). Washington D. C.: American Psychiatric Association.

LISTA DE VERIFICAÇÃO PÓS-TRAUMÁTICA PARA LEIGOS

Abaixo está uma lista de problemas e reclamações que as pessoas às vezes têm em resposta a experiências de vida que causaram algum sofrimento. Classifique-as com o número que melhor indica o quanto você se incomodou com o problema no último mês.

1 = nada | 2 = um pouco | 3 = moderadamente | 4 = bastante | 5 = extremamente

RESPOSTA	CLASSIFICAÇÃO
1. Ter *memórias, pensamentos* ou *imagens* perturbadoras que se repetem em relação a uma experiência incômoda do passado.	
2. Ter *sonhos* perturbadores que se repetem em relação a uma experiência incômoda do passado.	
3. *Agir* ou *se sentir* repentinamente como se uma experiência incômoda estivesse *acontecendo de novo* (como se você a estivesse revivendo).	
4. Sentir-se *muito incomodado* quando *algo faz com que você se lembre* de uma experiência incômoda do passado.	
5. Ter *reações físicas* (por exemplo, coração batendo forte, respiração difícil ou suores) quando *algo faz com que você se lembre* de uma experiência incômoda do passado.	
6. Evitar *pensar* ou *falar* em uma situação incômoda do passado ou evitar *ter sentimentos* em relação a ela.	
7. Evitar *atividades* ou *situações* porque elas fazem com que *você se lembre* de uma experiência incômoda do passado.	
8. Ter problemas em se *lembrar de partes importantes* de uma experiência incômoda do passado.	
9. Perder interesse por coisas de que você costumava gostar.	
10. Sentir-se *distante* ou *afastado* das outras pessoas.	
11. Sentir-se *emocionalmente anestesiado* ou incapaz de ter sentimentos de amor ou carinho por quem está perto de você.	
12. Sentir que *seu futuro* de alguma maneira será *restringido*.	
13. Ter problemas *para dormir* ou *continuar dormindo*.	
14. Sentir-se *irritável* ou ter *acessos de raiva*.	
15. Ter *dificuldade em se concentrar.*	
16. Estar "superalerta" ou vigilante.	
17. Sentir-se *apreensivo* ou se *alarmar facilmente*.	

Os pontos desta escala variam entre 17 e 85. A maior parte das pessoas com pontuação igual ou superior a 44 recebem o diagnóstico de TEPT. Até mesmo pontuações inferiores a 44 podem indicar que as experiências traumáticas continuam a causar impacto em sua qualidade de vida.

Weathers, Litz, Huska & Keane; National Center for PTSD – Behavioral Science Division. Documento governamental de domínio público.

APÊNDICE

H

Como identificar seu pensamento de ansiedade

Muitas pessoas que são ansiosas têm uma maneira tendenciosa e negativa de pensar sobre as coisas. Buscam constantemente identificar ameaças ou perigos. Quando outra pessoa apenas pensaria "Ah, esse problema seria algo menor caso acontecesse", o ansioso poderia pensar se tratar de algo horrível. Chamamos esses pensamentos negativos que ocorrem espontaneamente de "pensamentos automáticos". Eles parecem plausíveis no momento, mas podem também refletir uma maneira tendenciosa de pensar.

Uma das primeiras coisas que você pode fazer para lidar com seu modo ansioso de pensar é identificar seus pensamentos negativos de ansiedade. Por exemplo, digamos que você esteja em uma festa e perceba que está se sentindo ansioso. Você começa a ter os seguintes pensamentos negativos:

- as pessoas pensarão que sou um imbecil;
- seria horrível se alguém pensasse assim;
- eu não suportaria;
- devo ser um idiota;
- não há nada aqui para mim.

Bem, sua ansiedade está funcionando plenamente.

Constamos que as pessoas que tendem à ansiedade e à depressão têm maneiras de pensar que são típicas – que chamamos de distorções cognitivas. Isso simplesmente significa que você tende ao pensamento negativo. Podemos categorizar seus pensamentos negativos em estilos específicos. Por exemplo, se você pensa que alguém pensa que você é entediante (mas você não tem provas diretas disso), o que está acontecendo é a leitura da mente.

Observe a lista abaixo e veja se você está usando alguma dessas maneiras distorcidas de pensar.

1. **Leitura da mente.** Você presume que sabe o que as pessoas pensam sem ter provas suficientes disso: "Ele pensa que eu sou um fracasso".
2. **Previsão do futuro.** Você prevê o futuro negativamente; as coisas ficarão piores ou há perigo à frente: "Não vou passar na prova" ou "Não vou conseguir o emprego".
3. **Catastrofização.** Você acredita que o que aconteceu ou o que acontecerá será tão terrível e insuportável que você não será capaz de aguentar: "Seria terrível se eu falhasse".
4. **Rotulação.** Você atribui características negativas a si mesmo e aos outros: "Sou uma pessoa que ninguém deseja" ou "Ele não presta".
5. **Desconto do que é positivo.** Você afirma que as coisas positivas que você ou que

os outros fazem são triviais: "É isso o que se espera que as esposas façam – por isso, não importa que ela seja agradável comigo" ou "Essas realizações foram fáceis e, portanto, não importam."

6. **Filtro negativo.** Você enfoca quase que exclusivamente os aspectos negativos e raramente nota os positivos: "Veja quantas pessoas não gostam de mim".
7. **Supergeneralização.** Você percebe um padrão global de coisas negativas com base só em incidentes. "Isso geralmente acontece comigo. Parece que sempre erro em muitas coisas que faço."
8. **Pensamento dicotômico.** Você vê os fatos ou as outras pessoas com base em um pensamento do tipo tudo ou nada: "Sou rejeitado por todos" ou "Foi uma completa perda de tempo".
9. **As coisas devem ser diferentes.** Você interpreta os fatos em termos de como as coisas deveriam ser, em vez de simplesmente se centrar no que é: "Tenho que me sair bem. Se não me sair bem, serei um fracasso."
10. **Personalização.** Você atribui uma quantidade desproporcional de culpa a si mesmo por causa de fatos ou eventos negativos, e não consegue ver que alguns deles também são causados pelos outros: "O casamento terminou porque eu falhei".
11. **Culpabilização do outro.** Você considera a outra pessoa a *fonte* de seus pensamentos negativos, e se recusa a ter responsabilidade por mudar a si mesmo: "Sinto-me assim por culpa dela" ou "Meus pais causaram todos os meus problemas".
12. **Comparações injustas.** Você interpreta os eventos em termos de padrões que são irreais. Por exemplo, você centra sua atenção primordialmente nas pessoas que têm melhor desempenho do que você, e se acha inferior a elas: "Ela teve mais sucesso do que eu" ou "Os outros foram melhor no teste do que eu".
13. **Arrepender-se das opções feitas.** Você centra sua atenção na ideia de que poderia ter conseguido melhor desempenho no passado, em vez de tentar ir melhor agora: "Poderia ter conseguido um emprego melhor se tivesse me esforçado mais" ou "Não deveria ter dito aquilo".
14. **E se...?** Você sempre faz perguntas do tipo "E se 'tal coisa' acontecer?", não ficando satisfeito com nenhuma das respostas: "Sim, mas e se eu ficar ansioso?" ou "E se eu não conseguir recuperar meu fôlego?".
15. **Pensamento emocional.** Você deixa que seus sentimentos orientem sua interpretação da realidade: "Sinto-me deprimido; portanto, meu casamento não está funcionando".
16. **Incapacidade de não confirmar.** Você rejeita qualquer prova ou argumentos que possam contradizer seus pensamentos negativos. Por exemplo, quando você pensa "Ninguém pode gostar de mim", rejeita e considera *irrelevante* qualquer prova de que as pessoas gostam de você. Consequentemente, seu pensamento não pode ser refutado: "Não é essa a questão. Há problemas mais profundos. Há outros fatores".
17. **Enfoque no julgamento.** Você considera a si, os outros e os fatos em termos de avaliações como bom/ruim ou superior/inferior, em vez de simplesmente descrever, aceitar ou entender. Você está constantemente medindo a si mesmo e aos outros de acordo com padrões arbitrários, constatando que os resultados são sempre inferiores ao que deveriam ser. Você enfoca o julgamento que faz dos outros e também seu próprio julgamento de si: "Não fui bem na faculdade" ou "Se for jogar tênis, não terei um bom desempenho" ou "Veja só como ela está bem. Eu não estou bem".

Pode ser útil escrever seus pensamentos de ansiedade e ver se você está fazendo distorções específicas. Por exemplo, você tende a fazer leitura da mente ("Ele pensa que eu estou nervoso"), previsão do futuro ("Vou ter um branco") ou personalização ("Ela bocejou, então devo ser entediante")? Às vezes, seus pensamentos negativos podem cair em mais de uma categoria. Dê uma olhada na tabela abaixo e veja como você pode categorizar alguns pensamentos típicos da ansiedade. Use essa tabela diariamente para começar a mapear seus hábitos de pensar de modo ansioso. No Apêndice I, mostrarei como mudar seu pensamento para algo mais realista – e mais prático.

MAPEAMENTO DE MEUS PENSAMENTOS DE ANSIEDADE

SITUAÇÃO	PENSAMENTO DE ANSIEDADE	DISTORÇÃO DO PENSAMENTO
Pensar em falar com alguém em uma festa.	Ela vai pensar que sou um idiota.	Leitura da mente.
Mesma situação.	Se eu for rejeitado, será terrível.	Catastrofização.
Pensar que eu posso ter um ataque de pânico.	Se eu tiver um ataque de pânico, perderei todo o controle.	Previsão do futuro, catastrofização, pensamento tudo ou nada.
Cometer um erro em um projeto no trabalho.	Devo ser um idiota.	Rotulação.

MAPEAMENTO DE MEUS PENSAMENTOS DE ANSIEDADE

SITUAÇÃO	PENSAMENTO DE ANSIEDADE	DISTORÇÃO DO PENSAMENTO

Retirado de *Treatment Plans and Interventions for Depression and Anxiety Disorders*, de Robert L. Leahy e Stephen J. Holland.
© *Copyright* 2000 de Robert L. Leahy e Stephen J. Holland.

I

Use sua inteligência emocional

Grande parte de sua ansiedade está no modo como você pensa, sente e reage a seus pensamentos de ansiedade. Por exemplo, imagine que você esteja passando pelo rompimento de uma relação e se sinta triste, irritado e preocupado com o futuro. Mas você tem uma boa amiga, Patrícia, que é agradável e gosta de você, ouvindo o que diz sobre seus sentimentos. Quando você fala com ela, sente que pode expressar seus sentimentos e, assim, se sentir valorizada: "Pelo menos, sei que ela entende o que eu sinto". E, quando você fala com ela, percebe que ela também passou por um rompimento. Ela sabe como é. Assim, você sente o seguinte: "Patrícia passou por isso e parece estar bem. Talvez esses sentimentos não durem para sempre". Quando você está falando com ela e se lembra do quanto a situação ainda lhe dói *neste momento*, você começa a chorar. Patrícia diz: "Eu sei o quanto é difícil. Você está passando por um momento difícil". Depois de um curto período de tempo, você para de chorar. E pensa: "Posso perder o controle e chorar e nada de terrível acontece. Na verdade, sinto-me até um pouco mais próxima de Patrícia agora. Sinto que ela me entende".

Se você conta com uma amiga como Patrícia, tem muita sorte. Alguém como ela pode ajudar a sentir que é possível expressar seus sentimentos, ser valorizado, experimentar a compaixão, entender que não se está sozinho e perceber que, quando se tem um sentimento que causa dor, tal sentimento não durará para sempre. Patrícia ajuda você a usar sua inteligência emocional. Ela ajuda você a entender que seus sentimentos são parte da condição humana. Ela ajuda você a colocar as coisas na perspectiva correta e a sentir que você não está sozinho.

Mas muitas pessoas que tendem à ansiedade têm uma experiência muito diferente em relação a seus sentimentos. Elas pensam:

- Não consigo expressar meus sentimentos. Não tenho alguém com quem possa falar.
- Ninguém entende o quanto isso é difícil para mim.
- Meus sentimentos simplesmente não têm sentido.
- Sinto-me constrangido e culpado em relação a meus sentimentos.
- Acho que se eu me permitir ter esses sentimentos, perderei o controle.
- Meus sentimentos são perigosos – eu poderia enlouquecer se me permitisse ter tais sentimentos.
- Tenho que conseguir controlar a situação. Preciso me livrar desses sentimentos imediatamente.

Todos esses pensamentos farão com que você se sinta pior em relação ao modo como se sente. Você se sente sozinho, sobrecarregado, confuso, culpado e constrangido. Você tenta controlar seus sentimentos, mas não consegue se livrar deles. Isso faz com que você se sinta mais ansioso sobre sua ansiedade. Sentir-se mal porque se sente mal fará com que as coisas fiquem *ainda piores*.

A boa notícia é que podemos ajudá-lo a chegar a um acordo com seus pensamentos de ansiedade e ajudá-lo a por em perspectiva aquilo que sente.

AS PIORES MANEIRAS DE LIDAR COM A ANSIEDADE

Quando você se sente ansioso, pode estar usando algumas das piores estratégias para se livrar de seus sentimentos. Por exemplo, você pode beber demais, comer demais, usar drogas, se perder em *sites* pornográficos na internet, repetir rituais e compulsões, ficar bravo consigo mesmo ou até bater sua cabeça contra a parede ou se cortar. Ironicamente, todas esses desvios à sua ansiedade podem ajudá-lo a se sentir melhor imediatamente. Contudo, fazem as coisas piorarem a longo prazo. Tentar lidar com a ansiedade usando essas estratégias é como tentar curar o alcoolismo tomando mais uma dose. Você terá mais problemas.

Por exemplo, se usar álcool ou drogas para lidar com seus sentimentos, você instaura processos opostos em sua mente – você se sente melhor e depois seu cérebro busca a compensação – e se sente pior. O álcool, naturalmente, é um depressor do sistema nervoso central. Ele faz com que você se deprima e o deixará mais ansioso quando o efeito passar; e, por isso, você precisará de outra dose, entrando, então, em uma montanha russa que não leva a lugar algum.

Se você come muito como forma de compensação, temporariamente afasta a ansiedade, mas acaba reforçando seus hábitos alimentares autodestrutivos. Você se sente fora de controle, ganha peso e sente necessidade urgente de eliminar o que comeu, por meio de purgantes, reforçando a seguinte ideia: "A única maneira de me livrar desses sentimentos é comer". Essa estratégia é inútil.

Observe a Figura A.1 e veja se ela tem sentido em relação ao modo como você lida com a ansiedade. Há pensamentos e estratégias problemáticos que você esteja usando? Você estaria melhor se desenvolvesse uma maneira diferente de viver com seus sentimentos?

COMO CHEGAR A UM ACORDO COM SUA ANSIEDADE

Assim como temos livros de regras para lidar com todos os transtornos de ansiedade, também podemos elaborar um livro de regras para lidar com sua ansiedade. A primeira meta é reconhecer que você precisa ter uma relação diferente com seus sentimentos. Em vez de tentar se livrar de seus sentimentos, você pode colocá-los em perspectiva. Aqui está como fazê-lo.

1. Sentir ansiedade é parte do fato de estarmos vivos.
2. Todos nos sentimos ansiosos durante algum tempo. Você não está sozinho.
3. Sua ansiedade de fato tem sentido. Pense em todas as coisas sobre as quais falamos neste livro – evolução, genética, alarmes falsos, livros de regras da ansiedade, etc.
4. Sua ansiedade é temporária e não é perigosa.
5. Não há por que se envergonhar ou se sentir culpado por sua ansiedade. Não há nada de imoral ou de maligno em se sentir ansioso. Você não precisa controlar sua ansiedade – precisa apenas viver com ela.
6. Você pode fazer coisas produtivas, mesmo quando estiver ansioso.

Ok. Vamos olhar mais de perto cada uma dessas novas regras sobre sua ansiedade.

Sentir ansiedade é parte do fato de estarmos vivos.

A natureza colocou em todos nós a capacidade de nos sentirmos ansiosos às vezes. Neste livro, examinamos as razões pelas quais a evolução colocou em nós o medo de altura, de lugares fechados, de contaminação, de humilhação e de nos sentirmos atacados. Muitos dos nossos sentimentos de ansiedade são alarmes falsos, mas isso é parte do fato de estarmos vivos.

Todos nos sentimos ansiosos durante algum tempo. Você não está sozinho.

Sentimo-nos ansiosos quando nos levantamos para falar diante de um grupo de pessoas, quando ficamos para trás em nosso

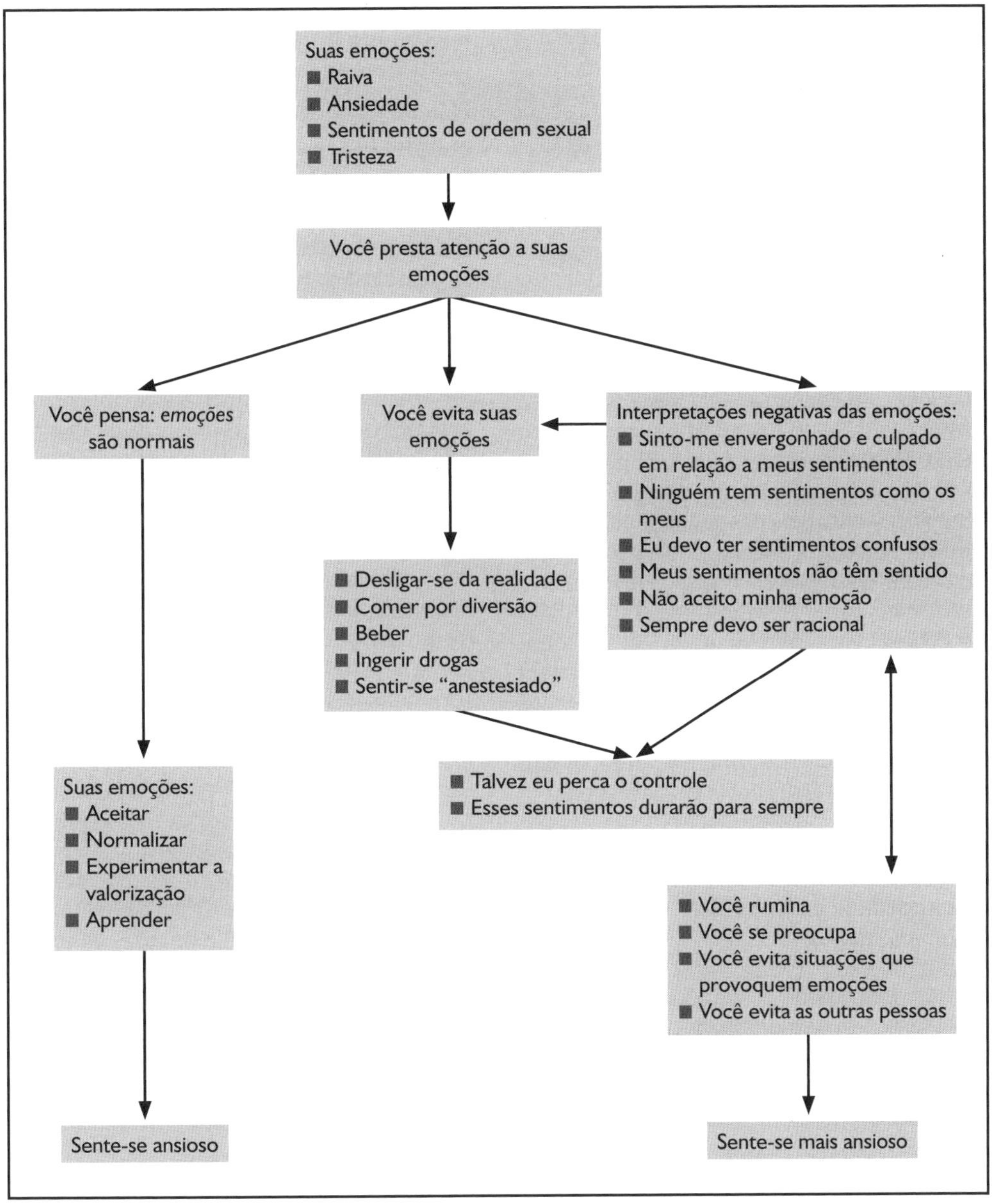
Suas emoções:
Raiva
Ansiedade
Sentimentos de ordem sexual
Tristeza
Você presta atenção a suas emoções
Você pensa: *emoções* são normais
Você evita suas emoções
Interpretações negativas das emoções:
Sinto-me envergonhado e culpado em relação a meus sentimentos
Ninguém tem sentimentos como os meus
Eu devo ter sentimentos confusos
Meus sentimentos não têm sentido
Não aceito minha emoção
Sempre devo ser racional
Desligar-se da realidade
Comer por diversão
Beber
Ingerir drogas
Sentir-se "anestesiado"
Suas emoções:
Aceitar
Normalizar
Experimentar a valorização
Aprender
Talvez eu perca o controle
Esses sentimentos durarão para sempre
Você rumina
Você se preocupa
Você evita situações que provoquem emoções
Você evita as outras pessoas
Sente-se ansioso
Sente-se mais ansioso

FIGURA A.1

Como você lida com suas emoções.

trabalho ou quando pensamos que nosso relacionamento ou nossa saúde está em situação de risco. Não fomos feitos para sermos frios, racionais e pairarmos acima dos problemas sempre. Qualquer pessoa que lhe diga que nunca fica ansiosa provavelmente não está falando a verdade. Cerca de 50% do público geral tem uma história de ansiedade, depressão ou abuso de substâncias. A ansiedade é algo comum na vida.

Sua ansiedade de fato tem sentido. Pense em todas as coisas sobre as quais falamos neste livro – evolução, genética, alarmes falsos, livros de regras da ansiedade, etc.

Uma vez que você percebe que há razões muito boas pelas quais a evolução colocou todos esses medos em nós, pode também perceber que sua ansiedade é "a resposta certa no momento errado". Seu medo de altura ou de falar em público tinha uma função bastante adaptativa para seus ancestrais, pois os ajudou a sobreviver. Não há segredo a descobrir. Sua ansiedade se baseia no *software* em seu cérebro que funcionou para os seus ancestrais. Afinal de contas, eles sobreviveram. Eles tinham de se adaptar e evitar o perigo. Eles fugiam de tigres, evitavam estranhos perigosos e se mantinham longe de contaminações. Eles acumulavam comida e roupas para que não morressem no inverno. Três vivas para a ansiedade.

Sua ansiedade é temporária e não é perigosa.

A ansiedade é sempre temporária. Nunca tive um paciente com "ataques de pânico" que tenha chegado ao meu consultório tendo um ataque. Você pode pensar: "Se eu fizer isso, minha ansiedade durará o dia inteiro e vai me dominar". Mas preste atenção nisso: a maior parte das vezes, a ansiedade apenas dura alguns minutos. Ela some sozinha. A ansiedade é simplesmente uma espécie de excitação, assim como aquela provocada pelas corridas ou pelo sexo.

Não há por que se envergonhar ou se sentir culpado por sua ansiedade. Não há nada de imoral ou de maligno em se sentir ansioso. Você não precisa controlar sua ansiedade – precisa apenas viver com ela.

Ninguém é pior que os outros por causa da ansiedade. Você não está "causando isso às outras pessoas". Você não se sentiria culpado ou envergonhado se tivesse indigestão ou dor de cabeça. Você está simplesmente experimentando os alarmes falsos que automaticamente disparam em sua cabeça. Os pensamentos e sensação de ansiedade acontecem – você não fica sentado tranquilo em uma terça-feira às 3 da tarde esperando para ficar ansioso. Mas pode aprender algumas maneiras novas de pensar sobre sua ansiedade e responder a ela. É por isso que está lendo este livro e aplicando essas técnicas.

Sua ansiedade não é como um grande fluxo de água que passa por cima de uma barragem e que ameaça destruir a comunidade. Quanto mais você tenta controlá-la, dizendo a si mesmo para deixar de ser ansioso, mais ansioso se sentirá. Examinamos muitas técnicas que permitem a você lidar ou receber bem seus pensamentos de ansiedade e sua excitação. É como ser diplomático com convidados que estejam em sua casa. Eles nem sempre se comportam como você gostaria, mas você os tolera. Você pode dar um passo para trás e observar, afastado. Não tome sua ansiedade muito pessoalmente. Pense em sua ansiedade como um visitante temporário.

Você pode fazer coisas produtivas, mesmo quando estiver ansioso.

Às vezes, pensamos: "Não consigo fazer nada porque estou ansioso". Muito bem, você vem fazendo uma série de coisas, muito embora esteja ansioso. Você pode optar por agir contra sua ansiedade. Às vezes, você pensa: "Não consigo fazer exercícios porque estou cansado". Depois, você pensa: "Quero perder peso". E então, vai fazer exercícios. Muito embora se sinta cansado, você faz seus exercícios de todo modo. A ansiedade não é algo que o impeça de viver. Quanto mais você fizer coisas que são produtivas enquanto estiver ansioso, menos medo da ansiedade terá.

APÊNDICE

J

Como lidar com seus pensamentos de ansiedade

Agora que você começou a identificar alguns de seus pensamentos negativos e colocá-los em diferentes categorias (por exemplo, leitura da mente ou previsão do futuro), você pode começar a usar algumas dessas técnicas da terapia cognitiva para pô-los em questão. Tenha em mente que você não está tentando "parar de pensar" e que não está tentando suprimir seus pensamentos. Você simplesmente vai testá-los. Você poderá constatar que seus pensamentos de ansiedade são extremos, inválidos – e, até mesmo, bobos.

Analisemos mais de perto o modo como devemos lidar com esses pensamentos ansiosos e negativos.

1. **Reconheça a diferença entre um pensamento e um sentimento.** Imagine que você esteja caminhando pela rua na escuridão e que ouça três homens caminhando rapidamente atrás de você. Você se sente ansioso e com medo porque pensa que eles vão atacá-lo. Esse sentimento de ansiedade é sua emoção, e o pensamento é sua interpretação do que está acontecendo: "Serei atacado". Contudo, se você tivesse pensado: "São pessoas que estão saindo de uma convenção de médicos", teria um sentimento diferente, de indiferença.
2. **Seus pensamentos o levam a se sentir ansioso.** Você pode notar que sua ansiedade é frequentemente o resultado de sentir ameaças que podem não ser reais. Por exemplo: "Sinto-me ansioso porque penso que vou fracassar". Comece monitorando seus pensamentos ansiosos negativos. Escreva seus pensamentos quando estiver ansioso. Se você notar que está se sentindo ansioso e pensando que vai fazer papel de bobo ou perder o controle, escreva esses pensamentos e guarde o que escreveu. Depois, veremos como esses pensamentos podem ou não ser irreais.
3. **Distinga pensamentos de fatos.** Por exemplo: acredito que está chovendo lá fora, mas isso não quer dizer que acredito que seja um fato. Preciso ter provas – ir lá fora – para ver se está chovendo.
4. **Identifique e categorize os pensamentos automáticos distorcidos.** Use o formulário "Mapeamento dos meus pensamentos de ansiedade", do Apêndice H, para colocar seus pensamentos negativos nas categorias delineadas lá. Por exemplo: "Estou sempre errando" (supergeneralização) ou "Sou um idiota" (rotulação).
5. **Classifique sua confiança na precisão de seus pensamentos e também a**

intensidade de seus sentimentos. Por exemplo, "Sinto-me ansioso" (80%) "porque acho que vou fracassar" (95%).

6. **Analise o custo-benefício.** Pese os custos e benefícios de seus pensamentos ansiosos. Exemplo de pensamento: "Preciso da aprovação das pessoas". Custos: "Esse pensamento me deixa ansioso e tímido diante das pessoas e diminui minha autoestima". Benefícios: "Talvez eu me esforce por conseguir a atenção das pessoas". Conclusão: "Eu estaria muito melhor se não pensasse assim".
7. **Examine a lógica de seus pensamentos.** Você chega a conclusões precipitadas, que não se seguem logicamente às premissas? Por exemplo, "Sou um fracasso porque tive um mau resultado no teste".
8. **Qual é a prova a favor e qual é a prova contrária a seu pensamento?** Você está chegando a conclusões precipitadas, sem informações suficientes? Você só busca provas que sustentam seus pensamentos e não provas que os possam refutar?
9. **Distinga possibilidade de probabilidade.** Pode ser que você tenha um ataque cardíaco se estiver ansioso, mas isso é provável? Se tivesse de apostar, apostaria no resultado ruim, ou contra sua previsão?
10. **O que significaria (o que aconteceria, por que seria um problema) se ocorresse "x"?** O que aconteceria a seguir? E o que isso significaria – o que aconteceria, por que seria um problema? Por exemplo, se meu coração batesse rapidamente, eu ficaria cada vez pior e teria um ataque de pânico, cairia, ficaria inconsciente e entraria em coma.
11. **Técnica do duplo padrão.** Pergunte a si mesmo: "Você aplicaria o mesmo pensamento (interpretação, padrão) aos outros como aplica a si mesmo? Por quê?". Por exemplo, se uma amiga estivesse dando uma palestra e repentinamente tivesse um branco, você pensaria que ela é uma tola?
12. **Pese as provas favoráveis e contrárias a seu pensamento.** Exemplo de pensamento: "Serei rejeitado". Prova favorável: "Estou ansioso (pensamento emocional); às vezes, as pessoas não gostam de mim". Prova contrária: "Sou uma pessoa correta; algumas pessoas gostam de mim; não há nada de errado ou ruim em cumprimentar alguém, as pessoas estão aqui na festa para encontrar outras pessoas". Conclusão: "Não disponho de muitas provas convincentes de que serei rejeitado. Quando nada se faz, nada se ganha".
13. **Examine a qualidade da prova.** Sua prova é de fato boa? Sua prova aguentaria a investigação feita por terceiros? Você está usando o pensamento emocional e informações seletivas para sustentar seus argumentos?
14. **Mantenha um diário das provas favoráveis e contrárias a seus pensamentos.** Registre as provas em um diário de comportamentos/eventos que confirmem ou não um pensamento. Por exemplo, se você pensa que terá um ataque de pânico, registre os seus níveis de ansiedade durante o dia. Ou se você pensa que somente dirá coisas tolas quando estiver na presença de outras pessoas, mantenha um registro de qualquer coisa positiva, neutra ou negativa que você disser.
15. **Busque interpretações alternativas dos eventos.** Por exemplo, se alguém não gosta de mim, pode ser simplesmente porque nós dois somos diferentes. Ou talvez a outra pessoa esteja de mau humor ou seja tímida ou esteja envolvida com outra pessoa. Se me sinto nervoso, talvez seja apenas excitação física, não um sinal de que estou perdendo o controle total.
16. **Prove a si mesmo que esse não é realmente o problema.** Liste todas as razões pelas quais a situação atual não é um problema: mesmo que meu rosto fique vermelho, isso não é um problema porque ainda posso falar, pensar e fazer qualquer coisa que sempre fiz.

17. **Seja seu próprio advogado de defesa.** Imagine que você tenha contratado a si mesmo como advogado de defesa. Escreva sobre o que você tem de mais forte a seu favor, mesmo que não acredite nisso.
18. **Realize um experimento.** Teste um pensamento, adotando um comportamento que desafia seu pensamento. Por exemplo, para o pensamento "Serei rejeitado", aborde dez pessoas em uma festa.
19. **Coloque as coisas em perspectiva.** O que você seria capaz de fazer mesmo que um pensamento negativo fosse verdadeiro? Ou como sua situação se compara àquela de alguém que, digamos, tenha uma doença que ponha a vida em risco?
20. **Argumente consigo próprio.** Faça com que o positivo e o negativo sejam dois aspectos de um argumento. Faça um *role play* com os pensamentos negativos. O aspecto negativo diz: "Você vai se dar mal no exame"; o positivo responde: "Não há prova de que eu vou fracassar". Dê continuidade ao diálogo.
21. **Aja como se o pensamento não fosse verdadeiro.** Nas situações reais, aja como se você não acreditasse em seus pensamentos negativos. Por exemplo, se você estiver ansioso nas festas, vá até dez pessoas diferentes e se apresente a elas. Se tiver medo de ter um ataque de pânico no teatro, sente-se em sua poltrona e finja que você está atuando em uma peça como um personagem confiante. Mantenha esse papel.
22. **Torne tudo menos pior.** Retire o caráter de catástrofe de um possível mau resultado, colocando tudo em perspectiva. Por que o que lhe acontece não precisa ser tão ruim? Por exemplo, "Se eu tivesse um ataque de pânico, por que isso não seria tão ruim? Bem, porque eu já o tive antes e porque os ataques de pânico são simples excitação".
23. **Examine a "fantasia temida".** Pergunte a si mesmo: "Qual é o pior resultado possível de x?". Como você lidaria com ele? Que comportamentos você conseguiria controlar mesmo que x acontecesse? Se você cometesse algum erro em relação a algo, qual é o pior resultado que poderia acontecer? Qual o melhor resultado e o resultado mais provável de acontecer?
24. **Examine suas previsões passadas.** Você não consegue aprender com as falsas previsões? Você geralmente fez previsões negativas, no passado, que não se realizaram? Você tende ao negativo? Essas previsões se tornaram profecias que acabaram por se cumprir? Por exemplo, você previu que seria rejeitado em uma festa, e por isso não disse nada lá – e ninguém gostou de você.
25. **Teste suas previsões.** Faça uma lista de previsões para a próxima semana e acompanhe os resultados.
26. **Examine as preocupações do passado.** Você se preocupou com coisas em que não pensa mais? Liste o maior número de preocupações possíveis e pergunte a si mesmo: "Por que essas preocupações não são mais importantes para mim?".
27. **Ponha em questão sua necessidade de certeza.** Você não pode ter certeza em um mundo incerto. Se estiver tentando excluir absolutamente todas as possibilidades de resultados negativos, será incapaz de agir. Que coisas você faz todos os dias que não requerem certeza (por exemplo, dirigir no trânsito, comer em restaurantes, falar com as pessoas, fazer seu trabalho)?
28. **Pratique a aceitação.** Em vez de tentar controlar e mudar tudo, talvez haja algumas coisas que você possa aprender a aceitar e delas fazer o melhor. Por exemplo, talvez você não seja perfeito em seu trabalho, mas talvez possa aprender a reconhecer o que faz.
29. **Trate seus pensamentos como um visitante.** Imagine que seu pensamento negativo é um visitante que vem para sua festa. A festa é composta por todos os outros pensamentos que estão

em sua cabeça. Simplesmente peça ao pensamento para se sentar, tomar alguma coisa e aproveitar a festa. Não é preciso se livrar do pensamento nem lutar contra ele. Apenas deixe estar.

30. **Transforme seus pensamentos em um filme.** Imagine que seus pensamentos negativos sejam personagens de um filme a que você esteja assistindo. Não tente mudar o roteiro. Não discuta com seus pensamentos. Apenas assista a eles, como em um filme. O filme chegará ao fim.
31. **Identifique suas regras e hipóteses não adaptativas.** Olhe os conteúdos de seu livro de regras (o que deveria fazer, o que deve fazer, as frases do tipo "e se..."). Por exemplo, "Devo ter sucesso em tudo o que faço"; "Se as pessoas não gostam de mim, isso quer dizer que há algo de errado comigo" e "Devo obter a aprovação de todos".
32. **Desafie suas regras e hipóteses não adaptativas.** Você está estabelecendo expectativas irreais para si mesmo? Seus padrões são altos demais? Muito baixos? Muito vagos? Seus padrões lhe dão espaço para uma curva de aprendizagem? Você aplicaria essas regras a qualquer outra pessoa? Por exemplo, você pensaria que alguém é um fracasso simplesmente por estar ansioso? Você pensaria que alguém é irresponsável por não ter verificado ou revisado tudo?
33. **Tome emprestada a cabeça de alguém.** Em vez de se sentir preso por sua maneira de reagir, tente pensar em alguém que você conheça e que você pense ser altamente adaptativo. Como essa pessoa pensaria e agiria nessas circunstâncias?
34. **Desenvolva hipóteses novas e mais adaptativas.** Desenvolva regras novas, realistas, justas e mais humanas para si mesmo. Por exemplo: "Eu sou uma pessoa que vale a pena independentemente do que os outros pensam de mim", em vez de "Se as pessoas não gostam de mim, isso quer dizer que há algo de errado comigo". Quais são os custos e benefícios dessas hipóteses mais adaptativas? Custos: "Talvez eu fique orgulhoso e afaste as pessoas". Benefícios: aumento da autoconfiança, menos timidez, menos dependência dos outros, mais assertividade. Conclusão: "Essa nova hipótese é melhor do que a que eu tinha, segundo a qual era preciso fazer com que as pessoas gostassem de mim para que eu mesmo gostasse".
35. **Use imagens que facilitem o enfrentamento (*coping*).** Tente desenvolver uma imagem de você enfrentando competentemente uma pessoa ou situação temida. Imagine-se indo a uma área repleta de pessoas e se sentindo confiante e forte. Ou imagine se expor à situação que teme, saindo triunfante dela.
36. **Reestruture as imagens assustadoras.** Pense nas situações e nas pessoas que o deixam ansioso, e mude sua imagem delas de modo que se tornem menos assustadoras para você. Miniaturize a imagem assustadora. Por exemplo, crie a menor imagem possível de uma coisa ou de uma pessoa temida, em vez de algo grande e poderoso.
37. **Pratique a imagem temida.** Não se sensibilize mais com a imagem temida – envolva-se na repetição de uma imagem temida ou de uma situação, a fim de diminuir sua capacidade de assustar você. Por exemplo, se você teme que as pessoas riam de você, pratique imaginar alguém rindo por 30 minutos. Você vai constatar que isso o deixará entediado.
38. **Use cartões de enfrentamento.** Escreva instruções para si mesmo, e use-as em momentos de dificuldade (por exemplo, "Não se preocupe com minha excitação ansiosa. É só excitação. Não é algo perigoso. Posso tolerar"). Coloque essas frases em um cartão a que você possa recorrer facilmente.
39. **Antecipe os problemas.** Liste os tipos de problemas que podem acontecer e elabore respostas racionais e maneiras

de enfrentá-los. Por exemplo, você se preocupa com a possibilidade de perder o emprego; liste uma série de coisas que você poderia fazer para resolver o problema caso ele ocorresse.

40. **Proteja-se contra o estresse.** Pense nos seus piores pensamentos negativos e escreva sobre como os colocaria em questão. Por exemplo, seu pior pensamento negativo é: "Sou um fracasso completo". Escreva uma resposta racional: "Tive sucesso em uma série de coisas na vida, e não é o fim do mundo fracassar em uma delas".

41. **Recompense a si mesmo.** Liste todos os pensamentos positivos que tiver sobre si próprio. Faça um cartão de congratulações e carregue-o com você. No cartão, liste pensamentos positivos: "É bom para mim estar praticando minha autoajuda", "Estou enfrentando meus medos", "Estou progredindo".

Os trechos acima foram adaptados de *Treatment plans and interventions for depression and anxiety disorders,* de Robert L. Leahy e Stephen J. Holland. © 2000, Robert L. Leahy e Stephen J. Holland.

Referências

CAPÍTULO 1

E. Jane Costello et al., "Psychiatric Disorders in Pediatric Primary Care", *Archives of General Psychiatry* 45 (1988): 1107.

E. Jane Costello and Adrian Angold, "Epidemiology", in *Anxiety Disorders in Children and Adolescents,* ed. John March (New York: Guilford Press, 1995), 109-124.

Robert L. DuPont et al., "Economic Costs of Anxiety Disorders", *Anxiety 2,* No. 4 (1996): 167.

Gregg Easterbrook. *The Progress Paradox: How Life Gets Better While People Feel Worse* (New York: Random Huse, 2003).

Martin C. Harter, Kevin P. Conway, and Kathleen R. Merikangas, "Association between Anxiety Disorders and Physical Illness", *European Archives of Psychiatry and Clinical Neuroscience* 253, No. 6 (2003): 313.

Ronald C. Kessler et al., "Lifetime and 12-month Prevalence of DSM-III-R Psychiatric Disorders in the United States. Results from the National Comorbidity Survey", *Archives of General Psychiatry* 51 (1994): 8.

Ronald C. Kessler et al., "Lifetime Prevalence and Age-of--Onset Distributions of DSM-IV Disorders in the National Comorbidity Survey Replication", *Archives of General Psychiatry* 62 (2005): 593.

Ronald C. Kessler et al., "Prevalence and Treatment of Mental Disorders, 1990 to 2003", *New England Journal of Medicine* 352, No. 24 (2005): 2515.

Anthony C. Kouzis and William W. Eaton, "Psychopathology and the Initiation of Disability Payments", *Psychiatric Services* 51, No. 7 (2000): 908.

Christopher Lasch, *Haven in a Heartless World: The Family Besieged* (New York: Basic Books, 1977).

Martin Marciniak et al., "Medical and Productivity Costs of Anxiety Disorders: Case Control Study", *Depression and Anxiety,* 19, No. 2 (2004): 112

Thomas H. Ollendick, Neville J. King, and Peter Muris, "Fears and Phobias in Children: Phenomenology, Epidemiology and Aetiology", *Child and Adolescent Mental Health 7* (2002): 98.

David Shaffer et al., "Psychiatric Diagnosis in Child and Adolescent Suicide", *Archives of General Psychiatry* 53 (1996): 339-348.

Jean M. Twenge, "The Age of Anxiety? The Birth Cohort Change in Anxiety and Neuroticism, 1952-1993", *Journal of Personality and Social Psychology,* 79, No. 6 (2000): 1007.

Jean M. Twenge, Liqing Zhang, and Charles Im, "It's Beyond my Control: A Cross-Temporal Meta-Analysis of Increasing Externality in Locus of Control, 1960--2002", *Personality and Social Psychology Review,* 8, No. 3 (2004): 308.

Jean M. Twenge, Brittany Gentile, C. Nathan DeWall, Debbie Ma, Katharine Lacefield, David R. Schurtz, Increases in psychopathology among young Americans, 1938-2007: A cross-temporal meta-analysis of the MMPI Unpublished paper, San Diego State University, 2008 US Census data

CAPÍTULO 2

Simon Baron-Cohen, *Mindblindness: An Essay on Autism and Theory of Mind* (Cambridge, MA: MIT Press, 1995).

Simon Baron-Cohen et al., "Recognition of Mental State Terms: Clinical Findings in Children with Autism and a Functional Neuroimaging Study of Normal Adults", *British Journal of Psychiatry* 165 (1994): 640-649.

Peter Carruthers and Andrew Chamberlain, eds., *Evolution and the Human Mind: Modularity, Language and Meta-Cognition* (New York: Cambridge University Press, 2000).

Tim F. Chapman, "The Epidemiology of Fears and Phobias", in *Phobias: A Handbook of Theory, Research and Treatment,* ed. Graham C. L. Davey (New York: Wiley, 1997), 415-434.

David A. Clark, *Cognitive-Behavioral Therapy for OCD* (New York: Guilford, 2003).

David A. Clark, *Intrusive Thoughts in Clinical Disorders: Theory, Research, and Treatment* (New York: Guilford, 2005).

David M. Clark, "Anxiety Disorders: Why they Persist and How to Treat them", *Behaviour Research and Therapy* 37 (1999): S5.

William R. Clark and Michael Grunstein, *Are We Hard--Wired? The Role of Genes in Human Behavior* (New York: Oxford University Press, 2000).

Charles Darwin, *The Expression of the Emotions in Man and Animals* (Chicago: University of Chicago Press, 1872/1965).

Irenaus Eibl-Eibesfeldt, *Human Ethology: Foundations of Human Behavior* (Hawthorne, New York: Aldine de Gruyter, 1989).

John H. Flavell and Eleanor R. Flavell, "Development of Children's Intuitions about Thought-Action Relations", *Journal of Cognition and Development* 5, No. 4 (2004): 451.

Eleanor J. Gibson and Richard D. Walk, "The Visual Cliff", *Scientific American* 202 (1960): 64.

Paul Gilbert, "The Evolved Basis and Adaptive Functions of Cognitive Distortions", *British Journal of Medical Psychology* 71 (1998): 447.

Jeffrey A. Gray, *The Neuropsychology of Anxiety: An Enquiry into the Functions of the Septo-Hippocampal System* (Oxford: Clarendon, 1982).

Jeffrey A. Gray, *The Psychology of Fear and Stress* (2nd ed.) (New York: McGraw-Hill, 1987).

John M. Hettema, et al., "A Twin Study of the Genetics of Fear Conditioning", *Archives of General Psychiatry* 60 (2003): 702.

Joseph E. LeDoux, *The Emotional Brain: The Mysterious Underpinnings of Emotional Life* (New York: Simon and Schuster, 1996).

William Manchester, *World Lit Only by Fire. The Medieval Mind and the Renaissance: Portrait of an Age* (Boston: Back Bay Books, 1993).

Isaac M. Marks, *Fears, Phobias and Rituals: Panic, Anxiety, and their Disorders* (New York: Oxford University Press, 1987).

Ross G. Menzies and Lisa Parker, "The Origins of Height Fear: An Evaluation of Neoconditioning Explanations", *Behaviour Research and Therapy* 39 (2001): 185.

Harald Merckelbach and Peter J. de Jong. Evolutionary Models of Phobias", in *Phobias: A Handbook of Theory, Research and Treatment,* ed. Graham C. L. Davey (New York: Wiley, 1997), 323-347.

Arne Ohman and Susan Mineka, "Fears, Phobias, and Preparedness: Toward an Evolved Module of Fear and Fear Learning", *Psychological Review* 108 (2001): 483.

Josef Perner, *Understanding the Representational Mind* (Cambridge, MA: MIT Press, 1991).

Steven Pinker, *The Blank Slate: The Modern Denial of Human Nature* (New York: Viking, 2002).

Richie Poulton and Ross G. Menzies, "Non-Associative Fear Acquisition: A Review of the Evidence from Retrospective and Longitudinal Research", *Behaviour Research and Therapy* 40 (2002): 127.

Richie Poulton and Ross G. Menzies, "Fears Born and Bred: Toward a More Inclusive Theory of Fear Acquisition", *Behaviour Research and Therapy* 40 (2002): 197.

Jennifer J. Quinn and Michael S. Fanselow, "Defenses and Memories: Functional Neural Circuitry of Fear and Conditioning Responses", in *Fear and Learning: From Basic Processes to Clinical Implications,* eds. Michelle G. Craske, Dirk Hermans, and Debora Vansteenwegen (Washington, DC: American Psychological Association Press, 2006), 55-74.

Paul Rozin and James W. Kalat, "Specific Hugers and Poison Avoidance as Adaptive Specializations of Learning", *Psychological Review* 78 (1971): 459.

Martin E. P. Seligman, "Phobias and Preparedness", *Behavior Therapy 2* (1971): 307; Martin E. P. Seligman and Joanne L. Hager, Eds., *Biological Boundaries of Learning* (New York: Appleton-Century-Crofts, 1972).

John Tooby and Leda Cosmides, "Psychological Foundations of Culture", in *The Adapted Mind: Evolutionary Psychology and the Generation of Culture,* ed. Jerome H. Barkow, Leda Cosmides, John Tooby (New York: Oxford University Press, 1992), 19-136.

Adrian Wells, "A Cognitive Model of GAD: Metacognitions and Pathological Worry", in *Generalized Anxiety Disorder: Advances in Research and Practice,* ed. Richard G. Heimberg, Cynthia L. Turk, and Douglas S. Mennin (New York: Guilford, 2004), 164-186.

Edward O. Wilson, *Sociobiology: The New Synthesis* (Cambridge: Belknap Press, 1975).

CAPÍTULO 3

Aaron T. Beck, Gary Emery, and Ruth L. Greenberg, *Anxiety Disorders and Phobias: A Cognitive Perspective* (New York: Basic Books, 1985).

David M. Clark, "Anxiety Disorders: Why They Persist and How to Treat Them", *Behaviour Research and Therapy* 37 (1999): S5.

Christopher G. Fairburn, Zafra Cooper and Roz Shafran, "Cognitive Behaviour Therapy for Eating Disorders: A "Transdiagnostic" Theory and Treatment", *Behavior Research and Therapy* 41, No. 5 (2003): 509.

Allison Harvey, Edward Watkins, Warren Mansell, and Roz Shafran, *Cognitive Behavioural Processes across Psychological Disorders: A Transdiagnostic Approach to Research and Treatment* (New York: Oxford University Press, 2004).

Naomi Koerner and Michel J. Dugas, "A Cognitive Model of Generalized Anxiety Disorder; The Role of Intolerance of Uncertainty", in *Worry and its Psychological Disorders: Theory, Assessment and Treatment,* ed. Graham C. L. Davey, and Adrian Wells (Hoboken, NJ: Wiley, 2006), 201-216.

Isaac M. Marks, *Fears, Phobias and Rituals: Panic, Anxiety, and their Disorders* (New York: Oxford University Press, 1987).

Christine Purdon, Karen Rowa, and Martin M. Antony, "Thought Suppression and its Effects on Thought Frequency, Appraisal and Mood State in Individuals with Obsessive-Compulsive Disorder", *Behaviour Research and Therapy* 43, No. 1 (2005): 93.

John H. Riskind, "Looming Vulnerability to Threat: A Cognitive Paradigm for Anxiety", *Behaviour Research & Therapy* 35, No. 8 (1997): 685.

Paul Salkovskis et al., "An Experimental Investigation of the Role of Safety-Seeking Behaviours in the Maintenance of Panic Disorder with Agoraphobia", *Behaviour Research and Therapy* 37 (1999): 559.

Adrian Wells, "Anxiety Disorders, Metacognition and Change", in *Roadblocks in Cognitive Behavioral Therapy,* ed. Robert L. Leahy (New York: Springer, (2003), 69-90.

Adrian Wells, *Cognitive therapy of Anxiety Disorders: A Practice Manual and Conceptual Guide* (New York: Wiley, 1997).

CAPÍTULO 4

American Psychiatric Association, *Diagnostic and Statistical Manual of Mental Disorders,* 4th-TR ed. (Washington, DC: Author, 2000).

Albert Bandura, Dorothea Ross, and Sheila Ross, "Imitation of Film-Mediated Aggressive Models", *Journal of Abnormal & Social Psychology* 66, No. 1 (1963): 3.

Peter A. Di Nardo, "Etiology and Maintenance of Dog Fears", *Behaviour Research and Therapy* 26, No. 3 (1988): 241.

Elevator and Escalator Safety Foundation, "History of Elevator Safety", Elevator and Escalator Safety Foundation, http://www.eesf.org/safetrid/ elevhist.htm.

Mats Fredrikson et al., "Gender and Age Differences in the Prevalence of Fears and Specific Phobias," *Behaviour Research and Therapy 26* (1996): 241.

John Garcia, Kenneth W. Rusiniak, and Linda P. Brett, "Conditioning Food-Illness Aversions in Wild Animals", in *Operant Pavlovian Interactions,* eds. Hank Davis & Harry M. B. Hurwitz (New York: Wiley, 1977).

Jeffrey A. Gray, *The Neuropsychology of Anxiety: An Enquiry into the Functions of the Septo-Hippocampal System* (New York: Clarendon Press/Oxford University Press, 1982).

Jeffrey A. Gray, *The Psychology of Fear and Stress,* 2nd ed. (New York: McGraw-Hill, 1987).

Jerome Kagan, "Temperamental Contributions to Social Behavior", *American Psychologist* 44, No. 4 (1989): 668.

Kenneth S. Kendler et al., "The Genetic Epidemiology of Irrational Fears and Phobias in Men", *Archives of General Psychiatry* 58, No. 3 (2001): 257.

Ross G. Menzies and J. Christopher Clarke, "The Etiology of Childhood Water Phobia", *Behaviour Research & Therapy* 31, No.5 (1993): 499.

O. H. Mowrer, "A Stimulus-Response Analysis of Anxiety and its Role as a Reinforcing Agent", *Psychological Review* 46, No 6 (1939): 553.

New York City Department of Buildings. "Elevator Safety", New York City Government, http://www.nyc.gov/html/ dob/html/news/elevator_safety. shtml.

Lars-Göran Öst, "Rapid Treatment of Specific Phobia", in *Phobias: A Handbook of Theory, Research and Treatment,* ed. Graham C. L. Davey (Hoboken, NJ: Wiley, 1997), 227-246.

David Ropeik, and George Gray, *Risk: A Practical Guide for Deciding What's Really Safe and What's Really Dangerous in the World Around You, Appendix 1* (Houghton-Mifflin: Boston, 2002).

Martin E. Seligman, "Phobias and Preparedness", *Behavior Therapy 2,* No. 3 (1971): 307.

Murray Stein, Kerry Jang, and John W. Livesley, "Heritability of Social Anxiety-Related Concerns and Personality Characteristics: A Twin Study", *Journal of Nervous and Mental Diseases* 190, No. 4 (2002): 219.

Andrew J. Tomarken, Susan Mineka, and Michael Cook, "Fear-Relevant Selective Associations and Covariation Bias", *Journal of Abnormal Psychology* 98, No. 4 (1989): 381.

CAPÍTULO 5

Michael E. Addis et al., "Effectiveness of Cognitive--Behavioral Treatment for Panic Disorder versus Treatment as Usual in a Managed Care Setting: 2-Year Follow-Up", *Journal of Consulting and Clinical Psychology* 74, No. 2 (2006): 377.

American Psychiatric Association, *Diagnostic and Statistical Manual of Mental Disorders,* 4th-TR ed. (Washington, DC: Author, 2000).

Roger Baker et al., "Emotional Processing and Panic", *Behaviour Research and Therapy* 42, No. 11 (2004): 1271.

David H. Barlow, *Anxiety and its Disorders: The Nature and Treatment of Anxiety and Panic* (New York: Guilford, 1988).

Sabine Kroeze et al., "Automatic Negative Evaluation of Suffocation Sensations in Individuals with Suffocation Fear", *Journal of Abnormal Psychology* 114, No. 3, 466.

Jill T. Levitt et al., "The Effects of Acceptance versus Suppression of Emotion on Subjective and Psychophysiological Response to Carbon Dioxide Challenge in Patients with Panic Disorder", *Behavior Therapy* 35, No. 4 (2004): 747.

Seung-Lark Lim and Ji-Hae Kim, "Cognitive Processing of Emotional Information in Depression, Panic, and Somatoform Disorder", *Journal of Abnormal Psychology* 114, No. 1 (2005): 50.

Richard J. McNally, *Panic Disorder: A Critical Analysis* (Guilford: New York, 1994).

Norman B. Schmidt et al., "Does Coping Predict CO-Sub--2-Induced Panic-in Patients with Panic Disorder?", *Behaviour Research and Therapy* 43, No. 10 (2005): 1311.

Jasper A. J. Smits et al., "Mechanism of Change in Cognitive-Behavioral Treatment of Panic Disorder: Evidence for the Fear of Fear Mediational Hypothesis", *Journal of Consulting and Clinical Psychology* 72, No. 4 (2004): 646.

Myrna M. Weissman et al., "Panic Disorder and Cardiovascular/ Cerebrovascular Problems: Results from a Community Survey", *American Journal of Psychiatry* 147, No. 11 (1990): 1504.

Joan Welkowitz, "Panic and Comorbid Anxiety Symptoms in a National Anxiety Screening Sample: Implications for Clinical Interventions", *Psychotherapy: Theory, Research, Practice, Training* 41, No. 1 (2004): 69.

CAPÍTULO 6

Jose A. Amat et al., "Increased Number of Subcortical Hyperintensities on MRI in Children and Adolescents with Tourette's Syndrome, Obsessive-Compulsive Disorder, and Attention Deficit Hyperactivity Disorder", *American Journal of Psychiatry* 163, No. 6 (2006): 1106.

American Psychiatric Association, *Diagnostic and Statistical Manual of Mental Disorders,* 4th-TR ed. (Washington, DC: Author, 2000).

Nader Amir, Laurie Cashman, and Edna B. Foa, "Strategies of Thought Control in Obsessive-Compulsive Disorder", *Behaviour Research & Therapy* 35, No. 8 (1997): 775.

Fernando R. Asbahr et al., "Obsessive-Compulsive Symptoms among Patients with Sydenham Chorea", *Biological Psychiatry* 57, No. 9 (2005): 1073.

Susan G. Ball, Lee Baer and Michael W. Otto, "Symptom Subtypes of Obsessive-Compulsive Disorder in Behavioral Treatment Studies: A Quantitative Review", *Behaviour Research & Therapy* 34 (1996): 47; Robert L. Leahy and Stephen J. Holland, *Treatment Plans and Interventions for Depression and Anxiety Disorders* (New York: Guilford, 1996).

David A. Clark, "Unwanted Mental Intrusions in Clinical Disorders: An Introduction", *Journal of Cognitive Psychotherapy* 16, No. 2 (2002): 123.

Diana L. Feygin, James E. Swain, and James F. Leckman, "The Normalcy of Neurosis: Evolutionary Origins of Obsessive-Compulsive Disorder and Related Behaviors", *Progress in Neuro-Psychopharmacology & Biological Psychiatry* 30, No. 5 (2006): 854.

R. J. Hodgson and S. J. Rachman, "Obsessional--Compulsive Complaints", *Behaviour Research and Therapy* 15 (1977): 389.

Robert L. Leahy, "On My Mind", *The Behavior Therapist* 30 (2007): 44-45.

Robert L. Leahy and Stephen J. Holland, *Treatment Plans and Interventions for Depression and Anxiety Disorders* (New York: Guilford, 2000).

James T. McCracken and Gregory L. Hanna, "Elevated Thyroid Indices in Children and Adolescents with Obsessive-Compulsive Disorder: Effects of Clomipramine Treatment", *Journal of Child and Adolescent Psychopharmacology* 15, No. 4 (2005): 581.

Obsessive Compulsive Cognitions Working Group, "Cognitive Assessment of Obsessive-Compulsive Disorder", *Behaviour Research & Therapy* 35, No. 7 (1997): 667.

Christine Purdon, "Thought Suppression and Psychopathology", *Behaviour Research and Therapy* 37 (1999): 1029.

Christine Purdon and David A. Clark, "Obsessive Intrusive Thoughts in Nonclinical Subjects: II. Cognitive Appraisal, Emotional Response and Thought Control Strategies", *Behaviour Research and Therapy* 32 (1994): 403.

Stanley Rachman, "Obsessions, Responsibility and Guilt", *Behaviour Research and Therapy* 31 (1993): 149.

Stanley Rachman, "A Cognitive Theory of Obsessions", *Behaviour Research and Therapy* 35 (1997): 793.

Stanley Rachman, *The Treatment of Obsessions* (New York: Oxford University Press, 2003).

Stanley Rachman and Padmal de Silva, "Abnormal and Normal Obsessions", *Behaviour Research & Therapy* 16, No. 4 (1978): 233.

Paul M. Salkovskis and Joan Kirk, "Obsessive-Compulsive Disorder", in *Science and Practice of Cognitive Behaviour Therapy,* eds. David M. Clark & Christopher G. Fairburn (New York: Oxford University Press, 1997) 179-208.

Paul Salkovskis et al., "Multiple Pathways to Inflated Responsibility Beliefs in Obsessional Problems: Possible Origins and Implications for Therapy and Research", *Behaviour Research and Therapy* 37, No. 11 (1999): 1055.

Gail S. Steketee, *Treatment of Obsessive Compulsive Disorder* (New York: Guilford Press, 1993).

Steven Taylor, "Cognition in Obsessive Compulsive Disorder: An Overview", in *Cognitive Approaches to Obsessions and Compulsions: Theory, Assessment and Treatment,* eds. Randy O. Frost and Gail Steketee (New York: Pergamon, 2002), 1-14.

Daniel M. Wegner and Sophia Zanakos, "Chronic Thought Suppression", *Journal of Personality* 62 (1994): 615.

Myrna M. Weissman et al., "The Cross National Epidemiology of Obsessive Compulsive Disorder: The Cross National Collaborative Group", *Journal of Clinical Psychiatry* 55, No. 3, Suppl. (1994): 5.

Adrian Wells, *Emotional Disorders and Metacognition: Innovative Cognitive Therapy* (New York: Wiley).

K. Elaine Williams, Dianne L. Chambless, and Anthony Ahrens, "Are Emotions Frightening? An Extension of the Fear of Fear Construct", *Behaviour Research & Therapy* 35, No. 3 (1997): 239.

CAPÍTULO 7

American Psychiatric Association, *Diagnostic and Statistical Manual of Mental Disorders,* 4th-TR ed. (Washington, DC: Author, 2000).

James E. Barrett, et al., "The Prevalence of Psychiatric Disorders in a Primary Care Practice", *Archives of General Psychiatry* 45, No. 12 (1988): 1100.

Robin M. Carter et al., "One-Year Prevalence of Subthreshold and Threshold DSM-IV Generalized Anxiety Disorder in a Nationally Representative Sample", *Depression and Anxiety* 13, No. 2 (2001): 78.

John M. Hettema, Michael C. Neale, and Kenneth S. Kendler, "A Review and Meta-Analysis of the Genetic Epidemiology of Anxiety Disorders", *American Journal of Psychiatry* 158 (2001): 1568.

Kenneth S. Kendler and Carol A. Prescott, *Genes, Environment, and Psychopathology: Understanding the Causes of Psychiatric and Substance Use Disorders* (New York: Guilford, 2006).

Barbara L. Kennedy and John J. Schwab, "Utilization of Medical Specialists by Anxiety Disorder Patients", *Psychosomatics* 38, No. 2 (1.997): 109.

Robert L. Leahy, "An Investment Model of Depressive Resistance", *Journal of Cognitive Psychotherapy: An International Quarterly* 11 (1997): 3.

Robert L. Leahy and Stephen J. Holland, *Treatment Plans and Interventions for Depression and Anxiety Disorders* (New York: Guilford, 2000).

See Table 11-2 in S. Molina and T. D. Borkovec, "The Penn State Worry Questionnaire: Psychometric Properties and Associated Characteristics", in *Worrying: Perspectives on Theory Assessment and Treatment,* eds. Graham C. L. Davey and Frank Tallis (Chichester, England: Wiley, 1994), 265-283.

Adrian Wells, "Meta-Cognition and Worry: A Cognitive Model of Generalized Anxiety Disorder", *Behavioural and Cognitive Psychotherapy* 23 (1995) 301.

Adrian Wells and Gerald Matthews, "Modelling Cognition in Emotional Disorder: The S-REF model", *Behaviour Research and Therapy* 34, No.11-12 (1996): 881.

Kimberly A. Yonkers et al., "Phenomenology and Course of Generalised Anxiety Disorder", *British Journal of Psychiatry* 168 (1996): 308.

CAPÍTULO 8

American Psychiatric Association, *Diagnostic and Statistical Manual of Mental Disorders,* 4th-TR ed. (Washington, DC: Author, 2000).

Susan M. Bögels and Warren Mansell, "Attention Processes in the Maintenance and Treatment of Social Phobia: Hypervigilance, Avoidance and Self-Focused Attention", *Clinical Psychology Review* 24 No. 7 (2004): 827.

Monroe A. Bruch and Jonathan M. Cheek, "Developmental Factors in Childhood and Adolescent Shyness", in *Social Phobia: Diagnosis, Assessment, and Treatment,* ed. Richard G. Heimberg (New York: Guilford, 1995), 163-184.

Monroe A. Bruch and Richard G. Heimberg, "Differences in Perceptions of Parental and Personal Characteristics between Generalized and Nongeneralized Social Phobics", *Journal of Anxiety Disorders* 8, No. 2 (1994): 155.

Gillian Butler et al., "Exposure and Anxiety Management in the Treatment of Social Phobia", *Journal of Consulting & Clinical Psychology* 52, No. 4 (1984): 642.

Charles S. Carver and Michael F. Scheier, *Attention and Self-Regulation: A Control Theory Approach to Human Behavior* (New York: Springer, 1981).

David M. Clark and Adrian Wells, "A Cognitive Model of Social Phobia", in *Social Phobia: Diagnosis, Assessment, and Treatment,* eds. Richard G. Heimberg et al. (New York: Guilford, 1995), 69-93.

Irenaus Eibl-Eibesfeldt, *Love and Hate: The Natural History of Behavior Patterns* (New York: Henry Holt & Company, 1972).

Erin A. Heerey and Ann M. Kring, "Interpersonal Consequences of Social Anxiety", *Journal of Abnormal Psychology* 116, No. 1 (2007): 125.

Craig S. Holt et al., "Situational Domains of Social Phobia", *Journal of Anxiety Disorders* 6, No. 1 (1992): 63.

Debra A. Hope et al., "Thought Listing in the Natural Environment: Valence and Focus of Listed Thoughts among Socially Anxious and Nonanxious Subjects" (Poster presented at the annual meeting of the Association for Advancement of Behavior Therapy, Boston, 1987).

Jerome Kagan, Nancy Snidman, and Doreen Arcus, "On the Temperamental Categories of Inhibited and Uninhibited Children", in *Social Withdrawal, Inhibition, and Shyness in Childhood,* eds. Kenneth H. Rubin and Jens B. Asendorpf (Mahwah, NJ: Erlbaum, 1993), 19-28.

Kenneth S. Kendler and Carol A. Prescott, *Genes, Environment, and Psychopathology: Understanding the Causes of Psychiatric and Substance Use Disorders* (New York: Guilford, 2006).

Ronald C. Kessler et al., "Lifetime and 12-month prevalence of DSM-III-R Psychiatric Disorders in the United States. Results from the National Comorbidity Survey", *Archives of General Psychiatry* 51, No. 1 (1994): 8.

Hi-Young Kim, Lars-Gunnar Lundh, and Allison Harvey, "The Enhancement of Video Feedback by Cognitive Preparation in the Treatment of Social Anxiety: A Single-Session Experiment", *Journal of Behavior Therapy and Experimental Psychiatry,* 33, No. 1 (2002): 19.

Michael R. Liebowitz, "Social Phobia", *Modern Problems in Pharmacopsychiatry* 22 (1987): 141. Reproduced with permission of S. Karger AG, Basel.

Rosemary S. L. Mills and Kenneth H. Rubin, "Socialization Factors in the Development of Social Withdrawal", in *Social Withdrawal, Inhibition, and Shyness in Childhood,* eds. Kenneth H. Rubin and Jens B. Asendorpf (Mahwah, NJ: Erlbaum, 1993), 117-148.

Lynne Murray et al., "The Effects of Maternal Social Phobia on Mother-Infant Interactions and Infant Social Responsiveness", *Journal of Child Psychology and Psychiatry* 48, No. 1 (2007): 45.

Robert Plomin and Denise Daniels, "Genetics and Shyness", in *Shyness: Perspectives on Research and Treatment,* eds. Warren H. Jones, Jonathan M. Cheek, and Stephen R. Briggs (New York: Plenum, 1986), 63-80.

Franklin R. Schneier et al., "Social Phobia: Comorbidity and Morbidity in an Epidemiologic Sample", *Archives of General Psychiatry* 49, No. 4 (1992): 282.

Jane M. Spurr and Lusia Stopa, "Self-Focused Attention in Social Phobia and Social Anxiety", *Clinical Psychology Review* 22, No. 7 (2002): 947.

CAPÍTULO 9

American Psychiatric Association, *Diagnostic and Statistical Manual of Mental Disorders,* 4th-TR ed. (Washington, DC: Author, 2000).

Edward B. Blanchard et al., "Psychometric Properties of the PTSD Checklist (PCL)", *Behaviour Research and Therapy* 34, No. 8 (1996): 669.

Rebekah Bradley et al., "A Multidimensional Meta-Analysis of Psychotherapy for PTSD", *American Journal of Psychiatry* 162 (2005): 214.

Naomi Breslau et al., "Traumatic Events and Posttraumatic Stress Disorder in an Urban Population of Young Adults", *Archives of General Psychiatry* 48, No. 3 (1991): 216.

Timothy D. Brewerton, "Eating Disorders, Trauma, and Comorbidity: Focus on PTSD", *Eating Disorders: The Journal of Treatment & Prevention* 15, No. 4 (2007): 285.

Chris R. Brewin and Emily A. Holmes, "Psychological Theories of Posttraumatic Stress Disorder", *Clinical Psychology Review* 23, No. 3 (2003): 339.

Anke Ehlers and David M. Clark, "A Cognitive Model of Posttraumatic Stress Disorder", *Behaviour Research and Therapy* 38 (2000): 319

Anke Ehlers et al., "Predicting Response to Exposure Treatment in PTSD: The Role of Mental Defeat and Alienation", *Journal of Traumatic Stress* 11, No. 3 (1998): 457.

Edna B. Foa and Michael J. Kozak, "Emotional Processing of Fear: Exposure to Corrective Information", *Psychological Bulletin* 99 (1986): 20.

Nick Grey, Emily Holmes, and Chris R. Brewin, "Peritraumatic Emotional "Hot Spots" in Memory", *Behavioural and Cognitive Psychotherapy* 29 (2001): 367.

R. Janoff-Bultmann, *Shattered Assumptions: Toward a new psychology of trauma* (New York: Free Press, 1992).

B. Kathleen Jordan et al., "Problems in Families of Male Vietnam Veterans with Posttraumatic Stress Disorder", *Journal of Consulting and Clinical Psychology* 60 (1992): 916.

Ronald C. Kessler et al., "Posttraumatic Stress Disorder in the National Comorbidity Survey", *Archives of General Psychiatry* 52, No. 12 (1995): 1048.

Birgit Kleim, Anke Ehlers, and Edward Glucksman, "Early Predictors of Chronic Post-Traumatic Stress Disorder in Assault Survivors", *Psychological Medicine* 37, No. 10 (2007): 1457.

Miles McFall and Jessica Cook, "PTSD and Health Risk Behavior", *PTSD Research Quarterly* 17, No. 4 (2006): 1.

Richard J. McNally, "Psychological Mechanisms in Acute Response to Trauma", *Biological Psychiatry* 53, No. 9 (2003): 779.

Emily J. Ozer et al., "Predictors of Posttraumatic Stress Disorder and Symptoms in Adults: A Meta-Analysis", *Psychological Bulletin* 129, No. 1 (2003): 52.

Patricia A. Resick and Monica K. Schnike, *Cognitive Processing Therapy for Rape Victims: A Treatment Manual* (Newburk Park, CA: Sage, 1993).

Ebru Salcioglu, Metin Basoglu, and Maria Livanou, "Effects of Live Exposure on Symptoms of Posttraumatic Stress Disorder: The Role of Reduced Behavioral Avoidance in Improvement", *Behaviour Research and Therapy* 45, No. 10 (2007): 2268.

Jitender Sareen et al., "Physical and Mental Comorbidity, Disability, and Suicidal Behavior Associated with Posttraumatic Stress Disorder in a Large Community Sample", *Psychosomatic Medicine* 69, No. 3 (2007): 242.

Regina Steil and Anke Ehlers, "Dysfunctional Meaning of Posttraumatic Intrusions in Chronic PTSD", *Behaviour Research & Therapy* 38, No. 6 (2000): 537.

K. Chase Stovall-McClough and Marylene Cloitre, "Unresolved Attachment, PTSD, and Dissociation in Women with Childhood Abuse Histories", *Journal of Consulting and Clinical Psychology* 74, No. 2 (2006): 219.

Steven Taylor, *Clinician's Guide to PTSD: A Cognitive--Behavioral Approach* (New York: Guilford, 2006).

Edward A. Walker et al., "Health Care Costs Associated With Posttraumatic Stress Disorder Symptoms in Women", *Archives of General Psychiatry* 60 (2003): 369.

Frank W. Weathers, Jennifer A. Huska, Terence M. Keane, *PCL-C for DSM-IV* (Boston: National Center for PTSD – Behavioral Science Division, 1991).

Frank W. Weathers et al., "The PTSD Checklist: Reliability, Validity, & Diagnostic Utility" (paper presented at the annual meeting of the International Society for Traumatic Stress Studies, San Antonio, TX, October, 1993).

Adrian Wells, "Anxiety disorders, Metacognition and Change", in *Roadblocks in Cognitive Behavioral Therapy,* ed. Robert L. Leahy (New York: Springer, 2003), 69-90.

Adrian Wells, "A Cognitive Model of GAD: Metacognitions and Pathological Worry", in *Generalized Anxiety Disorder: Advances in Research and Practice,* ed.

Richard G. Heimberg, Cynthia L. Turk, and Douglas S. Mennin (New York: Guilford, 2004), 164-186.

Hong Xian et al., "Genetic and Environmental Influences on Posttraumatic Stress Disorder, Alcohol and Drug Dependence in Twin Pairs", *Drug and Alcohol Dependence* 61 (2000): 95.

Rachel Yehuda and Cheryl M. Wong, "Pathogenesis of Posttraumatic Stress Disorder and Acute Stress", in *Textbook of Anxiety Disorders,* eds. Dan J. Stein and Eric Hollander (Washington, DC: American Psychiatric Publishing, 2001), 373-386.

Índice

D

G

H

I

J

L

M

N

O

P

Q

R

S

T

V